Bootstrapによるカラー処理の例

詳細は本文を参照して下さい。

スタイルユーティリティ（第3章）

●テキストの色設定

図3-21：色名を使ってテキストに色を設定する。

●背景色の設定

図3-22：アクセスすると、各色の背景でテキストが表示される。

●テーブルのカラー指定

図3-23：表のそれぞれの行にカラーを設定する。

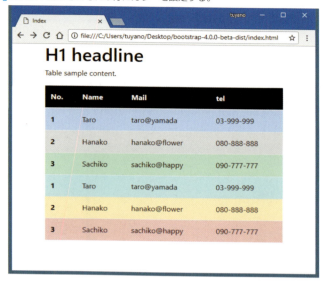

ボタンコンポーネント（第5章）

●プッシュボタンの色指定

図5-1：用意されている色をそれぞれ指定したボタン類。

カード（第6章）

●カードのカラー化

▌図6-9：カラー化したカードの例。一番下のカードにはカードヘッダーがない。

●ボーダーのカラー化

▌図6-10：ボーダーとテキストをカラー化する。

メディアオブジェクト（第6章）

●メディアオブジェクトの色指定

▌図6-21：背景色を指定したメディアオブジェクト。

アラート（第8章）

●アラートの表示

図8-1：alertクラスに色を指定するクラスを併記する。

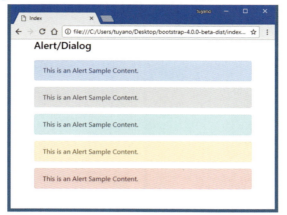

フォームコントロールのスクリプト制御（第9章）

●ボタンカラーの操作

図9-2：プッシュボタンをクリックするとwarningカラーに変わる。再度クリックするとprimaryカラーに戻る。

●コントロールのダイナミックな生成

図9-3：アクセスすると10個のプッシュボタンが生成され、表示される。

CSSフレームワーク Bootstrap入門

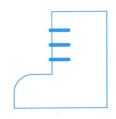

掌田 津耶乃・著

秀和システム

■**本書で使われるサンプルコード・プロジェクトは、次のURLでダウンロードできます。**

http://www.shuwasystem.co.jp/products/7980html/5405.html

■**本書について**

1. macOS、Windows に対応しています。
2. Bootstrap は、@mdo（Mark Otto）氏と @fat（fat）氏によってツイッターで開発され、現在は GitHub で改良が続けられています。

■**注意**

1. 本書は著者が独自に調査した結果を出版したものです。
2. 本書は内容に万全を期して作成しましたが、万一誤り、記載漏れなどお気づきの点がありましたら、出版元まで書面にてご連絡ください。
3. 本書の内容に関して運用した結果の影響については、上記にかかわらず責任を負いかねますのであらかじめご了承ください。
4. 本書およびソフトウェアの内容に関しては、将来予告なしに変更されることがあります。
5. 本書の一部または全部を出版元から文書による許諾を得ずに複製することは禁じられています。

■**商標**

1. Microsoft、Windows は、Microsoft Corp. の米国およびその他の国における登録商標または商標です。
2. macOS は、Apple Inc. の登録商標です。
3. その他記載されている会社名、商品名は各社の商標または登録商標です。

はじめに

スマホ時代の Web 開発の必須機能とは？

「**パソコンでネットサーフ**」が当たり前だったのは、もう昔のこと。今や、Web ブラウジングといえば、スマホやタブレットでするのが当たり前となりました。Web サイトもスマホ対応するのが当然で、Google でもスマホに対応していないサイトはランクを落とされる時代です。「**Web サイトを作りたい**」と思ったら、何よりもまず「**スマホ対応**」を考えなければいけません。

スマホによる Web アクセスは、パソコンでのそれとは決定的に違っている点があります。それは、「**画面が小さい**」ということ。しかも、パソコンのように自由にウインドウサイズを変更したりすることもできず、スマホ画面固定のサイズで見なければいけない。更には、横向きと縦向きで幅がぐっと変化しても正しく表示されないといけないし、そもそもスマホの画面自体がさまざまなサイズと解像度で作られています。それらすべてに対応し、「**どんなデバイスでもちゃんと見やすく表示される**」というサイトを作るのは、実は至難の業なのです。

そうした Web 開発者の悩みを解決してくれるのが「**Bootstrap**」（ブートストラップ）です。

Bootstrap が実現するのは「**レスポンシブデザイン**」と呼ばれるもの。これは、さまざまに異なるサイズ・解像度に応じて柔軟に表示を行うデザインです。スマホ時代の Web デザインに必須の機能といっていいでしょう。

本書は、最新の Bootstrap 4.0 をベースに、レスポンシブデザインと、Bootstrap の基本レイアウト機能「**グリッドデザイン**」による Web デザインについて解説を行います。また、Bootstrap に多数用意されている GUI コンポーネントやデザインのためのユーティリティ機能についても一通り説明していきます。

Bootstrap を使い、スマホ時代の Web デザインの基本的な考え方を身につけることができれば、これから先も膨大なデバイスに十分対応した Web サイトを維持し続けることができるはずです。ぜひ、この機会にスマホ対応の基本をマスターしましょう。

2018 年 1 月
掌田　津耶乃

目　次

Chapter 1　Bootstrap の基礎知識　　　11

1-1 Bootstrap とは何か 12
モバイル時代の Web デザインとは？ 12
Bootstrap とは？ 15

1-2 Bootstrap の利用 16
Bootstrap の 3 つの利用方法 16
利用方法①　Bootstrap をダウンロード 17
Bootstrap を利用する 18
利用方法②　CDN 20
利用方法③　npm 22
JavaScript コンポーネントに必要な 3 つのライブラリ 27
① Bootstrap 本体スクリプト 27
② jQuery について 28
③ Popper.js について 30
JavaScript 利用時の基本コード 31
Sass について 33
Sass ファイルのコンパイル 35

Chapter 2　グリッドレイアウト　　　37

2-1 グリッドレイアウトの基本 38
グリッドレイアウトとは何か 38
グリッドレイアウトの基本タグ構成 39
グリッドレイアウトの基本コード 39
Web サイトの基本構成 41
サンプルを作成する 42
列数と画面サイズ 44
グリッドレイアウトを試す 47
複数の幅指定 50

2-2 グリッドレイアウトを更に使いこなす 54
可変コンテナについて 54
コンテナのネスト 57
自動調整と auto 59
余白列の利用 61
両端に配置する ml/mr 64

コンテンツの位置揃え...67

no-gutters による余白取り消し.......................................70

並び順の変更...71

Chapter 3 コンテンツの基本デザイン 73

3-1 コンテンツの基本要素...74

見出しについて...74

コンテンツとコードの記述..76

テキストの装飾...77

リストの表示...78

定義リスト...80

テーブル...81

ヘッダーのデザイン設定...85

ストライプ・テーブル（table-striped）................................87

マウスのホバーで選択する table-hover クラス..........................88

小さめのテーブル表示をする table-sm クラス...........................89

レスポンシブ・テーブル（table-responsive）...........................90

イメージの表示（img-fluid および img-thumbnail）......................91

3-2 スタイル・ユーティリティ...94

スタイル・ユーティリティとは？.....................................94

色のクラスの基本...94

背景色の設定（bg）...96

テーブルのカラー指定（table）.......................................98

ボーダーの指定..101

ボーダーの色指定..104

角を丸める（rounded）..105

インライン（d-inline）とブロック（d-block）..........................106

フロート表示（float）..108

フレックスによる整列（flex）.......................................111

間隔の調整（margin と padding）.....................................113

サイズの調整（width と height）.....................................115

テキストの位置揃え..117

Chapter 4 フォームの基本 119

4-1 フォームの利用...120

フォームのスタイルについて..120

Bootstrap のクラスを指定する.......................................121

ラベルとヒント..122

form-control クラスについて..125

チェックボックスとラジオボタン..128
コントロールのサイズ指定...130
ボタンサイズの指定 132
フォームを利用不可にする...133

4-2 フォームのレイアウト 135

グリッドレイアウトとフォーム...135
フォームのグリッド表示...137
form-row による row 設定...138
ボタンのブロック化 141
インライン表示について...142
コラム幅の指定 146
インプットグループ（input-group）について...............................148

4-3 カスタムフォーム 151

カスタムフォームとは？...151
カスタムコントロールを使う 153

Chapter 5　オリジナル GUI の利用　　155

5-1 ボタンコンポーネント 156

プッシュボタンのスタイル...156
アウトラインボタン 158
リンクとボタン 160
アクティブと非アクティブ...162
ボタンの丸みを変える...164
トグルボタン 165
ボタングループ 167
チェックボックスのグループ表示...168
ラジオボタンのグループ化...169
ボタンの垂直表示 171

5-2 ドロップダウン、プログレスバー、バッジ..............................172

ドロップダウンメニュー...172
ドロップダウンメニューを作成する 174
メニュー項目について...175
スプリットボタン 177
プログレスバー 179
アニメーション表示 181
マルチバー表示 181
バッジについて 183
ピルバッジについて 185

5-3 リストグループ.. 187

リストグループとは？.. 187
ボタンやリンクをグループ化する.................................. 188
アクションの設定（list-group-item-action）...................... 189
アクティブおよびディスエーブル.................................. 191
項目の色指定.. 192
コンテンツリストグループ.. 194
コンテンツの切り替え表示.. 195

Chapter 6　複雑なコンテンツの構築　　　　199

6-1 フィギュアとカード.. 200

フィギュア（図表）.. 200
円形イメージ.. 203
カードについて.. 204
タイトルとリンク.. 205
イメージカード.. 207
カードヘッダーとカードフッター.................................. 209
カードのカラー化.. 211
ボーダーのカラー化.. 212
イメージオーバーレイ.. 214
カードグループ.. 216
カードデッキ.. 218
カードコラム.. 220

**6-2 ジャンボトロン、スタティックポップオーバー、
　　　メディアオブジェクト**.. 223

ジャンボトロンとは？.. 223
Display と Lead... 224
角の丸みと container.. 226
スタティックポップオーバー...................................... 227
メディアオブジェクト.. 229
カラーを指定する.. 231
<ul> や <ol> によるリスト化..................................... 233
メディアオブジェクトの階層化.................................... 235
メディアの整列.. 236

6-3 カルーセル.. 238

カルーセルとは？.. 238
イメージをスライドショーする.................................... 240
操作用コントローラを追加する.................................... 241
インジケーターの表示.. 243

イメージにキャプションを付ける 245

Chapter 7 ナビゲーション 249

7-1 Nav コンポーネント 250

Nav コンポーネントとは？ 250

垂直リスト 253

タブ表示について（nav-tabs） 255

ピル型ボタン（nav-pills） 257

幅いっぱいに表示する（nav-fill） 258

フレックスによる整列調整 260

7-2 NavBar 262

NavBar とは？ 262

項目を折りたたむ 263

インラインフォーム 266

バーを固定する 268

エクスターナルコンテンツ 270

7-3 パンくずリストとページネーション 273

パンくずリストとは？ 273

カラーと上下の固定表示 276

ページネーション 276

アクティブとディスエーブル 279

ページネーションのサイズ 280

位置揃えについて 281

7-4 スクロールスパイ 283

スクロールスパイとは？ 283

スクロールスパイの適用条件 284

スクロールスパイを利用する 285

横にリストを配置する 288

階層ナビゲーションの利用 290

Chapter 8 アラートとモーダルダイアログ 293

8-1 アラートとモーダルの基本 294

アラートの表示 294

アラートコンテンツ用のクラス 296

アラートを閉じる 297

モーダルダイアログの表示 298

ダイアログの基本設計 299

プッシュボタンでダイアログを呼び出す 301
ダイアログを呼び出す 302
アラートをモーダル表示する 303
ポップオーバーをモーダル表示する 305

8-2 ツールチップ、ポップオーバー、コラプス 306
消えるインターフェイス 306
ツールチップを表示する 307
ボタンにツールチップを表示する 308
ポップオーバーを表示する 310
コラプスについて 313
複数コンテンツの表示 315
アコーディオン 318
アコーディオンを使ってみる 319

Chapter 9 スクリプトによる操作① 323

9-1 基本フォームのスクリプト利用 324
プッシュボタンの利用 324
Bootstrap は jQuery が基本 325
ボタンカラーを操作する 325
コントロールをダイナミックに生成する 327
active と disabled 328
バリデーションについて 330
チェックボックスの選択状態（prop） 334
プログレスバーの操作 336
ツールチップの設定 338

9-2 ポップオーバー、アラート、モーダルダイアログ 341
ポップオーバー 341
フォーカスによる非表示 342
HTML を利用したポップオーバーの表示 344
<div> タグをアラートにする 345
アラートを閉じる 346
アラートを生成する 348
モーダルダイアログの表示 351
ダイアログの入力値を利用する 352
完全なモーダルにするには？ 356

目 次

Chapter10 スクリプトによる操作② 357

10-1独自 GUI のスクリプト利用 358

　カルーセル 358
　手動で移動する 361
　スライドイベントについて 363
　コラプス 366
　コラプスを生成する 368
　ジャンボトロン 370
　リストグループの項目追加 372
　リストグループの項目の並び順操作 374

10-2Navs、NavBar、スクロールスパイ 376

　Nav のタブ表示を切り替える 376
　タブの切替イベント 378
　NavBar の項目追加 380
　NavBar でのコラプスの項目展開イベント 383
　スクロールスパイの項目追加 384
　スクロールのイベント 387

Appendix スタイルのカスタマイズについて 389

　SCSS による Bootstrap クラスのカスタマイズ 390
　style.scss から Bootstrap をインポートする 391
　Mixin を利用する 392
　_border-radius.scss を変更する 393
　独自 Mixin を定義する 393
　独自 Mixin 利用のクラスを定義する 394
　独自クラス定義によるカスタマイズ 397
　独自のボタンコンポーネントクラスを作る 398

　索引 402

Chapter **1**

Bootstrapの
基礎知識

まずは、Bootstrapがどのようなもので、どう利用す
るのか、基本的な知識を身につけておきましょう。そして
Bootstrapを自分なりに組み込んで使えるようにしておきま
しょう。

CSS フレームワーク　Bootstrap 入門

Chapter 1　Bootstrap の基礎知識

1-1　Bootstrapとは何か

Bootstrapとは、どのようなものなのでしょうか。その役割や必要性などについて簡単に整理をしておきましょう。

モバイル時代のWebデザインとは？

Webサイトのデザインは、近年になって大きく変化しました。その最大の要因は「**モバイル**」です。

Webサイトは、基本的に「**PCのWebブラウザでアクセスして表示する**」という前提で作られてきました。PCは画面サイズも大きく、ブラウザでウィンドウサイズを調整して見やすい状態で表示するのが一般的ですから、それほど厳密に表示エリアの大きさなどを考える必要もありませんでした。

が、スマートフォンが普及するにつれ、こうしたWebサイトの多くがスマートフォンでは見づらい表示になってしまうことが問題となってきました。全体が表示されるように縮小してしまうと文字や図などが小さくなって読みづらくなってしまいます。かといって、拡大表示されると、いちいち画面を上下左右にドラッグ移動しながら読まなければならず、やはり読みづらくなってしまいます。

また、モバイル用のWebブラウザは、PCのWebブラウザのサブセット的なものが採用されることもあったため、PC向けのサイトがそのまま正確に表示できないこともありました。

こうした問題を解消するため、以前は「**PCとは別にモバイル用のページを設ける**」という形で問題を解決するサイトが多くありました。これでモバイルでも問題なくアクセスできるようになったのですが、しかしまったく問題がなくなったわけではありません。

まず、PCとモバイルで別々にページが必要となるため、サイトの構築が煩雑になります。ページの構成が複雑になると、それを正確に反映させるのは大変でしょう。またサイトを更新したとき、どちらかの更新を忘れてしまう、などということも起こりがちです。

何より、「**2つに分ければ完璧に対応できる**」わけでもないのです。スマートフォンが出始めの頃はそれで良かったでしょうが、現在、さまざまな種類のスマートフォンが流通するようになり、またタブレットまで使われるようになってくると、一口に「**モバイルの画面サイズはどうだ**」といえなくなってきます。またスマートフォンを縦にするか横にするかでも表示サイズは変わってきます。もはや「**PCとモバイル**」というように、2つのサイズで対応することは不可能になってきているのです。

▌**図1-1**：筆者運営の旧Webサイト（libro.tuyano.com）。PC用のページとモバイル用のページを別々に用意してある。

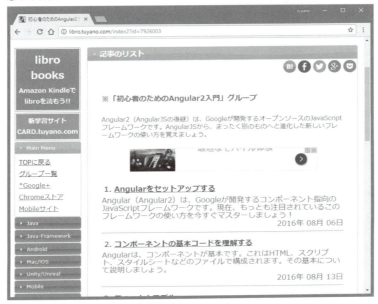

▌**レスポンシブデザインの登場**

　そこで登場したのが、「**ブラウザの種類や大きさによって表示を自動調整するWebデザイン**」です。いわゆる「**レスポンシブデザイン**」と呼ばれるもので、固定されたデザインではなく、表示される場所が決まった段階でそれに合わせて表示内容が変化するWeb

ページを作ろう、という考え方です。

　これならば、どのような画面サイズであっても、そのデバイスに最適な形で表示させることが可能になります。レスポンシブデザインは、モバイルに限定されるものではなく、あらゆる環境に対応したWebデザインを可能にする仕組みと言えるでしょう。

　ただし、そのためには非常に高度な技術が必要となります。HTMLのみならず、スタイルシートの高度な知識、更にはJavaScriptによるプログラミングなどを組み合わせなければいけません。これは誰にでもできるというものではないでしょう。
　こうした「**高度な知識と技術が要求されるもの**」は、なかなか一般のWeb制作者には手が届きません。が、ニーズが非常に高いのは確かです。そこで、この種のレスポンシブデザインを可能にするライブラリやフレームワークが登場することとなりました。
　その中でも、ひときわ高く評価されているのが「**Bootstrap**」（ブートストラップ）です。

図1-2：レスポンシブデザインに変更された筆者運営の新Webサイト。幅が狭くなると自動的にメニューがアイコンに変わるなど、表示が調整される。

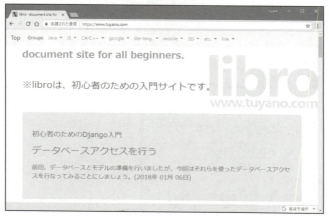

Bootstrapとは？

Bootstrapはオープンソースのフレームワークです。2011年8月に最初のバージョンが公開されており、2018年1月現在、ver. 4.0が最新版として配布されています。

Bootstrapは、一般に「**フロントエンドWebアプリケーションフレームワーク**」と呼ばれます。Webアプリケーションフレームワークは、その名の通りWebアプリケーションの開発を支援しますが、一般的に知られているフレームワークの多くは、サーバー側（バックエンド）の開発が中心となっています。これに対してBootstrapは、Webブラウザ側（フロントエンド）開発のためのフレームワークです。

従来、フロントエンドは「**デザイナーが担当するもの**」という感覚でとらえられていた面もあり、「**開発なんて大げさな。センスがあれば誰でもできるでしょ？**」と考えている人も多かったのではないでしょうか。

が、「**レスポンシブデザインを導入し、どのようなデバイスにも対応できるようなWebデザインを……**」となると、一般的なデザインの知識だけでは対応できなくなります。といって、「**プログラマがWebページのデザインまで行う**」というのも本末転倒でしょう。本職がプログラマではない、プログラミングの知識がない人でも簡単にレスポンシブデザインを導入できなければ、フロントエンドのフレームワークとしては成功できません。

では、Bootstrapはどのようなフレームワークなのでしょうか。その特徴を簡単に整理してみましょう。

Bootstrap ＝膨大なクラスの集合体

Bootstrapとはどういうものか？　を一言でいうなら、これです。Bootstrapには、Webページで利用するさまざまな表示に関するスタイルシートのクラスが体系的に揃えられており、それらのクラスをHTMLのタグに組み込むことで、さまざまな表示や動作を簡単に実現できます。中には、内部でJavaScriptのスクリプトなどによって処理を行っている場合もありますが、大半の表示は、「**スタイルシートのクラスだけ**」でできています。

従って、表示のほとんどは、ただクラスを書くだけです。複雑なスクリプトを書いて実行するようなことは、ほとんどありません（本書でも、スクリプトが登場するのは**第8章**以降のみです）。

プログラミングの知識は不要！

Bootstrapは、スタイルシートやJavaScriptを駆使してレスポンシブデザインを実現するフレームワークです。Bootstrapが優秀なのは、その導入に際して、JavaScriptなどのプログラミングの知識がほとんど要求されないことです。

Bootstrapは、基本的にスタイルシートのクラスを設定するだけで自動的にデザインが適用されます。またJavaScriptをフル活用するような複雑なデザインもコンポーネント化され、内部の仕組みなどがわからなくとも利用できるように設計されています。

Chapter 1 Bootstrap の基礎知識

グリッドレイアウトシステムの導入

Bootstarapの最大の特徴は、「**グリッドレイアウト**」と呼ばれるレイアウトシステムを導入している点にあります。これは画面に一定サイズのグリッドを並べたような形でレイアウトを考えるシステムで、必要に応じてグリッドの配置を自動調整することにより、どのような画面サイズであっても最適なレイアウトがなされます。

豊富なオリジナル GUI

単純に、コンテンツとなるテキストやグラフィックの配置を行うだけでなく、Bootstrapには多くのオリジナルGUIがコンポーネントとして組み込まれています。これらを利用することで、一般的なHTMLの機能だけで構築されるWebページよりも各段に表現力が向上します。また、これらの利用も、本格的なJavaScriptなどの知識を必要とせず、HTMLタグとスタイルの設定で利用できます。

1-2 Bootstrapの利用

Bootstrapは、どのように利用すればいいのか？　これにはいくつかのやり方が用意されています。それらの使い方についてここで整理し、自分なりにBootstrapを組み込めるようにしておきましょう。

Bootstrapの3つの利用方法

① Bootstrap をダウンロードする

Bootstapは、プログラム一式がサイトにて配布されています。これをダウンロードして自分のWebサイトにアップロードし、それをWebページ内からロードして利用するのがもっとも一般的な使い方でしょう。

② CDN を利用する

Bootstrapは、CDN（Content Delivery Network）を利用して配信もされています。WebページにCDNからファイルをロードするタグを追記することで、本体をダウンロードしたり自サイトにアップロードしたりすることなく、すぐにBootstrapを利用できるようになります。

③パッケージマネージャを利用する

JavaScriptのパッケージ管理ツールである**npm**は、Bootstrapをサポートしています。npmを利用することで、開発中のアプリケーションにBootstrapを組み込むことができます。

npmは、Web開発で用いられている多くのJavaScriptライブラリに対応しているため、Webアプリケーションの開発にnpmを利用してパッケージ管理を行っている人も多いかもしれません。こうした場合には、Bootstrapもnpmでインストールしたほうが管理が楽になるでしょう。

16

これらは、それぞれの開発スタイルに応じて最適なやり方を選択すればいいでしょう。すべての方式を使いこなせるようになる必要はありません。

利用方法①　Bootstrapをダウンロード

では、実際にBootstrapを使ってみましょう。まずは、Bootstrapをダウンロードして利用するやり方を行ってみます。

Webブラウザで、Bootstrapのサイトにアクセスをしましょう。アドレスは以下の通りです。

https://getbootstrap.com

図1-3：Bootstrapのサイト。ここから「Download」ボタンをクリックする。

アクセスすると、ページ内に「**Download**」と表示されたボタンが見つかります。これをクリックして下さい。「**Download**」と表示されたWebページに移動します。

図1-4：ダウンロードページ。

このページから、「**Compiled CSS and JS**」というタイトルの下にある「**Download**」ボタンをクリックして下さい。これでプログラム本体がダウンロードされます。

図1-5：「Download」ボタンを押してダウンロードを開始する。

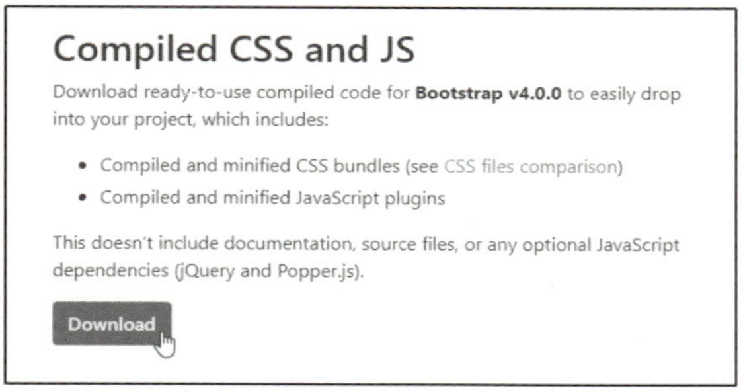

ファイルの構成

ダウンロードされるのは、「**bootstrap-xxx-dist.zip**」（xxxは任意のバージョン）という名前の圧縮ファイルです。このファイルを展開し、同名のフォルダに保存をしましょう。フォルダ内には、以下のフォルダが用意されています。

「js」フォルダ	JavaScriptのスクリプトファイルが保管されています。「bootstrap.js」「bootstrap.min.js」というBootstrapのスクリプトファイル類が用意されています。
「css」フォルダ	スタイルシート関連のファイルがまとめて保管されています。このスタイルシートが、Bootstrapの中心部分といえます。

図1-6：展開したフォルダには「css」「js」という2つのフォルダがある。

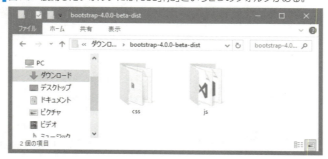

Bootstrapを利用する

では、実際にBootstrapを利用したWebページを書いてみましょう。本来なら、展開保存したBootstrapの中身を、開発中のWebサイトのフォルダにコピーして使うべきですが、ここでは保存したフォルダそのものにHTMLファイルを追加して使ってみることにします。

展開保存した「**bootstrap-xxx-dist**」フォルダの中に、「**index.html**」という名前でファイルを作成して下さい。そして、以下のようにソースコードを記述しましょう。

リスト1-1
```html
<!DOCTYPE html>
<html lang="ja">
<head>
    <meta charset="utf-8">
    <meta name="viewport" content="width=device-width, initial-scale=1,
        shrink-to-fit=no">
    <title>Hello</title>
    <link rel="stylesheet" href="./css/bootstrap.min.css">
</head>
<body>
    <div class="container">
        <h1>Hello</h1>
        <p>this is Bootstrap sample!</p>
    </div>
</body>
</html>
```

これは、タイトルとメッセージだけのごく単純なWebページです。記述したら、Webブラウザでこれを開いてみましょう。テキストが表示されます。Bootstrapの働きはこの状態ではよくわからないでしょうが、表示は確認できるでしょう。

図1-7：サンプルとして作成したWebページ。ごく簡単なテキストを表示するだけのものだ。

では、Webブラウザの隅をドラッグしてブラウザのウインドウサイズを広げてみて下さい。すると、ウインドウサイズが広がるにつれ、テキストの左側の余白が変化し、調整されることがわかるでしょう。

図1-8：大きさを広げていくと余白が調整されるのがわかる。

　これだけではBootstrapがどのようなものかはっきりわからないでしょうが、少なくともBootstrapのスタイルシートを読み込むことにより、コンテンツのレイアウトが調整されているらしい、ということは確認できるでしょう。

利用はスタイルシートをロードするだけ！

　では、どのようにしてBootstrapを利用しているのか見てみましょう。実は、HTMLのヘッダー部分に、次のタグが書いてあるだけなのです。

```
<link rel="stylesheet" href="./css/bootstrap.min.css">
```

　<link>タグで、「**css**」フォルダ内の「**bootstrap.min.css**」というスタイルシートファイルを読み込んでいます。たったこれだけで、Bootstrapの基本部分は動くようになるのです。実に簡単ですね！

利用方法②　CDN

　続いて、CDN（Content Delivery Network）を使ったBootstrap利用についてです。CDNは、Webサーバーからコードをダウンロードして利用します。HTML内にそのためのタグを用意しておくだけで使えるようになるので、非常に簡単に利用できます。ただし、自サイトではない外部からファイルを読み込んで利用するため、CDNのサイトが使えなくなったり、アクセスが遅くなったりすると、CDNを利用している自サイトもアクセスが猛烈に遅くなってしまったりすることもあります。

　Bootstrapのファイルは、**https://maxcdn.bootstrapcdn.com**というホストで配布されています。ここからBootstrapのスタイルシートを読み込み、利用してみましょう。
　CDNですから、インストールなどの準備は一切不要です。ただHTMLのコードを修正するだけで済みます。

リスト1-2
```
<!DOCTYPE html>
<html lang="ja">
<head>
```

```
    <meta charset="utf-8">
    <meta name="viewport" content="width=device-width, initial-scale=1,
        shrink-to-fit=no">

    <link rel="stylesheet"
href="https://maxcdn.bootstrapcdn.com/bootstrap/4.0.0/css/bootstrap.min.css"
integrity="sha384-Gn5384xqQ1aoWXA+058RXPxPg6fy4IWvTNhOE263XmFcJlSAwiGgFAW/
dAiS6JXm"
crossorigin="anonymous">

</head>
<body>
    <div class="container">
        <h1>Hello</h1>
        <p>this is CDN sample!</p>
    </div>
</body>
</html>
```

　HTMLのソースコードを書き換えたら、Webブラウザから開いて表示を確認しましょう。先程と同様に、幅を変えるとそれに応じてコンテンツの配置が自動調整されます。きちんとBootstrapが機能しているのがわかりますね。

図1-9：CDN利用のHTMLページにアクセスをする。

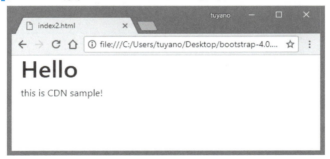

CDNのファイルをリンクする

　では、ソースコードを見てみましょう。ヘッダー部分に用意してある<link>タグに秘密があります。以下のような属性が指定されています。

```
href="https://maxcdn.bootstrapcdn.com/bootstrap/4.0.0/css/bootstrap.min.css"
integrity="sha384-Gn5384xqQ1aoWXA+058RXPxPg6fy4IWvTNhOE263XmFcJlSAwiGgFAW/
dAiS6JXm"
crossorigin="anonymous"
```

href="https://maxcdn.bootstrapcdn.com/bootstrap/4.0.0/css/bootstrap.min.css"と　いうのが、maxcdn.bootstrapcdn.comに用意されているBootstap 4の読み込み用アドレスになります。このように、hrefでCDNのファイルのアドレスを指定するだけで、簡単にBootstrapが使えるようになります。

> **Note**
>
> 本書執筆時点では、Bootstrapの最新バージョンは4.0.0となっており、本書ではこのバージョンを使用する形で掲載してあります。

integrity って何？

<link>タグを見ると、リンク先を示すhref属性のほかに、「**integrity**」というタグも用意されていることがわかります。これは何かというと、スクリプトの**ハッシュ値**(ハッシュ関数によって得られる要約値)です。

CDNは外部からファイルをロードするため、悪意あるユーザーによる攻撃でファイルの内容が書き換えられ、それに気づかず利用してしまうようなこともあるかもしれません。が、このintegrityを指定しておくことで、ファイルが書き換えられたかどうかチェックすることができます。

これは、指定しなくとも問題はないのですが、セキュリティの面からなるべく指定したほうがよいでしょう。なお、ハッシュ値ですので、内容は勝手に変更しないで下さい。この値が変更されていると、ハッシュ値が一致しないためファイルのロードがキャンセルされ、Bootstrapが使えなくなります。

利用方法③　npm

JavaScriptを多用するWebの開発では、npmと呼ばれるパッケージマネージャを利用してアプリケーションを管理することも増えてきました。npmは、**Node.js**というJavaScriptエンジンに付属するパッケージマネージャです。本来はNode.js用のライブラリなどを管理するものでしたが、その後Webで使われる各種のライブラリなどがnpmに対応するようになり、今ではフロントエンドのライブラリ・フレームワーク全般を管理するツールというように役割が変わってきています。

これは、Node.jsをインストールすると同時に組み込まれます。ここでは、Node.js(npm含む)がインストール済みとして説明を行います。まだ利用したことのない人は、以下のアドレスにアクセスしてNode.jsをダウンロードし、インストールして下さい。

https://nodejs.org/ja/download/

図1-10：Node.jsのダウンロードサイト。各プラットフォーム用のファイルが用意されている。

npmでアプリケーションを用意する

では、npmでアプリケーションを作成してみましょう。コマンドプロンプトあるいはターミナルを起動し、アプリケーションを作成するディレクトリに移動して下さい。ここでは、デスクトップに移動しておきます。

```
cd Desktop
```

続いて、アプリケーションのフォルダを作成し、その中にカレントディレクトリを移動します。ここでは「**bootsample**」というフォルダを作成して使うことにしましょう。

```
mkdir bootsample
cd bootsample
```

図1-11：アプリケーションのフォルダを作り、その中に移動する。

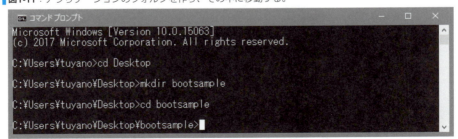

npmを初期化する

npmコマンドを使い、初期化処理を行います。これで、npmによるアプリケーションとして必要なファイルを作成します。

```
npm init
```

以後、次のように入力を求められます。とりあえずここでは、すべて未入力のまま
Enter(Return)キーを押して進めましょう。

```
package name: (bootsample)
version: (1.0.0)
description:
entry point: (index.js)
test command:
git repository:
keywords:
author:
license: (ISC)
```

これで、**package.json**(npmのパッケージ情報を記述したスクリプトファイル)の生成
内容が、以下のように出力されます。

リスト1-3
```
{
  "name": "bootsample",
  "version": "1.0.0",
  "description": "",
  "main": "index.js",
  "scripts": {
    "test": "echo \"Error: no test specified\" && exit 1"
  },
  "author": "",
  "license": "ISC"
}
```

このままEnterもしくはReturnキーを押せば、package.jsonが作成され、npmのパッケー
ジとして必要なファイルが用意されます。

図1-12：npm initでアプリケーションを初期化する。

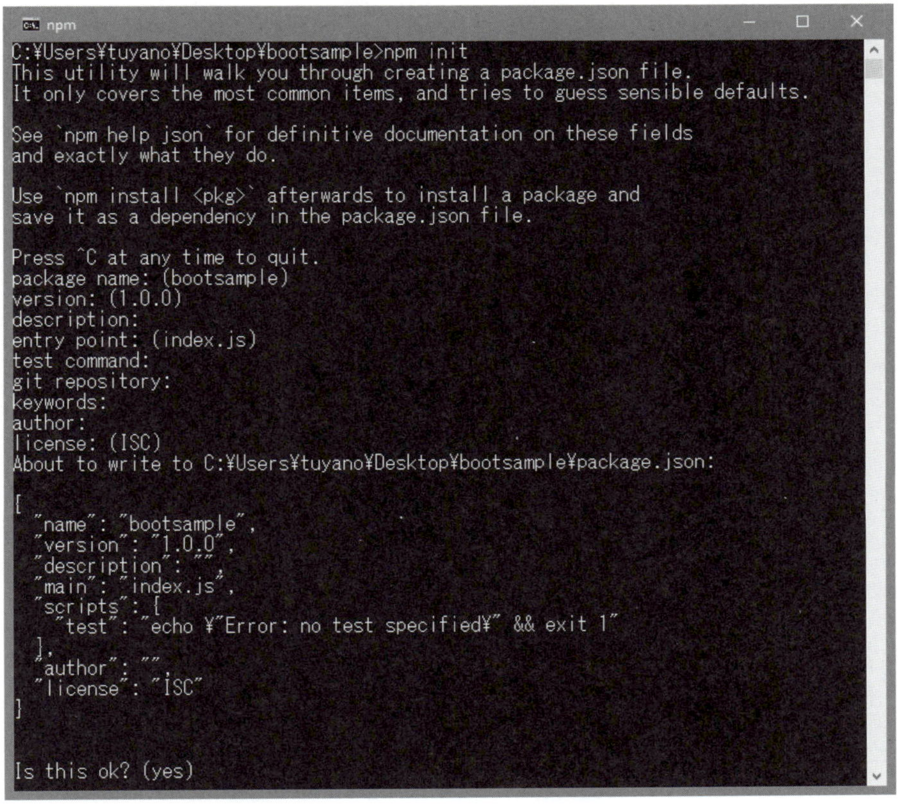

```
C:¥Users¥tuyano¥Desktop¥bootsample>npm init
This utility will walk you through creating a package.json file.
It only covers the most common items, and tries to guess sensible defaults.

See `npm help json` for definitive documentation on these fields
and exactly what they do.

Use `npm install <pkg>` afterwards to install a package and
save it as a dependency in the package.json file.

Press ^C at any time to quit.
package name: (bootsample)
version: (1.0.0)
description:
entry point: (index.js)
test command:
git repository:
keywords:
author:
license: (ISC)
About to write to C:¥Users¥tuyano¥Desktop¥bootsample¥package.json:

{
  "name": "bootsample",
  "version": "1.0.0",
  "description": "",
  "main": "index.js",
  "scripts": {
    "test": "echo ¥"Error: no test specified¥" && exit 1"
  },
  "author": "",
  "license": "ISC"
}


Is this ok? (yes)
```

Bootstrap をインストールする

そのまま、コマンドプロンプトまたはターミナルからnpmコマンドでBootstrapをインストールしましょう。

```
npm install bootstrap --save
```

図1-13：npm installコマンドでBootstrapをインストールする。

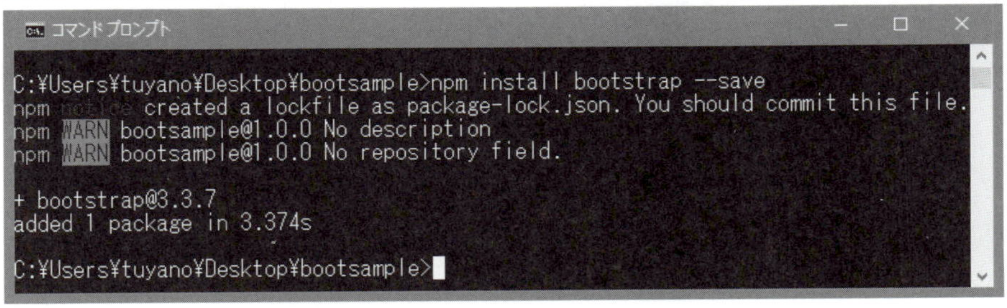

```
C:¥Users¥tuyano¥Desktop¥bootsample>npm install bootstrap --save
npm notice created a lockfile as package-lock.json. You should commit this file.
npm WARN bootsample@1.0.0 No description
npm WARN bootsample@1.0.0 No repository field.

+ bootstrap@3.3.7
added 1 package in 3.374s

C:¥Users¥tuyano¥Desktop¥bootsample>
```

これで、「**bootsample**」内に「**node_modules**」フォルダが作成され、この中の「**bootstrap**」フォルダ内にある「**dist**」フォルダの内容が、実際にアプリケーションで使われるファイルになります。

この「**dist**」フォルダの中身を、「**bootsample**」の一番上のフォルダに移動しましょう。そして、ここにindex.htmlというファイルを作成し、以下のようにソースコードを記述します。

リスト1-4

```html
<!DOCTYPE html>
<html lang="ja">
<head>
    <meta charset="utf-8">
    <meta name="viewport" content="width=device-width, initial-scale=1,
        shrink-to-fit=no">

    <link rel="stylesheet" href="./css/bootstrap.min.css">
</head>
<body>
    <div class="container">
        <h1>Hello</h1>
        <p>this is npm sample!</p>
    </div>
</body>
</html>
```

このページにアクセスをすると、これまでと同様、タイトルとメッセージが幅に応じて自動調整されます。Bootstrapが効いていることが確認できるでしょう。

図1-14：npmでBootstrapを組み込んだ。フォントまで用意されるので、表示フォントも変わる。

npmは、ライブラリ類をネットワーク経由でダウンロードし所定の場所にインストールするまでを自動化してくれますが、実際の利用はライブラリをダウンロードして組み込むのとそれほど違いはありません。

JavaScriptコンポーネントに必要な3つのライブラリ

ここまでの説明で、「**Bootstrapはとっても簡単に使えるんだな**」と感じたことと思います。確かに、Bootstrapの基本的な部分は、<link>タグでスタイルシートファイルを1つ読み込むだけで使えるようになり、大変簡単です。

が、Bootstrapは、これで使えるようになる機能が全てではありません。それ以外にも、JavaScriptを組み合わせて作られた部品（**コンポーネント**と呼ばれます）も多数用意されており、これらはJavaScriptによるスクリプトが用意されていなければ動きません。しかも、ただBootstrapのスクリプトファイルがあればいいだけでなく、それ以外にも必要なライブラリがあるのです。

Bootstrapのコンポーネント類を動作させるのに必要なライブラリは、整理すると以下のようになります。

Bootstrap本体スクリプト	Bootstrap本体と一緒になっています。
jQuery	JavaScriptのライブラリとしてはもっとも広く使われているものの一つでしょう。
Popper	配置やポップオーバー表示などを行うためのライブラリです。

この3つのライブラリが揃って、初めてBootstrapのJavaScript利用コンポーネントは動作します。これらコンポーネント類は今すぐ使うわけではないのですが、今のうちにちゃんと使えるようにセットアップをしておきましょう。

①Bootstrap本体スクリプト

Bootstrapのスクリプトは、**bootstrap.js**あるいは**bootstrap.min.js**というファイルとして用意されています。これを**<script>**タグで読み込むことで、利用できるようになります。

■ダウンロードの場合

Bootstrapのサイトからダウンロードした場合、展開保存したフォルダ内の「**js**」フォルダの中にスクリプトファイルが保管されています。これらのファイルを自サイトのフォルダ内にコピーし、<script>タグで読み込ませて下さい。

■CDN利用の場合

CDN利用の場合は、CDNのホストから直接読み込みますので、<script>タグのhrefにアドレスを指定するだけで済みます。そのほかの設定は不要です。

<script>タグは以下のようになるでしょう。

```
<script src="https://maxcdn.bootstrapcdn.com/bootstrap/4.0.0/js/bootstrap.
min.js" integrity="sha384-JZR6Spejh4UO2d8jOt6vLEHfe/JQGiRRSQQxSfFWpi
1MquVdAyjUar5+76PVCmYL" crossorigin="anonymous"></script>
```

これは、4.0.0版の場合です。このタグの記述は、Bootstrapのサイトに掲載されている「**Getting Started**」ドキュメントの中で公開されています。以下のアドレスにアクセスし、掲載されているタグをコピーして利用下さい。

https://getbootstrap.com/docs/4.0/getting-started/download/

npm 利用の場合

npmを利用してWeb開発を行う場合、アプリケーション内の「**node_modules**」内の「**bootstrap**」フォルダ内の「**dist**」内にある「**js**」フォルダの中に、bootstrap.js、bootstrap.min.jsというファイルが保存されています。これらのファイルをそのまま移動するなどして、<script>タグからファイルを読み込むようにします。

②jQueryについて

Bootstrap以外の必須ライブラリについても説明しておきましょう。まずは、「**jQuery**」（ジェイクエリー）です。

jQueryが何か、今更説明するまでもないでしょう。jQueryは、JavaScriptの開発を支援する強力なライブラリであり、多くのJavaScriptライブラリはjQueryを利用して開発されています。Bootstrapもその例に漏れず、内部ではjQueryを利用しています。したがって、スクリプトの機能を利用する際にはjQueryも利用可能な状態としておく必要があります。

ダウンロードの場合

jQueryは、以下のアドレスにて公開されています。ここから「**Download jQuery**」ボタンをクリックし、移動したダウンロードページでリンクをクリックすればスクリプトファイルがダウンロードできます。

http://jquery.com/

図1-15：jQueryのサイト。「Download jQuery」ボタンでダウンロードページに移動する。

jQueryは、1つのスクリプトファイルだけで構成されている非常にシンプルなライブラリです。配布も、スクリプトファイルが1つダウンロードされるだけです。たいていは「**jquery-xxx.min.js**」というファイル名になっています(xxxはバージョン名)。

このファイルを、開発中のWebサイトのフォルダにコピーし、<script>タグでロードすれば使えるようになります。非常に単純ですね。

cdn 利用の場合

続いて、CDNを利用する場合です。jQueryはいくつかのCDNのホストで配信されています。本家であるjQueryのCDNを利用する形で掲載しておきましょう。以下のタグをWebページ内に追記して下さい。

```
<script src="https://code.jquery.com/jquery-3.2.1.slim.min.js"
integrity="sha384-KJ3o2DKtIkvYIK3UENzmM7KCkRr/rE9/Qpg6aAZGJwFDMVNA/
GpGFF93hXpG5KkN" crossorigin="anonymous"></script>
```

ここでは、本書執筆時点での最新バージョンであるjQuery 3.2.1を利用する形で記述してあります。このタグも、先のBootstrapサイトのGetting Startedドキュメント内に記載されています。その掲載されているタグをコピーして利用して下さい。

npm 利用の場合

jQueryは、npmを利用してインストールすることもできます。コマンドプロンプトまたはターミナルでWebサイトのフォルダに移動し、以下のようにコマンドを実行して下さい。

```
npm install jquery --save
```

図1-16：npm installコマンドを使ってjqueryをインストールする。

インストールされるファイルは、アプリケーション内の「**node_modules**」フォルダ内に「**jquery**」というフォルダとして保存されます。この中の「**dist**」フォルダ内にjQueryのスクリプトファイルが用意されています。何種類かありますが、基本は「**jquery.min.js**」でしょう。

このファイルをアプリケーションのフォルダに移動し、<script>タグでファイルをロードすれば、Webページ内でjQueryが利用可能になります。

③Popper.jsについて

Popper.jsは、Webページ内にある各種要素の配置や**ポップオーバー**表示(メッセージなどを画面上に重ねて表示する)のためのライブラリです。Bootstrapは、4.0よりポップオーバー関係の処理をPopper.jsで行うようになっているため、スクリプトを利用する場合は必ずPopper.jsを用意する必要があります。

> **Note**
> スクリプトを使わない場合は、Popper.jsがなくてもBootstrapは動作します。本書では、Popper.jsを必須ライブラリと考え最初から用意しておくことにします。

ダウンロードの場合

Popper.jsは、以下のアドレスで公開されています。トップページにある「**DOWNLOAD V1**」ボタンをクリックし、移動したダウンロードページから「**Source code(zip)**」リンクをクリックするとファイルをダウンロードできます。

https://popper.js.org/

図1-17：「DOWNLOAD V1」ボタンをクリックしてダウンロードを行う。

ダウンロードされるのは圧縮ファイルで、展開するとPopper.jsがフォルダに保存されます。中を見るとわかりますが、これはnpmのパッケージになっています。開いたフォルダ内の「**dist**」フォルダの中に、Popper.js関連のファイルがあります。ここから、「**popper.min.js**」というファイルをコピーし、Webサイトのフォルダ内にペーストして下さい。そして、<script>タグでこのpopper.min.jsをロードするように記述すれば、Popper.jsが使えるようになります。

CDN 利用の場合

PopperのCDNホストは、**cloudflare.com**を利用するのがよいでしょう。以下のような形で<script>タグを追記して下さい。

```
<script src="https://cdnjs.cloudflare.com/ajax/libs/popper.js/1.12.9/umd/popper.min.js" integrity="sha384-ApNbgh9B+Y1QKtv3Rn7W3mgPxhU9K/ScQsAP7hUibX39j7fakFPskvXusvfaOb4Q" crossorigin="anonymous"></script>
```

これでPopper.jsがロードされ、使えるようになります。ここでは、1.12.9というバージョンを指定してあります。このタグも、BootstrapのGetting Startedドキュメントに記載されているので、それをコピーし利用して下さい。

npm 利用の場合

Popper.jsは、npmでインストール可能になっています。コマンドプロンプトまたはターミナルから以下のようにコマンドを実行します。

```
npm install popper.js@1.0.0 --save
```

図1-18：npm installでPopperをインストールする。

> **Note**
> 注意してほしいのは、Popper.jsのバージョンです。Popper.jsは、本書執筆時点でver. 1.12.9までアップデートされていますが、バージョンが違うとBootstrapでうまく動かないことがあります。BootstrapサイトのGetting Startedドキュメントに記載されている組み合わせは、動作が保証されているものですので、そのバージョンを使うようにして下さい。

JavaScript利用時の基本コード

これで、3つのライブラリのインストールについて説明ができました。いろいろなインストール法があり、また用意するライブラリも3種類あるため、混乱してしまった人もいるかもしれません。

ここで、3つの必須ライブラリを読み込むための<script>タグについて整理しておくことにしましょう。

■ローカルに保存されたファイルから読み込んで利用する（「js」フォルダにあると仮定）

リスト1-5

```
<script src="./js/jquery.min.js"></script>
<script src="./js/popper.min.js"></script>
<script src="./js/bootstrap.min.js"></script>
```

■CDNからロードして利用する

リスト1-6

```
<script src="https://code.jquery.com/jquery-3.2.1.slim.min.js"
integrity="sha384-KJ3o2DKtIkvYIK3UENzmM7KCkRr/rE9/Qpg6aAZGJwFDMVNA/
GpGFF93hXpG5KkN"
crossorigin="anonymous"></script>

<script src="https://cdnjs.cloudflare.com/ajax/libs/popper.js/1.12.9/umd/
popper.min.js"
integrity="sha384-ApNbgh9B+Y1QKtv3Rn7W3mgPxhU9K/ScQsAP7hUibX39j7fakFP
skvXusvfaOb4Q"
crossorigin="anonymous"></script>

<script src="https://maxcdn.bootstrapcdn.com/bootstrap/4.0.0/js/
bootstrap.min.js"
integrity="sha384-JZR6Spejh4U02d8j0t6vLEHfe/JQGiRRSQQxSfFWpi1Mqu
VdAyjUar5+76PVCmYl"
crossorigin="anonymous"></script>
```

▌<script> タグの順番に注意！

　これらのタグを記述する際、注意してほしいのは、<script>タグの順番です。jQuery
とPopper.jsは、どちらが先であってもまったく問題はありません。が、Bootstrap.jsに関
しては、必ずほかの2つの<script>タグの後に記述して下さい。

　Bootstrap.jsでは、内部でjQueryとPopper.jsを利用しているため、これらを読み込む前
にBootstrap.js読み込ませると途中でスクリプトエラーが発生し、動作しなくなります。
必ず、最後にBootstrap.jsを読ませるようにして下さい。

▌どちらを使うべきか？

　ローカルに保存されたファイルを読み込むほうが、タグの書き方は圧倒的に簡単です。
ただし、必要なファイルの準備を、ファイルのダウンロードやnpmなどを利用して行わ
なければいけません。

　CDNは、タグは複雑ですが、ファイルの用意などが不要で、利用は非常に簡単です。
また、アップデートなどもパスのテキストを一部修正するだけで行えます。それぞれの
特徴を考えてどちらを選ぶか決めるようにしましょう。

Sassについて

最後にもう1つ、Bootstrapで使われる「**Sass**」(Syntactically Awesome StyleSheets)という技術についても触れておきましょう。Sassは、「**CSS拡張メタ言語**」と呼ばれます。わかりにくい感じがしますが、要するに「**スタイルシートを生成するための簡易言語**」と考えるとよいでしょう。

スタイルシート(CSS)は、スタイルを記述することに特化しているため、複雑なことができません。例えば、変数を使ったり、制御構文などでスタイルを生成することはできないのです。Sassは、こうしたプログラミング言語的な機能を取り込んでおり、複雑なスタイルをプログラミング言語的に記述していくことができます。

Sassは、以下のアドレスで情報を公開しています。

http://sass-lang.com/

図1-19：SassのWebサイト。

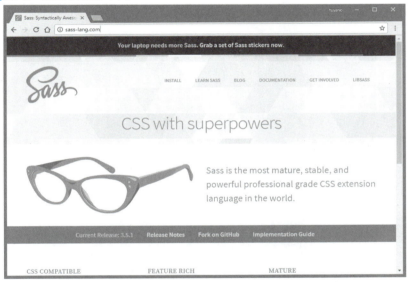

Sass のインストール

Sassは、Rubyベースで開発されています。これは、ダウンロードしてインストールするのではなく、Rubyのパッケージマネージャである「**gem**」というプログラムを利用してインストールするのが一般的です。

Rubyをインストールしていない人は、インストールしておいて下さい。Rubyは、OSによってインストールが異なります。Rubyのサイトに簡単な説明があります。

https://www.ruby-lang.org/ja/downloads/

図1-20：Rubyのダウンロードページ。それぞれの環境に応じてインストールを行う。

　Windowsの場合、このページにあるように「**Ruby Installer**」というインストールプログラムが用意されています。これは専用のRubyインストーラで、一般的なインストーラの感覚でインストール作業が行えます。

　macOSの場合は、rvenbなどのパッケージマネージャを利用しますが、実をいえばmacOSには最初からRubyがインストールされています。ですから、最新バージョンなどにこだわらなければ、そのまま標準のRubyを使うことができます。

　では、Sassをインストールしましょう。
　Windowsでは、コマンドプロンプトまたはターミナルを起動し、以下のように実行して下さい。

```
gem install sass
```

図1-21：gem installコマンドでSassをグローバル環境にインストールする。

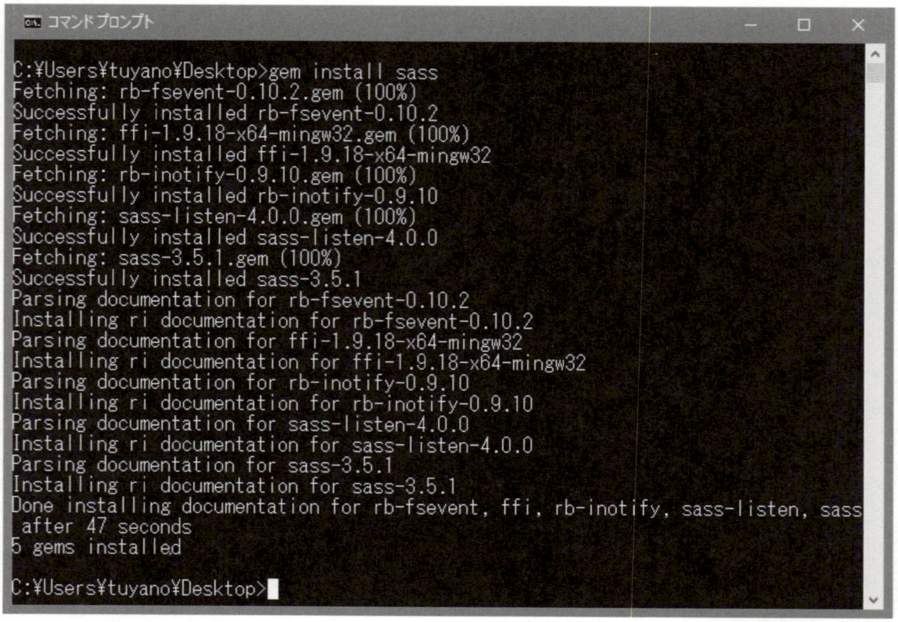

macOSの場合は、gemの前に「**sudo**」と付けて、「**sudo gem install ……**」として下さい。これで管理者のパスワードを入力するとインストールが行えます。

Sassファイルのコンパイル

Sassは、スタイルシートそのものではなく、**スタイルシートを生成するプリプロセッサ**（事前に処理するもの）です。したがって、Sassで記述した内容がそのままスタイルシートとして使えるわけではありません。

Sassファイルの利用方法にはいくつかの方法がありますが、あらかじめ作成しておいたファイルを事前にCSSファイルに変換して利用するのが一般的でしょう。ここではその方法について簡単に説明をしておきましょう。

Sassのコンパイルは、「**sass**」というコンパイラで、以下のようなコマンドを使います。

```
sass ［Sassファイル］: ［CSSファイル］
```

これで、**[Sassファイル]**を読み込み、その中身をコンパイルして、**[CSSファイル]**に保存をします。

実際に試してみましょう。適当な場所（デスクトップで構いません）に、「**style.scss**」という名前でテキストファイルを作成して下さい。そして、以下のように内容を記述しておきましょう。

リスト1-7
```
$font-stack:     Helvetica, sans-serif;
$primary-color: #333;

body {
  font: 100% $font-stack;
  color: $primary-color;
}
```

これは、Sassによる簡単な記述例です。Sassでは、**Sass**と**SCSS**という2つの文法が用意されています。ここでは、よりCSSに近いSCSSを使った例を挙げておきます。SCSSは、CSSの記述と非常に似ており、「**CSSに便利な機能が追加された**」というコードになっています。

sass コマンドを使う

では、このファイルをCSSファイルにコンパイルしましょう。コマンドプロンプトまたはターミナルを起動し、このstyle.Sassがある場所にカレントディレクトリを移動したら、以下のように実行して下さい。

```
sass style.scss:style.css
```

図1-22：sassコマンドで、SCSSファイルをCSSファイルにコンパイルする。

これで、style.scssファイルをコンパイルし、style.cssファイルとして保存します。作成されたstyle.cssファイルの内容を見ると、以下のように記述されていることがわかるでしょう。

リスト1-8
```
body {
  font: 100% Helvetica, sans-serif;
  color: #333;
}

/*# sourceMappingURL=style.css.map */
```

普通のスタイルシートの記述になっていますね。SCSSファイルにあった**$font-stack**と**$primary-color**（SCSSで利用される変数）が消え、これらの値がはめ込まれた形でスタイルが生成されています。

こんな具合にSassを利用することで、プログラミングによって複雑なスタイルを生成させることができるようになります。

Sassの利用は、Bootstrapでは必須ではありません。Sassを用意しなくとも十分に使いこなすことができます。が、Sassがあれば、より本格的にスタイルをカスタマイズしたいような時に非常に大きな力となります。Bootstrapを使うなら、（実際に利用するかどうかはさておき）Sassを使える状態にしておいたほうがよいでしょう。

Chapter 2

グリッドレイアウト

Bootstrapによるページデザインの根幹をなすのが「グリッドレイアウト」と呼ばれる独特のシステムです。これをしっかりと使いこなせるようになることが、Bootstrapマスターの第一歩といえます。まずはこのグリッドレイアウトについてしっかりと理解しましょう。

CSS フレームワーク　Bootstrap 入門

2-1 グリッドレイアウトの基本

グリッドレイアウトは、行と列のタグを組み合わせてレイアウトを作成します。その基本的な考え方と組み込み方について、ここでしっかりと理解しておきましょう。

グリッドレイアウトとは何か

Bootstrapには、さまざまな機能が用意されていますが、それらの内、Webデザインのもっとも根幹となるのは「**グリッドレイアウト**」と呼ばれるレイアウトに関する機能でしょう。

Bootstrapでは、すべての要素は「**グリッド**」の中に組み込まれます。そして、このグリッドを利用することで、デバイスの画面表示サイズに応じて表示を変化させる**レスポンシブデザイン**を可能としているのです。

グリッドは画面を分割する

グリッドとは、画面を縦横に分割したものです。表計算ソフトの表をイメージするとよいでしょう。あのような形でコンテンツをグリッドに割り当てて表示を行います。

縦横に配置はできますが、レスポンシブデザインに大きく関連してくるのは、「**横の分割**」です。Webブラウザでは、縦方向については表示しきれなくともスクロールしていくらでも見ることができますが、横方向にスクロールしなければいけないとなると途端に表示やコンテンツを読むことが面倒になります。

グリッドレイアウトでは、表示される画面の幅に応じて、横方向のグリッドのレイアウトを自動調整します。例えば、幅が狭くなると横に並べていたものを縦に並べるようにしたり、それほど重要でない要素を非表示にしたりして、狭い幅でもスッキリ見やすいように調整するのです。

図2-1：グリッドレイアウトの考え方。幅が狭くなると、グリッドのレイアウトが変更され、その幅に適した表示になる。

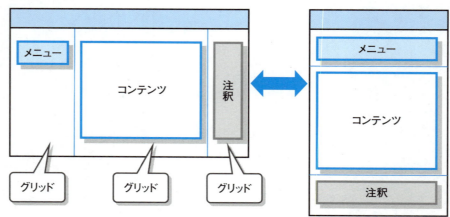

グリッドレイアウトの基本タグ構成

では、グリッドレイアウトはどのような形で組み立てていくのでしょうか。その基本的な仕組みについて説明しましょう。

グリッドは、いくつかのタグの組み合わせとして用意し、基本的に「**行**」と「**列**」の組み合わせとして構築されます。

▍行（row）

グリッドは、横1行のかたまりとして扱われます。行が必要に応じていくつも縦に並んだ状態がグリッドの基本です。

▍列（col）

各行の中には、複数の列が用意されます。つまり、1つの行をいくつかの列で分割しているわけですね。Bootstrapの場合、1行は**12個の列**に分割されています。

この行と列によって分割された各ブロックに表示するコンテンツをはめ込んでいきます。このコンテンツは、幅に応じてどのように配置されるかが変わるようになっているのです。

▍**図2-2**：グリッドレイアウトでは、Webページを行と列で分割する。そしてそれぞれのブロックにコンテンツを配置してレイアウトをしていく。

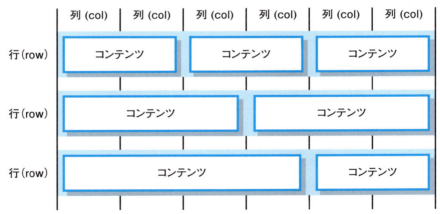

グリッドレイアウトの基本コード

では、実際にグリッドレイアウトはどのように記述していけばいいのでしょうか。その基本的なタグの構成を整理しておきましょう。

■グリッドレイアウトの基本形

```
<div class="container">
```

Chapter 2 グリッドレイアウト

```
    <div class="row">
        <div class="col">
        ……コンテンツ……
        </div>

        <div class="col">
        ……コンテンツ……
        </div>

        ……必要なだけ<div class="col">を用意……

    </div>

    ……必要なだけ<div class="row">を用意……

</div>
```

　見ればわかるように、グリッドレイアウトは、**<div>の三重構造**になっています。それぞれの<div>に役割があります。簡単に説明をしておきましょう。

<div class="container">

　これはグリッドレイアウトの「**コンテナ**」で、一番外側に配置される<div>タグです。classには「**container**」を指定します。Bootstrapでは、表示を調整するコンテンツはすべてこのコンテナの中に配置します。

<div class="row">

　行(row)を作るタグです。classに「**row**」を指定します。必ず、<div class="container">タグの中に用意します。このタグによる表示が、縦に順に並べられていくことになります。

<div class="col">

　列(col)を作るタグです。classに「**col**」を指定します。これは必ず、<div class="row">タグの中に用意します。画面に表示する**コンテンツは、このタグの中に用意**します。

　これらはすべてただの<div>タグですから、この中のどこにコンテンツを置いてもちゃんと表示されます(これらの外側においてももちろん表示されます)。ただし、グリッドレイアウトの機能により位置や大きさを自動調整させるには、一番内側にある<div class="col">タグの中にコンテンツを置く必要があります。

　これらのタグの役割は、JavaScriptなどではなく、タグに用意されたclass属性だけで決められています。それぞれのclassに指定のクラス名を記述するだけで、そのタグが指定の役割を果たすようになるのです。

　したがって、<div>タグを正しい構造で記述しても、classの指定を忘れたり間違えていたりすると、グリッドレイアウトは正常に機能しません。

図2-3：グリッドレイアウトは、三重構造になった<div>タグで作る。ルートとなるコンテナの<div>内に行(row)の<div>を置き、更にその中に列(col)の<div>が組み込まれ、その中にコンテンツを置く。

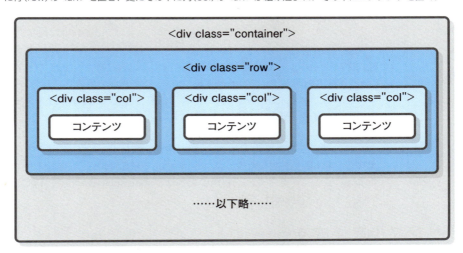

Webサイトの基本構成

では、実際にサンプルを作成してみましょう。**第1章**で、Bootstrapの利用方法には3つあると説明しましたが、ここでは「**ローカル環境に必要なファイルを用意する**」という形で説明を行うことにします。CDNの場合、スタイルシートとスクリプトの配置については、それぞれの利用環境に合わせて考えて下さい。

ファイルの構成

では、Webアプリケーションのファイル構成を簡単にまとめておきましょう。ここでは、以下のような構成になっている前提で説明をします。

■アプリケーションフォルダ内の構成

- ①`index.html` （Webページファイル）
- ②「`css`」フォルダ
  - a. `bootstrap.min.css`
  - b. `style.css` (`style.scss`)
- ③「`js`」フォルダ
  - a. `bootstrap.min.js`
  - b. `jquery.js`
  - c. `popper.js`
  - d. `script.js`
- ④「`font`」フォルダ
  - a. ……Glyphiconのフォント類……

アプリケーションとなるフォルダの中には、3つのフォルダ（「css」「js」「font」）と1つのHTMLファイル（index.html）があります。ここに用意されているHTMLファイルが、サンプルのWebページです。

「css」「js」内には、それぞれBootstrapや必要なライブラリを用意します。それ以外にも、独自にスタイルシートやスクリプトを用意する場合を考え、「css」フォルダ内には「style.css」、「js」フォルダ内には「script.js」というファイルを用意しておきました。これらは、なくともBootstrapの動作には何ら影響はありません。「**自分でカスタマイズするために専用のファイルを追加しておいた**」と考えて下さい。

なお、独自スタイルの追加は、「**css**」内に「**style.css**」として用意するようにしてありますが、**第1章**で説明したように、Bootstrapでは**Sass**を利用してスタイルの作成を行えるようになっています。Sass利用の場合は、「**style.scss**」という名前でファイルを作成し、必要に応じてstyle.cssにコンパイルして利用しましょう。

サンプルを作成する

では、サンプルを作成しましょう。**第1章**で見たスタイルシートとJavaScriptスクリプトは、既に用意できているものとします。index.htmlファイルを以下のように記述しましょう。

リスト2-1 index.html

```html
<!DOCTYPE html>
<html lang="ja">
<head>
    <meta charset="utf-8">
    <meta name="viewport" content="width=device-width, initial-scale=1,
        shrink-to-fit=no">
    <title>Index</title>
    <link rel="stylesheet" href="./css/bootstrap.min.css" />
    <link rel="stylesheet" href="./css/style.css" />

    <script src="./js/jquery.min.js"></script>
    <script src="./js/popper.min.js"></script>
    <script src="./js/bootstrap.min.js"></script>
    <script src="./js/script.js"></script>
</head>
<body>
<div class="container">
    <h1>Index Page</h1>

    <div class="row">

        <div class="col">col 4</div>
```

```
            <div class="col">col 4</div>
            <div class="col">col 4</div>
        </div>


        <div class="row">
            <div class="col">col 6</div>
            <div class="col">col 6</div>
        </div>

        <div class="row">
            <div class="col">col 12</div>
        </div>

    </div>
</body>
</html>
```

リスト2-2 style.css

```
div {
    padding: 5px 10px;
    border: 1px solid lightgray;
}
```

　配置した部品の状態がわかりやすいように、style.cssに簡単なスタイルを用意しておきました（これはなくとも問題ありません）。記述したら、Webブラウザで表示してみましょう。全部で6個のコンテンツが、3、2、1個ずつ横に並んで表示されます。

図2-4：Webブラウザからアクセスすると、1行目に3つ、2行目に2つ、3行目に1つのコンテンツが並んで表示される。

なぜ自動調整されないのか

　実際にWebブラウザの幅を広げたり狭めたりして、表示がどうなるか試してみて下さい。すると、コンテンツ全体をまとめている<div class="container">タグの幅は広げると随時変化していくのが見てわかるのですが、肝心のコンテンツそのものは、どんなに幅を狭くしても、ただ表示幅が狭くなるだけでレイアウトそのものは変化しません。

　なぜ、レイアウトの調整が行われないのか。それは、それぞれの列タグに「**列数**」の設定がされていなかったからです。

図2-5：ブラウザの幅を狭くしても、それぞれのコンテンツの幅が狭くなるだけで、配置は変わらない。

列数と画面サイズ

　Bootstrapのグリッドは、横(行)方向に12の列に分かれています。そしてコンテンツを配置するための<div class="col">タグを用意する際には、そのコンテンツに「**何列分の幅を割り当てるか**」(ブロック)を設定するようになっているのです。

　例えば、3つのコンテンツを表示するとき、

- 1つ目：4
- 2つ目：4
- 3つ目：4

このように割り当てれば、3つのコンテンツが等幅に3つ並べられることになります。
　ある行に組み込まれているコンテンツに割り当てられる列数の合計が12以内であれば、それらは横一列に表示されます。では、もし12より大きくなってしまった場合は、どうなるのでしょうか。例えば、

- 1つ目：4
- 2つ目：5
- 3つ目：4

このように割り当てられると、3つ目のコンテンツは改行され、次の行に回されて表示

されます。このように、コンテンツは常に、12列以内でなければ横一列に表示されないようになっているのです。

この「**列数の割当**」が、グリッドレイアウトを使う際、非常に重要となります。

図2-6：コンテンツは、列数が12以内であればそのまま表示される。が、12より大きくなってしまうと、はみ出たコンテンツが折り返され、次行に表示される。

画面サイズと改行

列数の割当と並んでもう1つ重要なのが、「**画面サイズ**」の設定です。Bootstrapでは、レイアウトの際に基準となる画面サイズ（正確には、表示されるブラウザの幅）を設定し、それによって配置を調整することができます。

例えば、800ドットが基準のサイズだとすると、

- 800ドット以上ある → 通常通りに横一列に表示。
- 800ドット未満 → コンテンツを折り返し、縦に並べて表示。

このように、基準サイズ未満かどうかで、表示の仕方が変わるのです。基準サイズは、標準で4つ用意されています。

■グリッドレイアウトの基準サイズ

極小サイズ(ー)	幅576px未満。コンテンツはレイアウト変更されない。
小型サイズ(sm)	幅576px以上。コンテンツは、540px未満だと折り返す。
中型サイズ(md)	幅768px以上。コンテンツは、720px未満だと折り返す。
大型サイズ(lg)	幅992px以上。コンテンツは、960px未満だと折り返す。
極大サイズ(xl)	幅1200px以上。コンテンツは、1140px未満だと折り返す。

（※極小サイズは、サイズの指定が省略されると設定される）

幅がどれぐらいあるかによって、割り当てるサイズが変わります。これらのサイズが設定され、あらかじめ指定してあったサイズより小さくなると、コンテンツを折り返し表示します。

例えば、画面の幅が576px以上あるデバイスを前提にしてsmを割り当てた場合。ブラウザの幅が540pxより小さくなると、横一列に並んでいたコンテンツはすべて改行され、縦に表示されるようになります。つまり、

```
[コンテンツ1][コンテンツ2][コンテンツ3]
              ↓
[コンテンツ1]
[コンテンツ2]
[コンテンツ3]
```

このように変わるわけです。このレイアウト変更は、Bootstrapによって自動的に行われます。私たちが行うのは、ただclass属性を使ってそれぞれのコンテンツが収められている<div>タグにサイズと列数の設定をしておくだけです。

この960pxや720pxのように、「**その値を超えるとがくんとレイアウトが変更される**」という数値を「**ブレークポイント**」と呼びます。Bootstrapでは、ブレークポイントを超えたときにレイアウトが変更されるようになっているのです。

図2-7：横1列に配置されたコンテンツは、幅が基準となるサイズ（ブレークポイント）より狭くなると、自動的に縦に並べて表示される。

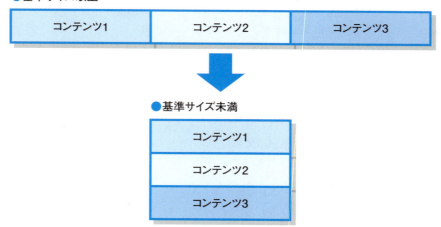

列数と画面サイズの接頭辞

では、コンテンツに割り当てる列数と画面サイズは、どのように用意するのでしょうか。これは、実は非常に簡単です。class属性に用意するクラス名を修正するだけなのです。

コンテンツが収められる<div>タグには、**class="col"**というようにクラス名が指定されていました。この**col**というクラス名の後に、基準となる画面サイズと列数の情報を

以下のように記述します。

```
class="col-サイズ-列数"
```

　colの後に画面サイズと列数の値をハイフンでつなげて記述します。例えば、コンテンツに3つの列数を割り当て、小型サイズ(sm)を基準に折り返し表示をさせようと思ったなら、

```
<div class="col-sm-3">
```

このようにclass属性にクラス名を指定すればいいのです。これらは、すべてまとめて1つのクラス名となりますので、途中でスペースなどを空けずに記述して下さい。

▍図2-8：class属性に指定するクラス名は、「col-サイズ-列数」というように記述することで、特定のサイズ未満では縦に配置されるようにできる。

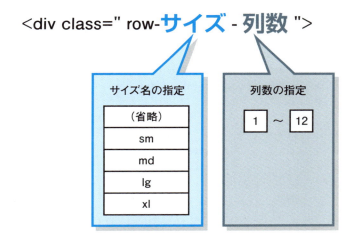

グリッドレイアウトを試す

　では、再度グリッドレイアウトを試してみましょう。先ほどのHTMLファイルをテキストエディタ等で開き、以下のように修正して下さい。

▍リスト2-3
```
<!DOCTYPE html>
<html lang="ja">
<head>
    <meta charset="utf-8">
    <meta name="viewport" content="width=device-width, initial-scale=1,
        shrink-to-fit=no">
    <title>Index</title>
```

```html
        <link rel="stylesheet" href="./css/bootstrap.min.css" />
        <link rel="stylesheet" href="./css/style.css" />

    <script src="./js/jquery.min.js"></script>
    <script src="./js/popper.min.js"></script>
    <script src="./js/bootstrap.min.js"></script>
    <script src="./js/script.js"></script>
</head>
<body>
<div class="container">
    <h1>Index Page</h1>

    <div class="row">
        <div class="col-md-4">col 4</div>
        <div class="col-md-4">col 4</div>
        <div class="col-md-4">col 4</div>
    </div>

    <div class="row">
        <div class="col-sm-6">col 6</div>
        <div class="col-sm-6">col 6</div>
    </div>

    <div class="row">
        <div class="col-sm-12">col 12</div>
    </div>

</div>
</body>
</html>
```

図2-9：幅を狭くしていくと、まず1行目にあった3つのコンテンツが縦に変わり、更に幅を縮めると2行目のコンテンツも縦に並べ変わる。

2-1 グリッドレイアウトの基本

ページをブラウザで表示し、幅をいろいろと変えてみて下さい。まず、幅が720px未満になったところで1行目（横に3つのコンテンツが並んでいる）のコンテンツが縦に配置されるようになります。更に幅を狭くしていくと、540px未満となった段階で2行目（横に2つのコンテンツが並んでいる）のコンテンツが縦一列に配置されるようになります。

■ 列の class をチェックする

では、表示を確認したら、タグに設定されているclass属性を確認していきましょう。まず、全体をまとめるコンテナである<div>タグにclass="container"が指定され、その中にあるいくつかの<div>タグにclass="row"が指定されているのがわかるでしょう。そして、それらclass="row"指定の<div>タグ内に、列の<div>タグが用意されています。

これらの<div>タグに指定されたタグは、それぞれ以下のようになっています。

■ 1行を3分割（4列ずつ3つのコンテンツを配置）

class属性の指定：col-md-4

ここでは、中型サイズを示す「**md**」と、4列分の大きさを割り当てる「**4**」をつなげて、

「**col-md-4**」という形でclass属性に指定しました。それぞれのコンテンツに4つの列数ですから、3つ並べてちょうど12個になります。それ以上追加すると、それらは次の行に回されることになります。

ブラウザウィンドウの幅を狭くしていくと、幅720pxより狭くなった時点で、3つのコンテンツは横ではなく縦に順番に並べて表示されるようになります。

■ 1行を2分割（6列ずつ2つのコンテンツを配置）

```
class属性の指定：col-sm-6
```

画面に表示される2行目の<div>内には、小型サイズ（sm）を指定したコンテンツを6列幅で組み込んであります。これで、この<div>タグを使った2つのコンテンツが横に並んで表示されます。

smは、幅が540pxより小さくなると、コンテンツを縦に並べて表示するようになります。

■ 1行に1つのコンテンツ

```
class="col-sm-12"
```

画面の3行目の<div>タグには、小型サイズ「**sm**」と、12列分、すなわち1行すべてを指定して「**col-sm-12**」というclass属性が指定されています。smが指定されていますが、1つしかコンテンツがありませんので、大きさがどれだけあっても常に同じように配置されます。

▌幅指定は混在できる

この例では、コンテンツを収める<div>に「**md**」と「**sm**」の指定が混在しています。このようにサイズを示す値は混在しても構いません。

異なったサイズを指定したことにより、サンプルでは、まず幅が720pxより狭くなったとき1行目のレイアウトが変化し、更に540pxより狭くなったら2行目のレイアウトも変化しました。このように、幅が狭くなるにつれ段階的にレイアウトを変化させることができるようになります。

複数の幅指定

グリッドレイアウトについて一通り理解すると、おそらくこういう疑問が思い浮かぶことでしょう。「**いくつものサイズが用意されているけれど、自分のWebサイトではどのサイズを指定するのがベストなのだろう？**」と。

これは、実は「**考え方が間違っている**」のです。グリッドレイアウトに用意されているsmやlgといったサイズ指定は、実は「**それらの中から使いたいものを選ぶ**」ためのものではありません。

これらは、「**どのサイズを超えた時点でレイアウトを変化させたいか**」という観点で考えるべきです。したがって、「**1つを選ぶ**」わけではありません。必要ならば2つでも3つでも、すべてのサイズを指定しても構わないのです。

サイズに応じて列数を変更する

　そうはいっても、さまざまなサイズを同時に指定するなんて、どういう使い方のときに行えばいいのだろう……と疑問に思ったかもしれません。端的な例でいえば、「**サイズに応じて、列数の割当を変えたい場合**」です。

　例えば複数のコンテンツを配置する場合、「**メインのコンテンツ**」と「**サブのコンテンツ**」というようにコンテンツの重要度に違いが生じます。サイズが大きい場合、両者を均等にではなく、例えば「**メインコンテンツを多く表示し、サブコンテンツは変わらない**」というように表示の割合を変えたいでしょう。

　このような場合に、グリッドレイアウトの複数サイズ指定が役立ちます。実際にやってみましょう。ここでは、<body>タグの部分だけ掲載しておきます。

リスト2-4

```
<body>
<div class="container">
    <h1>Index Page</h1>

    <div class="row">

        <div class="col-lg-7 col-md-6 col-sm-4">
            <div>col main</div>
        </div>
        <div class="col-lg-3 col-md-3 col-sm-4">
            <div>col sub</div>
        </div>
        <div class="col-lg-2 col-md-3 col-sm-4">
            <div>col sub</div>
        </div>
    </div>

    <div class="row">
        <div class="col-sm-12">
            <div>col 12</div>
        </div>
    </div>

</div>
</body>
```

　ついでといってはなんですが、ボーダーの薄い線だけではコンテンツの配置がわかりにくいので、少しスタイルを修正しておくことにしましょう。style.scssを以下のように記述して下さい。

リスト2-5

```
div {
    padding: 5px 10px;
}


.container , .container-fruid {
    .row {
        div {
            border: 1px solid lightgray;
            div {
                color: darkblue;
                background-color: lightblue;
            }
        }
    }
}
```

これで、sassコマンドでstyle.cssにコンパイルして利用しましょう。もしSassを利用していない場合は、style.cssに直接以下のように記述して下さい。

リスト2-6

```
div {
    padding: 5px 10px;
}

.container .row div, .container-fruid .row div {
    border: 1px solid lightgray;
}

.container .row div div, .container-fruid .row div div {
    color: darkblue;
    background-color: lightblue;
}
```

作成したら、ページを表示してみましょう。ページの幅が広いと、3つのコンテンツが7：3：2の割合で表示されます。そして幅が狭くなるにつれ、6：3：3：、4：4：4と割合が変化し、最終的に縦一列に表示されます。サイズに応じてメインのコンテンツの割合が増えていくことがよくわかるでしょう。

▍**図2-10**：幅に応じて、メインコンテンツとサブコンテンツの割合が変化していく。

▍**クラスの指定をチェック**

　では、**リスト2-4**で作成した例のコンテンツ部分の<div>タグを見てみましょう。class属性の部分を抜き出すと、以下のようになっていることがわかります。

Chapter 2 グリッドレイアウト

■メインコンテンツ

```
class="col-lg-7 col-md-6 col-sm-4"
```

■サブコンテンツ1

```
class="col-lg-3 col-md-3 col-sm-4"
```

■サブコンテンツ2

```
class="col-lg-2 col-md-3 col-sm-4"
```

lgの割合	7：3：2
mdの割合	6：3：3
smの割合	4：4：4

　lg、md、smのそれぞれの列数の割合を見てみると、大きいほどメインコンテンツの割合が大きくなっていることがわかります。このように、列数の値をサイズごとに変えていくことで、画面サイズごとに最適なレイアウトになるのです。

2-2 グリッドレイアウトを更に使いこなす

　Bootstrapには、グリッドレイアウトをより使いこなすために、さまざまな機能が用意されています。これらについて、ここでまとめて説明しましょう。

可変コンテナについて

　グリッドレイアウトの基本的な考え方はほぼ理解できたことと思いますが、Bootstrapに用意されている機能は、ここまでの説明で全てではありません。そのほかにも、グリッドレイアウトを更に使いこなすための機能がいろいろと用意されています。それらについて説明していきましょう。

　まずは、「**可変コンテナ**」についてです。ここまで作成したサンプルでは、幅を変更したとき、**コンテナ**(コンテンツ全体が格納されているclass="container"のタグ)の動きに独特のものがありました。広げていくと、コンテナそのもののサイズは変更されず余白だけが増えていき、ある時点でいきなりコンテナサイズが広がるようになっていました。

　class="container"によるコンテナは、「**固定コンテナ**」と呼ばれます。コンテナのサイズはあらかじめ決まっており、ブラウザの幅が広くなると、一定の幅ごとに広がっていきます。なめらかに変化したりはしないのです。

　これは、サイズが一定幅で決まっているため、いろいろと配置するときにデザインがしやすいのですが、場合によっては「**幅の変化に合わせてなめらかに表示サイズが変わって欲しい**」と思うこともあるでしょう。

54

このような場合に用いられるのが「**可変コンテナ**」です。これは、コンテナのclass属性に「**container-fruid**」を指定します。これを指定することで、コンテナの幅はブラウザの幅に連動してなめらかに変化するようになります。

では、実際に試してみましょう。

リスト2-7
```
<body>
<div class="container-fruid">
    <h1>Index Page</h1>

    <div class="row">

        <div class="col-lg-7 col-md-6 col-sm-4">
            <div>col main</div>
        </div>
        <div class="col-lg-3 col-md-3 col-sm-4">
            <div>col sub</div>
        </div>
        <div class="col-lg-2 col-md-3 col-sm-4">
            <div>col sub</div>
        </div>
    </div>

    <div class="row">
        <div class="col-sm-12">
            <div>col 12</div>
        </div>
    </div>

</div>
</body>
```

図2-11：アクセスすると、幅いっぱいにコンテンツが配置される。containerの場合と比べると、幅に違いがあるのがわかる。

<div class="container-fruid">の例

Chapter 2　グリッドレイアウト

<div class="container">の例

　これも、<body>タグ部分だけを挙げておきます。ブラウザからアクセスしてみると、コンテンツがブラウザの幅いっぱいに表示されるようになっているのがわかるでしょう。class="container"の場合と表示の違いを比べてみるとよくわかります。

■ コンテナを二重にする

　実際に試してみると、なぜかブラウザの下部に横方向のスクロールバーが見えてしまった人もいるかもしれません。

　リスト2-4（または**2-5**）のスタイルシートでは、paddingを設定して、少し余裕があるように見せています。このため、<div>タグの表示は、本来のサイズよりも若干大きくなっています。これにより、幅が本来チェックするサイズより僅かに広がっていたのでしょう。

　では、せっかくですから、横スクロールバーが表示されないようにしてclass="container-fruid"を使いたいものですね。style.scssにpaddingを指定して間隔を空けていますので、コンテナを二重にすることではみ出る部分を吸収させてみましょう。

リスト2-8

```
<body>
<div class="container-fruid">
    <h1>Index Page</h1>

    <div class="container-fruid">
        <div class="row">

                <div class="col-lg-7 col-md-6 col-sm-4">
                    <div>col main</div>
                </div>
                <div class="col-lg-3 col-md-3 col-sm-4">
                    <div>col sub</div>
                </div>
                <div class="col-lg-2 col-md-3 col-sm-4">
                    <div>col sub</div>
                </div>
            </div>
```

```
            <div class="row">
                <div class="col-sm-12">
                    <div>col 12</div>
                </div>
            </div>
        </div>
    </div>
</body>
```

図2-12：アクセスすると、横方向のスクロールバーは表示されなくなった。

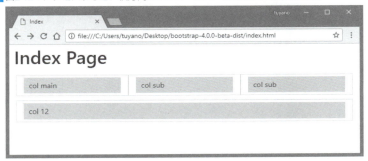

ここでは、**<div class="container-fruid">**タグの中に更に**<div class="container-fruid">**タグを用意していますね。これにより、paddingで指定した分だけ空間ができるので、その部分が緩衝エリアとなり、横スクロールバーが表示されなくなりました。

コンテナのネスト

先ほどの例を見て、「**コンテナの中にコンテナを入れていいのか？**」と疑問を感じた人もいるかもしれません。

これは、特に問題はありません。ただし、ネストしたレイアウトを行う場合は、コンテナではなく、**class="row"**のタグをネストして作成するのが一般的でしょう。

リスト2-9
```
<body>
<div class="container-fruid">
    <h1>Index Page</h1>

    <div class="container-fruid">
        <div class="row">

            <div class="col-lg-7 col-md-6 col-sm-4">
                <div class="row">
                    <div class="col-md-6">
```

```
                    <div>main content A</div>
                </div>
                <div class="col-md-6">
                    <div>main content B</div>
                </div>
            </div>
        </div>

        <div class="col-lg-3 col-md-3 col-sm-4">
            <div>col sub</div>
        </div>
        <div class="col-lg-2 col-md-3 col-sm-4">
            <div>col sub</div>
        </div>
    </div>

    </div>
</div>
</body>
```

図2-13：class="col"のタグ内にclass="row"タグを追加し、更に複数のclass="col"タグを表示する。幅に応じて、外側と内側の両方のコンテンツがきちんと再レイアウトされるのがわかる。

2-2 グリッドレイアウトを更に使いこなす

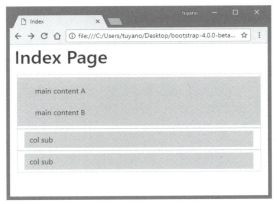

　このサンプルでは、<div class="col-lg-7 col-md-6 col-sm-4">タグの中に更に**<div class="row">**タグを追加し、その中に2つのコンテンツを配置してあります。この2つのコンテンツには、それぞれclass="col-md-6"が割り当ててあります。

　列は、常に<div class="row">内のエリアを12分割して列数を割り当てます。したがって、class="col"のタグ内に組み込まれた<div class="row">内のコンテンツも、この<div class="row">内を12等分する形で列数が割り当てられます。

　このように、コンテンツは、「**それが組み込まれているrow内を12等分して列数を設定する**」というようになっています。

▌**図2-14**：コンテンツは、row全体を12等分して割り当てる。割り当てたコンテンツ内に更にrowがあり、その中にコンテンツが配置される場合は、それが組み込まれるrowを12等分して配置する。

自動調整とauto

　コンテンツは、row内を12等分して配置します。しかし、常にすべてのコンテンツの列数を指定しなければならないわけではありません。

　例えば2つのコンテンツがある場合、1つ目の列数が決まれば、2つ目の列数は自動的に決まります。このようなときは、列数の指定を省略しても問題なくレイアウトが行われます。

　実際にやってみましょう。以下のようにサンプルを修正してみて下さい。

リスト2-10
```
<body>
<div class="container-fruid">
    <h1>Index Page</h1>

    <div class="container-fruid">
```

```
            <div class="row">
            
                <div class="col-lg-8 col-md-7 col-sm-6">
                    <div>Main content</div>
                </div>
                
                <div class="col">
                    <div>col sub A</div>
                </div>
            </div>

        </div>
    </div>
</body>
```

図2-15：表示すると、2つのコンテンツがきちんとrowの端から端まで幅調整されて表示される。

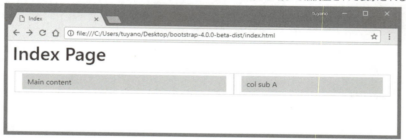

これをブラウザで表示すると、2つのコンテンツがきちんと幅を調整されて表示されます。が、ここでのコンテンツを見てみると、1つ目の<div>タグには**class="col-lg-8 col-md-7 col-sm-6"**というように列数がきちんと指定されていますが、2つ目は**class="col"**としかありません。列数(更にはサイズも)が省略され、ただcolとだけクラスが設定されています。

ここでは1つ目の<div>タグにきちんと列数が指定されていますので、2つ目は「**残った列数**」が設定されればいいのです。このため、省略してもきちんと表示されたのですね。

auto について

幅の自動調整という点では、もう1つ「**auto**」もあります。先ほどのサンプルを、以下のように修正してみましょう。

図2-16：class="col-auto"とすると、表示されるコンテンツに最適な列数が設定される。

これでブラウザからアクセスをすると、2つ目のコンテンツに十分な幅で表示されます。幅を広くすると、右側に何も表示されないエリアができますが、コンテンツそのものは十分に表示されるので問題はないでしょう。

この「**auto**」は、コンテンツを表示するのに最適な列数に自動設定します。その結果、コンテンツの列数合計が12に満たなくなる場合もありますが、そのときはこの例のように右側に余白が表示される形になります。

余白列の利用

ぴったりとコンテンツを横につなげて表示する場合だけでなく、間を空けて配置したい、ということもあります。このような場合、まず考えるのは「**空のコンテンツ**」を配置する、という方法でしょう。以下のようなものです。

リスト2-11
```
<body>
<div class="container-fruid">
    <h1>Index Page</h1>

    <div class="container-fruid">
        <div class="row">

            <div class="col-sm-6">
                <div>Main content A</div>
            </div>
            <div class="col-sm-1"></div>

            <div class="col-sm-2">
                <div>sub content A</div>
            </div>
            <div class="col-sm-1"></div>
            <div class="col-sm-2">
                <div>sub content B</div>
            </div>
```

```
            </div>
        </div>
</div>
</body>
```

図2-17：間に空白のコンテンツを挟んで表示する。

この例では3つのコンテンツを表示していますが、それぞれの間に「**空のコンテンツ**」を挟むことで余白を設けています。こうすることで、コンテンツの間を空けることができます。

パーセント指定で余白を作る

グリッドレイアウトは、このほかに「**w-整数**」という形でクラスを指定して領域を確保することもできます。これも利用例を挙げておきましょう。

リスト2-12
```
<body>
<div class="container-fruid">
    <h1>Index Page</h1>

    <div class="container-fruid">
        <div class="row">

            <div class="col-sm-3">
                <div>Main content A</div>
            </div>

            <div class="col-sm-3">
                <div>Main content B</div>
            </div>

            <div class="w-25"></div>

            <div class="col-sm-2">
```

```
                  <div>sub content A</div>
            </div>
        </div>

    </div>
</div>
</body>
```

図2-18：コンテンツの間に、25%の余白を入れたところ。

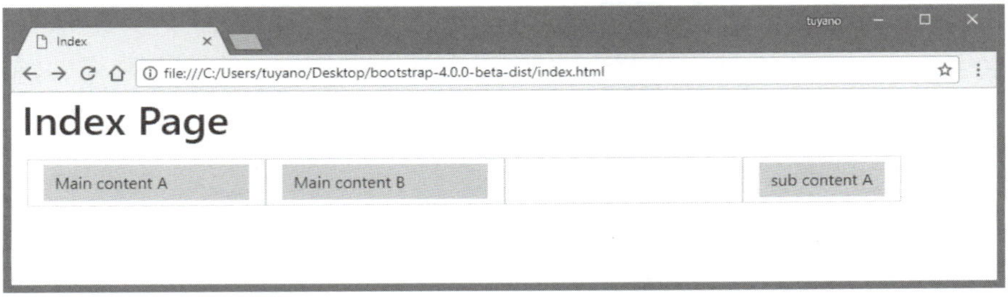

Index Page

| Main content A | Main content B | | sub content A |

これをブラウザで表示すると、中央と右側のコンテンツの間に25%の余白が挿入されます。ここでは余白として以下のようなタグが追加されていますね。

```
<div class="w-25"></div>
```

クラス名を見ると、「**w25**」というようにパーセント指定していることがわかるでしょう。Bootstrapでは、以下のように4種類の大きさを示すクラスが用意されています。

w-25	25%幅
w-50	50%幅
w-75	75%幅
w-100	100%幅

空の列を利用する場合との大きな違いは、「**画面サイズの指定がない**」という点でしょう。列のクラスでは、col-sm-1というようにsmなどのサイズに関する指定をするのが基本ですが、wの場合はそれがありません。つまり、画面サイズに関係なく一定割合の幅で表示される、ということになります。

したがって、ほかのコンテンツなどと協調してレイアウトしてほしい場合は、空の列を利用したほうがよいでしょう。wを利用するのは、全幅の一定割合で余白が必要となる場合だ、と考えておきましょう。

両端に配置するml/mr

余白を用意してコンテンツを配置する場合、端のコンテンツの配置をどうするかを考える必要があります。例えば2つのコンテンツを配置したとき、2つが並んで左や右に配置されるのと、両端に配置されるのではデザインも変わってきます。こうした「**端に配置する**」指定を行うのが「**ml**」と「**mr**」です。

ml	左端に表示します。
mr	右端に表示します。

これらは、そのほかの「**サイズ-列数**」の接頭辞と併せて使うことができます。例えば、「**ml-sm-1**」といった具合です。また、autoと併せて「**ml-auto**」とすることもできます。autoと指定した場合とそうでない場合では配置が違うので注意が必要でしょう。

実例を以下に挙げておきます。

リスト2-13

```
<body>
<div class="container-fruid">
    <h1>Index Page</h1>

    <div class="container-fruid">

        <div class="row">
            <div class="w-100">
                <p>lg-2 lg-2 lg-2 lg-2</p>
            </div>
            <div class="mr-lg-2">
                <div>Main content A</div>
            </div>
            <div class="mr-lg-2">
                <div>Main content B</div>
            </div>
            <div class="ml-lg-2">
                <div>sub content A</div>
            </div>
            <div class="ml-lg-2">
                <div>sub content B</div>
            </div>
        </div>

        <div class="row">
            <div class="w-100">
                <p>auto lg-2 lg-2 auto</p>
```

```html
        </div>
        <div class="mr-auto">
            <div>Main content A</div>
        </div>
        <div class="mr-lg-2">
            <div>Main content B</div>
        </div>
        <div class="ml-lg-2">
            <div>sub content A</div>
        </div>
        <div class="ml-auto">
            <div>sub content B</div>
        </div>
    </div>


    <div class="row">
        <div class="w-100">
            <p>lg-2 auto auto lg-2</p>
        </div>
        <div class="mr-lg-2">
            <div>Main content A</div>
        </div>
        <div class="mr-auto">
            <div>Main content B</div>
        </div>
        <div class="ml-auto">
            <div>sub content A</div>
        </div>
        <div class="ml-lg-2">
            <div>sub content B</div>
        </div>
    </div>


    <div class="row">
        <div class="w-100">
            <p>auto auto auto auto</p>
        </div>
        <div class="mr-auto">
            <div>Main content A</div>
        </div>
        <div class="mr-auto">
            <div>Main content B</div>
        </div>
        <div class="ml-auto">
```

```
                    <div>sub content A</div>
                </div>
                <div class="ml-auto">
                    <div>sub content B</div>
                </div>
            </div>

        </div>
    </div>
</body>
```

図2-19：ml/mrで、サイズ-列数を指定したものとautoのものを混在させる。autoは両端から均等にコンテンツを配置していこうとしているのがわかる。

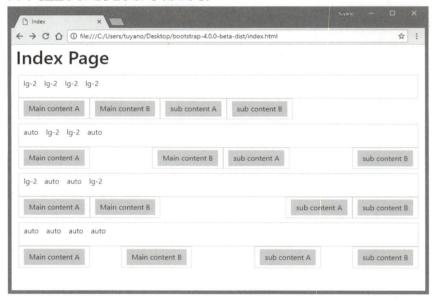

　ちょっと長くなってしまいましたが、ここではml/mrにlg-2を付けたものと、autoを付けたものをいろいろと組み合わせてみました。
　配置の状態を見てみると、lg-2を指定したものは、本来配置されるべき位置に表示されるようにしているのがわかります。これに対しautoを指定したものは、配置エリアの左端から右端までの間に均等に配置しようとしていることがわかるでしょう。

　このように、ml/mrはauto指定することでそのコンテンツを表示エリアの両端に揃えておくことができる、という点はわかったことでしょう。混在させるとそれぞれの配置状態を把握するのが難しくなりますが、全体に均等に配置されたレイアウトを作成するにはとても役立ちます。

コンテンツの位置揃え

　広い空間にコンテンツを1つ配置したとき、それをどこに配置するか(上下、あるいは左右、または中央)を指定するのが、「**位置揃え**」です。テキストなどでは「**右揃え・左揃え・中央揃え**」といった文字揃えはよく用いられていますね。あれと同様のことをコンテンツの配置で行うための機能が位置揃えです。

　これには、水平方向と垂直方向が用意されています。まずは、水平方向から。以下のような形で記述します。

```
<div class="row justify-content-位置">
        ……コンテンツ……
</div>
```

　コンテンツの水平方向の位置揃えは、rowのclass属性に設定します。これは「**justify-content-○○**」といった名前のクラスとして用意されています。これを指定することで、そのrow内に用意されるコンテンツが指定の場所に配置されます。

　用意されているクラス名は以下のようになります。

justify-content-start	左に揃える
justify-content-center	中央に揃える
justify-content-end	右に揃える

　これらのクラスを、rowクラスと併せて指定します。では、実際に使ってみた例を挙げておきましょう。

リスト2-14

```
<body>
<div class="container">
  <h1>Index Page</h1>

    <div class="row justify-content-end">
        <div class="col-auto">
            <div>main content A</div>
        </div>
    </div>
    <div class="row justify-content-center">
        <div class="col-auto">
            <div>main content B</div>
        </div>
    </div>
    <div class="row justify-content-start">
        <div class="col-auto">
            <div>main content C</divp>
```

```
            </div>
        </div>
</div>
</body>
```

図2-20：3つのコンテンツが、上から、右・中央・左に配置される。

これを表示すると、3つのコンテンツが右上・中央・左下に配置されます。この3つは、それぞれ別々のrowに組み込まれています。そして上から順に、右・中央・左に揃えて表示しています。

タグ部分を見ると、例えば右上に配置されているコンテンツはこのようになっていますね。

```
<div class="row justify-content-end">
    <div class="col-auto">
        ……コンテンツ……
    </div>
</div>
```

rowタグに**justify-content-end**が指定されており、その中のコンテンツを配置するcolタグ部分は、autoを指定しているだけで特に位置揃えの指定はありません。このように、**横方向の位置揃え**は**row単位**で**設定**を行います。

垂直方向の位置揃え

では、垂直方向の位置揃えはどうなっているのでしょうか。これは、rowではなく、コンテンツを配置するcolタグにクラスを指定します。「**align-self-○○**」といった名前で以下のものが用意されています。

align-self-start	上に揃える
align-self-center	中央に揃える
align-self-end	下に揃える

横方向と異なり、縦方向はrowではなく、colタグ単位で指定をします。では、実際の利用例を見てみましょう。

リスト2-15
```html
<body>
<div class="container">
    <h1>Index Page</h1>

        <div class="row" style="height:200px;">
            <div class="col-sm-4 align-self-start">
                <div>main content A</div>
            </div>
            <div class="col-sm-4 align-self-center">
                <div>main content B</div>
            </div>
            <div class="col-sm-4 align-self-end">
                <div>main content C</divp>
            </div>
        </div>
</div>
</body>
```

図2-21：縦方向の位置揃え例。左から上・中央・下に揃えている。

ブラウザで表示すると、左上・中央・右下に表示されます。この3つの位置揃えの設定を見てみると、このようになっています。

```html
<div class="row" style="height:200px;">
    <div class="col-sm-4 align-self-start">
        ……コンテンツ……
    </div>
    ……次のcolタグ……
</div>
```

Chapter 2 グリッドレイアウト

高さとしてある程度の量を取っておかないといけないため、rowタグ部分では、style
で高さを200pxに設定しておきました。が、位置揃えに関するクラスはありません。こ
の中のcolタグ部分でalign-self-startを指定してあります。

このように、水平方向と垂直方向では、位置揃えの仕方が微妙に異なりますので注意
して下さい。

no-guttersによる余白取り消し

ここまでのサンプルでは、style.cssを使って<div>タグにpaddingで余白を設定してい
ました。これは、サンプルが見やすいように付けているのですが、グリッドレイアウト
は幅をきっちりと調整するため、paddingやmarginを設定してあると微妙に幅がはみ出
てしまったり、きれいに揃わなかったりします。

このようなとき、Bootstrapでは「**no-gutters**」というクラスを指定することで余白を取
り除くことができます。

リスト2-16

```html
<body>
<div class="container">
  <h1>Index Page</h1>

    <div class="row no-gutters">
        <div class="col-sm-4">
            <div>main content A</div>
        </div>
        <div class="col-sm-4">
            <div>main content B</div>
        </div>
        <div class="col-sm-4">
            <div>main content C</div>
        </div>
    </div>
    <div class="row">
        <div class="col-sm-4">
            <div>main content A</div>
        </div>
        <div class="col-sm-4">
            <div>main content B</div>
        </div>
        <div class="col-sm-4">
            <div>main content C</div>
        </div>
    </div>
  </div>
</body>
```

図2-22：上の行がno-guttersをrowに指定したもの、下がそのままの状態のもの。

　ブラウザで見ると、2行のコンテンツが表示されます。上の行は、no-guttersで余白を消しています。両者を比べると、下の行ではコンテンツの周りに余計な余白がついていることがよくわかるでしょう。上の行では、colタグとその中のコンテンツのタグの幅がきれいに揃っていますね。
　グリッドレイアウトでは、幅が揃っていないときれいに表示がされません。no-guttersをうまく使いこなすことで、グリッドレイアウト本来の整ったレイアウトデザインにすることができるようになります。
　no-guttersは、基本的にrowタグに指定します。その中のcolタグに指定しても機能し ないので注意して下さい。

並び順の変更

　rowタグ内に組み込まれるコンテンツは、基本的に「**組み込んだものから順に、上あるいは左から並べる**」というようにできています。これはBootstrapに限らず、HTMLの基本といってよいでしょう。並び順を変更したければ、タグの記述順を変更するしかありませんでした。
　が、Bootstrapを使っていれば、コンテンツの並び順を簡単に変更することができます。「**order-番号**」というようにして、割り当てる列の番号を指定することで並び順が変えられるのです。
　これも例を挙げて説明しましょう。

リスト2-17
```
<body>
<div class="container">
  <h1>Index Page</h1>

     <div class="row">
        <div class="col-sm-4 order-9">
           <div>main content A</div>
        </div>
        <div class="col-sm-4 order-5">
           <div>main content B</div>
        </div>
```

```
                <div class="col-sm-4 order-1">
                    <div>main content C</div>
                </div>
            </div>
        </div>
    </body>
```

図2-23：最後のcontent Cが一番最初に表示され、最初のcontent Aが最後に表示される。

ここでは、「**main content A**」「**main content B**」「**main content C**」という3つのコンテンツを用意してあります。が、実際の表示では、これらが逆順に並んでいるのがわかるでしょう。

コンテンツを入れてあるcolタグを見てみると、このような順番になっていることがわかりますね。

```
<div class="col-sm-4 order-9">タグ
<div class="col-sm-4 order-5">タグ
<div class="col-sm-4 order-1">タグ
```

これで、1つ目のコンテンツが9列目、2つ目のコンテンツが5列目、そして3つ目のコンテンツが1列目に設定されます。これにより、表示されるコンテンツが逆順になっていたのです。

orderで付けられる数字は、1〜12です。これは、行を12等分するグリッドレイアウトの仕組みを考えれば理解できるでしょう。列番号の小さいものから順に左から並べられるわけですね。

Chapter 3

コンテンツの
基本デザイン

Webのコンテンツは、テキストやイメージなど基本的な部品の組み合わせで構成されています。これらの基本部品をいかにデザインするかが、Web作成の上で重要となります。ここでは、Bootstrapに用意されている、コンテンツの基本的なデザインを行うための機能について説明しましょう。

CSS フレームワーク　Bootstrap 入門

Chapter 3　コンテンツの基本デザイン

3-1 コンテンツの基本要素

　コンテンツは、見出し、本文、リスト、表などの基本的なHTMLの要素から構成されています。Bootstrapでは、こうした基本要素すべてにスタイルが設定されています。まずはHTMLの基本的な要素のデザインから見ていきましょう。

見出しについて

　グリッドレイアウトによる基本的なページレイアウトの構成に続いて、そこに作成するコンテンツを作るための機能について説明していくことにしましょう。基本的には、HTMLのタグを利用するだけなのですが、中にはあまり使ったことのないタグもあることと思いますので、コンテンツ関係のタグについて説明をしていくことにします。

　まずは、「**見出し**」関係からです。コンテンツは通常、タイトルとなる見出しがあり、その下に本文が続きます。この見出しには通常、**\<h1\> ～ \<h6\>**のタグが用いられるでしょう。
　Bootstrapでは、**\<h1\> ～ \<h6\>**のそれぞれにスタイルが設定されており、そのままである程度スタイル設定された表示がされるようになっています。
　では、実際にいくつかのタグを書いて表示を確認してみましょう。

> **Note**
>
> 　この章から、基本的なコンテンツのスタイルを詳しく見ていくことになります。第2章でstyle.cssに記述しておいたスタイルがそのまま残っていると、どこまでがBootstrapのスタイルか区別できなくなるため、削除しておいて下さい。

　では、前章で利用したindex.htmlをこの章でも利用してサンプルを作成していくことにしましょう。\<body\>タグの部分を以下のように修正して下さい。

リスト3-1

```
<body>
<div class="container">
    <div class="row">
        <div class="col-sm-12">
            <h1>H1 headline</h1>
            <h2>H2 headline</h2>
            <h3>H3 headline</h3>
            <h4>H4 headline</h4>
            <h5>H5 headline</h5>
            <h6>H6 headline</h6>
        </div>
    </div>
    <div class="row">
        <div class="col-sm-12">
```

```
                <p>this is main content.</p>
            </div>
        </div>
    </div>
</body>
```

■図3-1：<h1>～<h6>タグを記述した例。

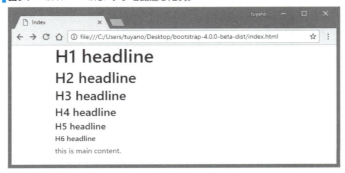

ここでは、<h1>～<h6>の見出し用のタグを順に表示しています。<h1>から<h6>までなめらかにフォントサイズが変化しています。また各行の間隔もそれほど開きすぎず読みやすいですね。

表示を確認したら、bootstrap.min.cssを読み込まないようにして、何もスタイル設定されていない状態でどう表示されるか確認してみましょう。多くのブラウザでは、デフォルトの行間隔が空きすぎ、また<h6>は通常の<p>タグよりも小さい文字になってしまうのがわかるでしょう。

■図3-2：Bootstrapのスタイルを適用していないとこうなる。

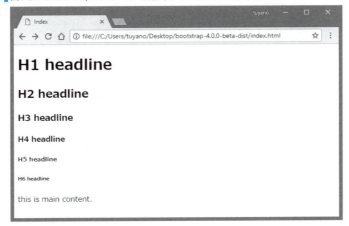

Chapter 3　コンテンツの基本デザイン

コンテンツとコードの記述

　コンテンツを表示するのには、<p>タグが用いられます。また本文以外のところなどでは<div>タグ内にテキストを記述することもあるでしょう。
　このほか、ソースコードのようにフォーマットされたテキストを表示する際には、**<pre>**タグを利用します。これらもBootstrapではスタイル設定されています。実際に使ってみましょう。

リスト3-2
```
<body>
<div class="container">
    <div class="row">
        <div class="col-sm-12">
            <h1>H1 headline</h1>
        </div>
    </div>
    <div class="row">
        <div class="col-sm-12">
            <p>this is main content.これはサンプルのコンテンツです。</p>
            <div>this is sub content.これはサンプルのコンテンツです。</div>
            <pre>this is sample code.これはサンプルのコードです。</pre>
        </div>
    </div>
</div>
</body>
```

図3-3：<p>、<div>、<pre>タグの表示。<div>タグは、ほかのタグのように次の行との間隔があまり空けられていない。

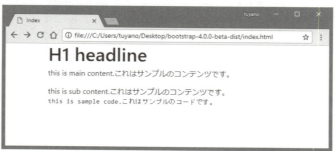

　アクセスしてみると、<p>タグと<pre>タグは行間がそれなりに空いていますが、<div>タグはかなり狭くなっていることがわかります。また<pre>は等幅の半角文字が使われています。<pre>はソースコードの掲載に使われることが多いため、半角文字でテキストのインデント位置などが正確にわかるようになっているのでしょう。

図3-4：bootstrap.min.cssを読み込まないとこのようになる。

テキストの装飾

コンテンツとなる本文テキストでは、必要に応じてさまざまな装飾のためのタグが用いられます。これらについて簡単にまとめておきましょう。

<strong>、<b>	テキストを強調する。ボールド体になる
<em>、<i>	テキストを斜体にする
<small>	テキストを小さめの文字で表示
<code>	コードの引用など
<mark>	その部分だけマークを付ける（背景色を付ける）
<s>、<del>	その部分に取り消し線を付ける
<ins>、<u>	その部分に下線を付ける

ボールドと斜体、取り消し線、下線はそれぞれ2種類ありますが、現時点ではどちらを使っても装飾は同じようです。では、これらも利用例を挙げておきましょう。<p>タグのテキスト内に適当に装飾を付け足します。

リスト3-3
```
<body>
<div class="container">
    <div class="row">
        <div class="col-sm-12">
            <h1>H1 headline</h1>
        </div>
    </div>
    <div class="row">
        <div class="col-sm-12">
            <p>this is sample text message.</p>
            <p><strong>this</strong> is sample <em>text message.</em></p>
            <p>this is <small>sample text message.</small></p>
            <p>this is <code>sample text</code> message.</p>
```

```html
            <p>this is sample <mark>text message.</mark></p>
            <p><s>this is</s> sample <del>text message.</del></p>
            <p>this is <ins>sample</ins> text <u>message.</u></p>
        </div>
    </div>
</div>
</body>
```

図3-5：テキストの装飾タグを使った例。

<p>タグのメッセージ内に装飾関係のタグを追加してあります。それぞれのタグとその表示について確認をしておきましょう。

リストの表示

箇条書きなどをリスト表示するのに用いられるのが、<ol>、<ul>タグと<li>タグですね。これは通常、以下のような形で記述されます。

```
<ul または ol>
    <li>リストの項目</li>

    ……必要なだけ<li>を記述……

</ ul または ol>
```

リストは、<ul>または<ol>タグを使って作成します。これ自体はリストではなく、リストを記述する枠組みのようなものです。<ul>は「**中点**」（・）などの記号を使ってリストを整理し、<ol>はナンバリングして整理をします。

これらのタグ内に、<li>タグを使ってリスト表示する項目を記述していきます。<li>部分に更に<ul>や<ol>を追加することで、階層的なリストも作ることができます。

では、実際の利用例を見てみましょう。

リスト3-4
```
<body>
<div class="container">
    <div class="row">
        <div class="col-sm-12">
            <h1>H1 headline</h1>
        </div>
    </div>
    <div class="row">
        <div class="col-sm-12">
            <ul>
                <li>first item</li>
                <li>second item.</li>
                <ul>
                    <li>sub list 1</li>
                    <li>sub list 2</li>
                    <ul>
                        <li>sub list A</li>
                        <li>sub list B</li>
                    </ul>
                </ul>
                <li>third item.</li>
                <li>fourth item.</li>
            </ul>
        </div>
    </div>
</div>
</body>
```

図3-6：<ul>と<li>によるリスト。行のはじめに表示される記号は同じだがフォントサイズなどが調整されている。

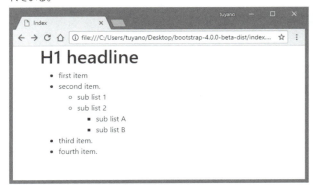

　ここでは、階層化がわかりやすいように<ul>タグを使ってあります。<ol>タグは、基本的に数字でナンバリングされるだけ、で階層化された際の表示などは同じなので、省略してあります。

Chapter 3　コンテンツの基本デザイン

表示を確認すると、あまり違いは感じないかもしれません。Bootstrap利用の場合、リストはフォントサイズが僅かに小さくなっているのがわかるでしょう。

定義リスト

定義リスト（Definition List）というのは、用語などの定義や説明などを記述するのに用いられます。これは、以下のように記述します。

```
<dl>
    <dt>説明する用語</dt>
    <dd>用語の説明テキスト</dd>

    ……必要なだけ<dt>と<dd>を記述……

</dl>
```

定義リストの構造は、箇条書きのリストと似ています。まず、定義リストを記述するための枠組みとなる**<dl>**タグを用意します。これ自体は何も表示はしません。

そして、このタグの中に、**<dt>**と**<dd>**を記述していきます。この2つのタグは、2つセットで記述していくのが一般的です。<dt>で説明する用語を指定し、その後に<dd>で説明テキストを記述します。この<dt>と<dd>の説明は、<dl>タグ内にいくつでも記述することができます。

では、これも利用例を見ておきしょう。

リスト3-5

```
<body>
<div class="container">
    <div class="row">
        <div class="col-sm-12">
            <h1>H1 headline</h1>
        </div>
    </div>
    <div class="row">
        <div class="col-sm-12">
            <p>this is sample page content.</p>
            <dl>
                <dt>Sample Title</dt>
                <dd>this is sample description.</dd>
                <dt>Bootstrap</dt>
                <dd>Bootstrap is an open source framework
                    for developing with HTML, StyleSheet, and
                        JavaScript.</dd>
            </dl>
```

```
            </div>
        </div>
    </div>
</body>
```

図3-7：<dl>タグによる定義リストの利用例。

アクセスすると、「**this is sample page content.**」というメッセージの下に、ボールドのタイトルとプレーンのテキストが表示されています。この部分が<dl>による定義リストの表示です。定義リストは、このようにボールドのタイトル部分とプレーンの説明部分から構成されます。

テーブル

　テーブルは、データ類を整理して表示するのに多用されるコンテンツです。これは、スタイルの設定の仕方によっていくらでも見やすなったり、あるいは見づらくなってしまったりします。

　デフォルトの状態では、テーブルは、ただテキストを縦横に並べたに過ぎません。それを表として見せるには、スタイルの設定が不可欠です。Bootstrapでは、これを非常に簡単なやり方で設定できます。

　基本的なテーブルのタグ構成は、整理すると以下のようになるでしょう。

```
<table>
    <thead>
        <tr>
            <th>ヘッダー</th>
            ……必要なだけ<th>を用意……
        </tr>
    </thead>
    <tbody>
        <tr>
            <td>項目</td>
            ……必要なだけ<td>を用意……
```

```
        </tr>

        ……<tr>を繰り返す……

    </tbody>
</table>
```

　<table>タグ内に、ヘッダーを記述する<thead>と、コンテンツの本体を記述する<tbody>があります。これらの中には、それぞれ**<tr>**という横一列のデータをまとめるタグがあり、その中に<th>や<td>といったタグを使って1つ1つの項目を記述していきます。

　この辺りの構成は、グリッドレイアウトの<div class="container">、<div class="row">、<div class="col">といったタグの組み立て方とほぼ同じです。表を「**横に一行のデータを積み重ねたもの**」と考え、それぞれの行の中に各項目（列に相当するもの）を用意していくわけですね。

　では、これも実際の利用例を挙げておきましょう。

リスト3-6

```
<body>
<div class="container">
    <div class="row">
        <div class="col-sm-12">
            <h1>H1 headline</h1>
        </div>
    </div>
    <div class="row">
        <div class="col-sm-12">
            <p>Table sample content.</p>
        </div>
        <div class="col-sm-12">
            <table class="table">
                <thead>
                    <tr>
                        <th scope="col">No.</th>
                        <th scope="col">Name</th>
                        <th scope="col">Mail</th>
                        <th scope="col">tel</th>
                    </tr>
                </thead>
                <tbody>
                <tr>
                    <th scope="row">1</th>
                    <td>Taro</td
                    ><td>taro@yamada</td>
```

```
                              <td>03-999-999</td>
                          </tr>
                          <tr>
                              <th scope="row">2</th>
                              <td>Hanako</td>
                              <td>hanako@flower</td>
                              <td>080-888-888</td>
                          </tr>
                          <tr>
                              <th scope="row">3</th>
                              <td>Sachiko</td>
                              <td>sachiko@happy</td>
                              <td>090-777-777</td>
                          </tr>
                      </tbody>
                  </table>
              </div>
          </div>
      </div>
  </body>
```

図3-8：テーブルの表示例。ここでは、class="table"を設定している。

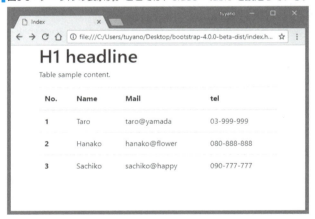

　いくつかのデータを表にまとめて表示する、比較的シンプルなテーブルです。各行が横線で仕切られ、見やすく表示されていることがわかります。
　ここでは、<table>タグに、**class="table"**とクラスを設定しているだけです。これだけで、このようにテーブルを見やすくデザインすることができます。

白黒反転表示について

　このテーブル表示は、白黒反転させることもできます。<table>タグの部分を、以下のように修正してみて下さい。

リスト3-7
```
<table class="table table-dark">
```

　これでテーブルの表示が白黒反転し、黒地に白い文字の状態に変わります。classに**table-dark**を追加するだけです。注意してほしいのは、「**tableは、削除しない**」という点です。tableクラスに加えてtable-darkを用意します。

図3-9：テーブルを白黒反転して表示する。

枠線を使う表示について

　日本で表を表示する場合、それぞれの項目を縦横の直線（罫線）で仕切った形にするのが一般的でしょう。これも簡単に行えます。<table>タグを以下のように修正して下さい。

```
<table class="table table-bordered">
```

　これで、日本ではおなじみの縦横のマス目になった表が表示されます。白黒反転と同様に、tableクラスに加えて、「**table-borderd**」というクラスを設定します。

図3-10：各項目ごとにマス目の中に収まった表になった。

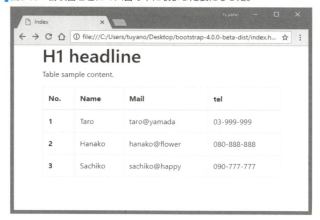

3-1 コンテンツの基本要素

ヘッダーのデザイン設定

テーブルでは、ヘッダー表示（<th>タグによるもの）は、ほかの一般的な項目（<td>タグ）とは異なる表示になります。class="table"を指定すると、ヘッダーだけボールドで目立つように表示されましたね。

これを更に進め、ヘッダー部分だけ背景色やテキスト色を変更してより目立つようにすることもできます。Bootstrapには、そのためのクラスとして以下のものが用意されています。

thead-light	<th>タグ部分をグレー地に黒文字の表示にする
thead-dark	<th>タグの部分を黒地に白文字の状態にする

これらを指定することで、<th>タグの表示を変更することができます。実際の利用例を挙げておきましょう。

リスト3-8

```
<body>
<div class="container">
    <div class="row">
        <div class="col-sm-12">
            <h1>H1 headline</h1>
        </div>
    </div>
    <div class="row">
        <div class="col-sm-12">
            <p>Table sample content.</p>
        </div>
        <div class="col-sm-12">
            <table class="table">
                <thead class="thead-dark">
                    <tr>
                        <th scope="col">No.</th>
                        <th scope="col">Name</th>
                        <th scope="col">Mail</th>
                        <th scope="col">tel</th>
                    </tr>
                </thead>
                <tbody class="thead-light">
                <tr>
                    <th scope="row">1</th>
                    <td>Taro</td
                    ><td>taro@yamada</td>
                    <td>03-999-999</td>
```

85

```
                </tr>
                <tr>
                    <th scope="row">2</th>
                    <td>Hanako</td>
                    <td>hanako@flower</td>
                    <td>080-888-888</td>
                </tr>
                <tr>
                    <th scope="row">3</th>
                    <td>Sachiko</td>
                    <td>sachiko@happy</td>
                    <td>090-777-777</td>
                </tr>
            </tbody>
        </table>
    </div>
  </div>
</div>
</body>
```

図3-11：一番上と左端の<th>部分の表示が変更されている。

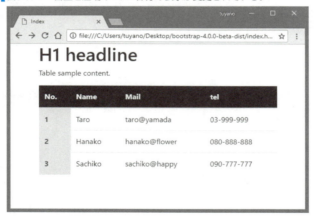

　ブラウザでアクセスすると、一番上のヘッダー部分が黒背景に、左端のナンバー部分がグレー背景に変わります。

　ここでは、上部のヘッダーをまとめている<thead>と、その下のデータ表示をまとめる<tbody>に、それぞれclassを指定していることがわかります。このように、thead-light、thead-darkは、直接<th>タグに指定しなくとも、それを含むタグに指定すればそのタグ内に組み込まれているすべての<th>タグにデザインを設定することができます。

ストライプ・テーブル（table-striped）

欧米などでは、表のデザインに罫線などは使わず、1行ごとに色を交互に替えて表示するのが一般的です。こうしたデザインは一般に「**ストライプ・テーブル**」と呼ばれます。

この方式のデザインもBootstrapのクラスを使って簡単に行えます。<table>タグの部分を以下のように修正してみて下さい。

リスト3-9
```
<table class="table table-striped">
```

これでアクセスすると、表の各行がグレーと白で交互に色分けして表示されます。こうした表示は、<table>タグのclass属性に「**table-striped**」を追加するだけで行えます。簡単ですね！

図3-12：行ごとに色を交互に替えて表示する。なお、わかりやすくするため、<tbody>のthead-lightクラスは削除してある。

白黒反転時のストライプ・テーブル

このtable-stripedによるストライプ・テーブルは、table-darkによる白黒反転時にも使うことができます。<table>タグを以下のように修正してみましょう。

リスト3-10
```
<table class="table table-dark table-striped">
```

これでアクセスをすると、表の各行が黒とやや薄めの黒の2色で交互に表示されます。反転した状態でも、table-stripedによるストライプ・テーブルはちゃんと機能するのです。

図3-13：反転した状態で色を交互に変更して表示する。

マウスのホバーで選択するtable-hoverクラス

　ここまで作成した表は、基本的に画面に表示されたまま変化しないものです。が、表などでは、マウスポインタを表の上に移動すると、それがある行が反転表示するようなものもあります。このようなものも、クラスを追加するだけで作ることができます。

リスト3-11
```
<table class="table table-hover">
```

　<table>タグをこのように修正してみて下さい。アクセスし、マウスポインタを表の上に移動すると、ポインタのある行の背景がグレーに変わります。
　これは「**table-hover**」というクラスを追加することで可能になります。非常に単純ですね。

図3-14：マウスポインタを移動すると、そこにある行の背景が変わる。

反転表示の場合

このtable-hoverも、table-darkと併用し、白黒反転状態で使うことができます。<table>タグを以下のように修正してみましょう。

リスト3-12
```
<table class="table table-dark table-hover">
```

図3-15：白黒反転した状態でも、マウスポインタのある行の表示が変わる。

アクセスすると、白黒反転状態の表が現れます。マウスポインタを表の上に移動させると、ポインタのある行の背景色が変わります。スプライト・テーブルの表示と同じように、色の変化はそれほど大きくないので、ちょっとわかりにくいかもしれませんね。

小さめのテーブル表示をするtable-smクラス

ここまでのテーブルは、割と各項目の周りにゆったりと余白を持った形になっていました。が、もう少し余白を詰めて表示したい、という場合には「**table-sm**」クラスを利用します。

リスト3-13
```
<table class="table table-sm">
```

<table>タグをこのように修正してアクセスをすると、小さめのテーブルが表示されます。それぞれの項目の余白が全体的に小さくなっており、テーブルサイズ自体が小さくなっていることがわかります。

▌図3-16：余白が少ない、小さめのテーブル例。

レスポンシブ・テーブル(table-responsive)

　テーブルは、項目数が増えたりしてかなり大きくなってくると、画面に収まりきれなくなってしまうこともあります。このような場合、幅の狭いデバイスでは、横スクロールして表を表示させることができます。

リスト3-14
```
<table class="table table-responsive">
```

　この「**table-responsive**」というクラスを付けることで、幅が768pxより狭いと自動的に横スクロールバーが現れるようになります。実際に試す際には、<table>タグが組み込まれている**<div class="col-sm-12">**タグのclass属性を、**class="col-sm-6"**などに修正して確認するとわかりやすいでしょう。

▌図3-17：表の幅が狭くなると横スクロールバーが現れる。なお、ここでは表が含まれる<div>タグをclass="col-sm-6"としてある。

イメージの表示（img-fluidおよびimg-thumbnail）

イメージの表示は、**<img>**タグを使って行います。通常は、src属性にイメージを指定すれば原寸大でイメージが表示されます。イメージの幅・高さを設定したければ、width、heightといった属性を用いれば行えます。

が、「**表示されるデバイスの幅に合わせて最適な大きさで表示させる**」にはどうすればいいのでしょう。Bootstrapを使えば、簡単にこれが行えます。

まず、サンプルとして利用するイメージを用意しましょう。HTMLファイルがあるフォルダを開いて下さい。この中に、「**css**」「**js**」といったフォルダがあるはずです。ここに、更に「**img**」というフォルダを作成して下さい。そしてその中に、「**sample.jpg**」というファイル名でイメージファイルを1つ配置して下さい。

図3-18：HTMLのフォルダ内に「img」という名前でフォルダを作り、そこに「sample.jpg」ファイルを配置する。

img-fluid クラスについて

表示エリアの大きさに応じて自動調整される<img>は、<img>のclass属性に「**img-fluid**」という名前のクラスを追加することで、表示エリアの幅に応じて最適な大きさに拡大縮小し、表示されるようになります。

例を見てみましょう。

リスト3-15
```
<body>
<div class="container">
    <div class="row">
        <div class="col-sm-12">
            <h1>H1 headline</h1>
        </div>
    </div>
    <div class="row">
        <div class="col-sm-12">
            <img src="./img/sample.jpg" class="img-fluid">
        </div>
```

```
        </div>
    </div>
</body>
```

▌図3-19：幅を変更すると、それに合わせて最適な大きさにイメージが自動調整される。

　アクセスしたら、ブラウザの幅を変化させてみましょう。幅に合わせてイメージのサイズが自動調整されるのがわかります。このように、<img>タグに「**img-fluid**」というクラスを指定するだけで、サイズを自動調整するイメージが表示できます。
　このimg-fluidは、必ず<img>タグに指定する必要があります。<img>が組み込まれている<div>などに設定しても機能しないので注意して下さい。

サムネイル表示について

イメージを利用する場合、縮小されたイメージをサムネイルとして表示させることもあります。このサムネイル用のクラスというのもBootstrapには用意されています。

先ほどのサンプルで、<img>タグを以下のように書き換えてみて下さい。

リスト3-16
```
<img src="./img/sample.jpg" class="img-thumbnail" width="200px">
```

図3-20：アクセスすると、200ドット幅に縮小され、枠線が付けられたイメージが表示される。

これは、イメージを200pxに縮小したサムネイルを表示します。ここでは、**class="img-thumbnail"** とクラスが指定されていますね。このimg-thumbnailが、サムネイル用のクラスです。これは、先のimg-fluidと同様にイメージの表示サイズを自動調整し、周りにボーダーを表示する働きをします。

そのままでは、img-fluidと同様、表示エリアの幅に合わせて拡大縮小してしまうので、widthで幅を200pxに固定してあります。

img-fluidとimg-thumbnailの違いは、単純に「**枠線で囲われているかどうか**」だ、と考えてよいでしょう。それ以外のサイズの自動調整などの機能はまったく同じです。

Chapter 3　コンテンツの基本デザイン

3-2 スタイル・ユーティリティ

　Bootstrapには、さまざまなコンテンツで使われる基本的なスタイルを簡単に付加するユーティリティ的なクラスが多数用意されています。これらのクラスについてまとめて説明をしましょう。

スタイル・ユーティリティとは？

　コンテンツを作成するようになると、さまざまなスタイルを必要に応じて割り当てていくようになります。このとき、毎回、使いたいスタイル設定をstyle.scssなどにクラスとして定義して組み込む、という作業をしていくのはかなり面倒です。

　Bootstrapには主なスタイルがあらかじめ用意されています。これらを利用することで、簡単にコンテンツにスタイルを適用することができます。Bootstrapに用意されているこれらスタイルの機能は「**スタイル・ユーティリティ**」と呼ばれます。

　スタイル・ユーティリティは、特定のタグなどでなく、一般的なコンテンツ全般に利用できるのが大半ですので、覚えておけばそれだけで表現力がアップします。ここでは、主なスタイル・ユーティリティの使い方について説明していきましょう。

色のクラスの基本

　ここまでのサンプルは、基本的にモノクロの表示でしたが、デザインするにはすべてモノクロというわけにはいかないでしょう。カラーでコンテンツ表示を行いたいこともあります。

　が、「**色を付けたい**」といって、適当に色を付けていくと、いかにも素人くさいものになってしまいがちです。特にコンテンツにおけるカラーは、さまざまな色をたくさん使うよりも、そのコンテンツの用途や役割に応じて色分け表示するのがよいでしょう。

　Bootstrapでは、非常に面白いカラーシステムを用意してあります。例えば、「**インフォメーションの色**」とか「**警告の色**」というように、色付けしてコンテンツを表示するケースを想定し、それぞれの用途ごとに決まった色が設定されるようになっているのです。

　用意されている色の名前は、以下のようなものがあります。

■用途ごとに用意される色の名前

primary	主要な情報、一次情報。やや明るめのブルー
secondary	副次的な情報、二次情報。グレー
success	成功したことを報告。グリーン
info	インフォメーション。ややくすんだブルー
warning	警告。オレンジ
danger	危険。レッド
light	明るい状態。白に近いライトグレー
dark	暗い状態。黒に近いダークグレー

3-2 スタイル・ユーティリティ

これらは、単独で使うわけではありません。表示する要素に関する名前と合わせて、「○○-primary」といった具合にしてクラスを指定します。

テキストの色を設定する

色名としてもっとも多用されるのは、テキストの色設定でしょう。これは、「text-○○」というように、色名の前にtext-という接頭辞が付きます。実際の利用例を見てみましょう。

リスト3-17

```
<body>
<div class="container">
    <div class="row">
        <div class="col-sm-12">
            <h1>H1 headline</h1>
        </div>
    </div>
    <div class="row" style="background-color:lightgray">
        <div class="col-sm-12 text-primary">
            <h2>text primary</h2>
        </div>
        <div class="col-sm-12 text-secondary">
            <h2>text secondary</h2>
        </div>
        <div class="col-sm-12 text-success">
            <h2>text success</h2>
        </div>
        <div class="col-sm-12 text-info">
            <h2>text info</h2>
        </div>
        <div class="col-sm-12 text-warning">
            <h2>text warning</h2>
        </div>
        <div class="col-sm-12 text-danger">
            <h2>text danger</h2>
        </div>
        <div class="col-sm-12 text-light">
            <h2>text light</h2>
        </div>
        <div class="col-sm-12 text-dark">
            <h2>text dark</h2>
        </div>
    </div>
</div>
</body>
```

95

図3-21：色名を使ってテキストに色を設定する（口絵参照）。

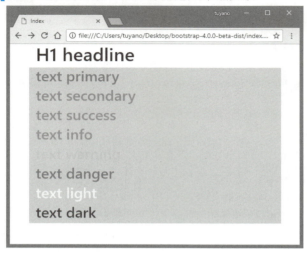

アクセスすると、テキストがそれぞれ色を付けて表示されます。ここではわかりやすいように、テキスト類をまとめている<div>に**style="background-color:lightgray"**を指定して背景をライトグレーにしてあります。

テキストの表示部分を見てみると、例えばこのようになっているのがわかるでしょう。

```
<div class="col-sm-12 text-primary">
    <h2>text primary</h2>
</div>
```

<h2>タグが組み込まれている<div>タグに、**text-primary**とクラスが指定されていますね。これで、primary色のテキストが表示されるようになります。ほかの表示も、それぞれ「**text-**○○」という形で色名が指定されていることがわかるでしょう。

ここでは、<div>タグに指定しましたが、これはもちろん、<h2>タグに直接指定しても構いません。タグのclass属性にこれらのクラスを指定すると、そのタグ内に用意されたコンテンツのテキスト全てで指定の色が使われるようになります。

背景色の設定（bg）

テキストと併せて利用されるのが、「**背景色**」の指定です。これは、「**bg-**○○」というように、**bg-**という接頭辞が付けられます。その後に、先ほどの「**色の名前**」を指定すれば、その色でテキストの背景色を設定できます。

これも例を挙げておきましょう。

リスト3-18
```
<body>
<div class="container">
  <div class="row">
```

```html
            <div class="col-sm-12">
                <h1>H1 headline</h1>
            </div>
        </div>
        <div class="row">
            <div class="col-sm-12 bg-primary text-light">
                <h2>text primary</h2>
            </div>
            <div class="col-sm-12 bg-secondary text-light">
                <h2>text secondary</h2>
            </div>
            <div class="col-sm-12 bg-success text-light">
                <h2>text success</h2>
            </div>
            <div class="col-sm-12 bg-info text-light">
                <h2>text info</h2>
            </div>
            <div class="col-sm-12 bg-warning text-light">
                <h2>text warning</h2>
            </div>
            <div class="col-sm-12 bg-danger text-light">
                <h2>text danger</h2>
            </div>
            <div class="col-sm-12 bg-light text-dark">
                <h2>text light</h2>
            </div>
            <div class="col-sm-12 bg-dark text-light">
                <h2>text dark</h2>
            </div>
        </div>
    </div>
</div>
</body>
```

Chapter 3 コンテンツの基本デザイン

図3-22：アクセスすると、各色の背景でテキストが表示される（口絵参照）。

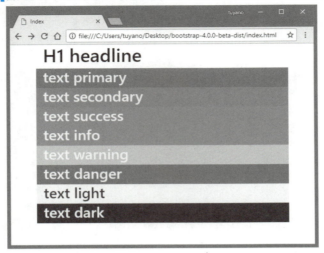

修正してからブラウザでアクセスすると、それぞれの色で背景を塗りつぶした上にテキストが表示されます。<div>タグを見ると、例えばこのように記述されていますね。

```
<div class="col-sm-12 bg-primary text-light">
```

bi-primaryが背景色の指定で、text-lightがテキスト色の指定になります。このように、背景とテキストの両方を指定することで、特定の色で塗りつぶした表示を簡単に作ることができます。

テーブルのカラー指定（table）

テーブルも、カラーを付けることが多いコンテンツですが、これはtext-やbg-ではなく、「**table-○○**」という独自のクラスが用意されています。これは、bg-○○と同じように背景色を指定します。

実際の利用例を挙げましょう。

リスト3-19
```
<body>
<div class="container">
    <div class="row">
        <div class="col-sm-12">
            <h1>H1 headline</h1>
        </div>
    </div>
    <div class="row">
        <div class="col-sm-12">
            <p>Table sample content.</p>
```

```html
            </div>
            <div class="col-sm-12">
                <table class="table">
                    <thead class="thead-dark">
                        <tr>
                            <th scope="col">No.</th><th scope="col">Name</th>
                            <th scope="col">Mail</th><th scope="col">tel</th>
                        </tr>
                    </thead>
                    <tbody class="">
                        <tr class="table-primary">
                            <th scope="row">1</th><td>Taro</td>
                            <td>taro@yamada</td><td>03-999-999</td>
                        </tr>
                        <tr class="table-secondary">
                            <th scope="row">2</th><td>Hanako</td>
                            <td>hanako@flower</td><td>080-888-888</td>
                        </tr>
                        <tr class="table-success">
                            <th scope="row">3</th><td>Sachiko</td>
                            <td>sachiko@happy</td><td>090-777-777</td>
                        </tr>
                        <tr class="table-info">
                            <th scope="row">1</th><td>Taro</td>
                            <td>taro@yamada</td><td>03-999-999</td>
                        </tr>
                        <tr class="table-warning">
                            <th scope="row">2</th><td>Hanako</td>
                            <td>hanako@flower</td><td>080-888-888</td>
                        </tr>
                        <tr class="table-danger">
                            <th scope="row">3</th><td>Sachiko</td>
                            <td>sachiko@happy</td><td>090-777-777</td>
                        </tr>
                    </tbody>
                </table>
            </div>
        </div>
    </div>
</div>
</body>
```

図3-23：表のそれぞれの行にカラーを設定する（口絵参照）。

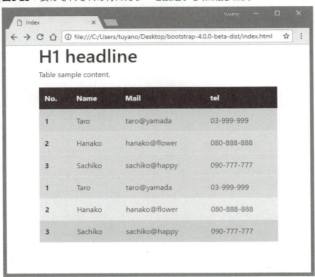

　表示される表は、行ごとに色が設定されています。ここでは、\<tr\>タグを使い、**\<tr class="table-primary"\>**としてクラス指定を行っていることがわかります。これにより、\<tr\>内にあるすべての\<th\>や\<td\>の表示が影響を受けるようになります。表では、行単位でカラー指定することが多いので、\<tr\>にクラス指定をするやり方は多用することでしょう。

　逆に、特定のセルだけ表示を変更したい場合は、\<td\>や\<th\>にクラスを指定することもできます。

bg との違いは？

　ここで、「**table-○○は、背景色を指定するだけなんだから、bg-○○でもいいのでは？**」という疑問が湧いた人もいることでしょう。

　その通り、bg-○○というクラスでもテーブルに色を付けることができます。ただし、両者は、実は微妙に表示が違うのです。

　実際に両者の表示を比べてみましょう。**リスト3-19**の\<table\>タグ部分を以下のように修正してみて下さい。

リスト3-20

```
<table class="table">
    <thead class="thead-dark">
        <tr>
            <th scope="col">No.</th><th scope="col">Name</th>
            <th scope="col">Mail</th><th scope="col">tel</th>
        </tr>
    </thead>
    <tbody class="">
```

```
    <tr>
        <th scope="row">1</th><td class="table-primary">Taro</td>
        <td class="bg-primary">taro@yamada</td><td>03-999-999</td>
    </tr>
    <tr>
        <th scope="row">2</th><td class="table-secondary">Hanako</td>
        <td class="bg-secondary">hanako@flower</td><td>080-888-888</td>
    </tr>
    <tr>
        <th scope="row">3</th><td class="table-success">Sachiko</td>
        <td class="bg-success">sachiko@happy</td><td>090-777-777</td>
    </tr>
</tbody>
</table>
```

図3-24：色が付いている列のうち、左側がtable-○○、右側がbg-○○。

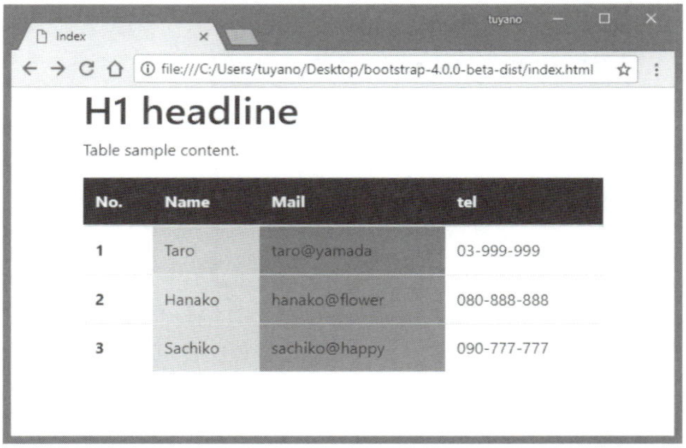

これは、table-○○とbg-○○の背景色を並べて比べたものです。例として、primary、seondary、successの3つについて比較してあります。それぞれ色が付いている部分の内、左側がtable-で、右側がbg-です。

見れば一目瞭然、bg-による背景色は非常に濃い色付けがされることがわかります。テキストが黒だとかなり読みにくくなり、白抜きなどのテキストにする必要があるでしょう。

これに対し、table-は、比較的落ち着いた色調で、黒いテキストも普通に読むことができます。table-は、背景色が強くなりすぎて読みにくくならないよう、落ち着いた色調に抑えてあるのです。

ボーダーの指定

コンテンツの周囲に枠線などを表示するのに用いられるのが「**ボーダー**」です。Bootstrapでは、ボーダーのための専用クラスが用意されており、簡単に表示させることができます。

リスト3-21
```
<body>
<div class="container">
    <div class="row">
        <div class="col-sm-12">
            <h1>H1 headline</h1>
        </div>
    </div>
    <div class="row">
        <div class="col-sm-12">
            <p class="border">this is border sample.</p>
        </div>
    </div>
</div>
</body>
```

図3-25：ボーダーを表示する。

　サンプルは、テキストの周りにボーダーによる枠線を表示させたものです。ここでは、<p>タグの中に、「**class="border"**」という属性が用意されています。

　ボーダーは、「**border**」というクラスとして用意されています。これをclassに追加することで、その要素の周りを枠線で囲むことができます。

一部分を消去する

　ボーダーの枠線は、上下左右の4本の直線で要素を囲みます。これらは、一部分だけを取り除くことができます。ボーダーの一部を消去するためのクラスは以下のようなものです。

border-top-0	上の線を消す
border-bottom-0	下の線を消す
border-right-0	右の線を消す
border-left-0	左の線を消す

　これらは、borderクラスと併用して使います。例えば、**class="border border-top-0"**とすれば、上の線だけを消すことができます。また、これらは複数を併用することも可

能です。**class="border border-top-0 border-left-0"** とすれば、上と左が消え、右と下だけの枠線が表示できます。

リスト3-22
```
<body>
<div class="container">
    <div class="row">
        <div class="col-sm-12">
            <h1>H1 headline</h1>
        </div>
    </div>
    <div class="row">
        <div class="col-sm-6">
            <p class="border border-top-0">this is border sample.</p>
        </div>
        <div class="col-sm-6">
            <p class="border border-left-0">this is border sample.</p>
        </div>
        <div class="col-sm-6">
            <p class="border border-bottom-0">this is border sample.</p>
        </div>
        <div class="col-sm-6">
            <p class="border border-right-0">this is border sample.</p>
        </div>
    </div>
</div>
</body>
```

図3-26：上下左右の線を消したボーダーの例。

ここでは4つのテキストコンテンツを用意し、それぞれ上下左右の一ヶ所を消してあります。例えば上の線が消えているコンテンツは、**<p class="border border-top-0">** というようにタグが用意されています。

Chapter 3 コンテンツの基本デザイン

ボーダーの色指定

Bootstrapでは、いくつかの色名が用意されていて、それらを使って統一されたイメージで色付けが行えます。ボーダーにも、これらの色名を使ってボーダー色を指定するためのクラスが用意されています。

それは、「**border-○○**」というクラス名です。例えば、primaryの色をボーダーに付けたければ、border-primaryというクラスを追加すればいいのです。

これらのクラスは、borderクラスと併用します。borderがないと表示されないので注意して下さい。では例を挙げましょう。

リスト3-23

```
<body>
<div class="container">
    <div class="row">
        <div class="col-sm-12">
            <h1>H1 headline</h1>
        </div>
    </div>
    <div class="row">
        <div class="col-sm-6">
            <p class="border border-primary">this is border sample.</p>
        </div>
        <div class="col-sm-6">
            <p class="border border-secondary">this is border sample.</p>
        </div>
        <div class="col-sm-6">
            <p class="border border-success">this is border sample.</p>
        </div>
        <div class="col-sm-6">
            <p class="border border-info">this is border sample.</p>
        </div>
        <div class="col-sm-6">
            <p class="border border-warning">this is border sample.</p>
        </div>
        <div class="col-sm-6">
            <p class="border border-danger">this is border sample.</p>
        </div>
    </div>
</div>
</body>
```

3-2 スタイル・ユーティリティ

■図3-27：テキストのボーダーに色を設定したところ。

ここでは、6種類のボーダー色を表示してあります。実際にテキストを表示するコンテンツのタグを見ると、例えば最初のブルーのボーダーは、**<p class="border border-primary">**というようにクラス指定されていることがわかります。このように、**"border border-○○"**という形でクラスを用意することで、ボーダーに色を設定できます。

角を丸める（rounded）

ボーダーは基本的に直線4本で作られますが、コーナーの部分は直線だけでなく、丸みのある曲線にすることもできます。これは「**rounded**」というクラスを使います。

roundedは、rounded-○○という形で丸める角を指定することもできます。角の丸みに関するクラスには以下のものが用意されています。

rounded	四隅を丸める
rounded-top	上の2角を丸める
rounded-bottom	下の2角を丸める
rounded-right	右の2角を丸める
rounded-left	左の2角を丸める
rounded-circle	枠線を楕円形にする

すべて丸みを付けるには、roundedを指定するだけです。またrounded-circleは、楕円表示にします。

それ以外のものは、指定した方向の2角を丸くします。例えば、rounded-topならば、上の2角（つまり、右上と左上）が丸くなります。1つの角だけを丸くするものはありません。

では、利用例を挙げましょう。

リスト3-24

```
<body>
<div class="container">
    <div class="row">
        <div class="col-sm-12">
            <h1>H1 headline</h1>
```

105

```
            </div>
        </div>
        <div class="row">
            <div class="col-sm-6">
                <p class="border border-dark rounded">this is border
                    sample.</p>
            </div>
            <div class="col-sm-6">
                <p class="border border-dark rounded-top">this is border
                    sample.</p>
            </div>
            <div class="col-sm-6">
                <p class="border border-dark rounded-left">this is border
                    sample.</p>
            </div>
            <div class="col-sm-6">
                <p class="border border-dark rounded-circle">this is border
                    sample.</p>
            </div>
        </div>
    </div>
</body>
```

図3-28：ボーダーの丸み設定例。右下は楕円表示にしたもの。

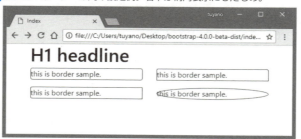

インライン(d-inline)とブロック(d-block)

　HTMLのタグには「**インライン**」と「**ブロック**」があります。

　インラインは、1行の中に組み込めるタイプのもので、<span>などがそうですね。このタグは改行しないため、つながったコンテンツの途中に組み込んで表示を行ったりできます。

　ブロックは、必ず改行されるタイプです。これはつなげて書いても常に1つ1つが改行されて表示されます。<div>タグなどがこのタイプになります。

基本的に、インラインとブロックは、HTMLのタグごとにその性質が決められています。**「このタグはインラインで、このタグはブロック」**という具合です。が、Bootstrapのスタイル・ユーティリティを使えば、タグごとにインラインやブロックを設定できます。これは、そのタグ本来の性質とは関係ありません。例えば、ブロックである\<div\>タグをインラインにしたり、インラインの\<span\>をブロックにしたりすることもできます。

用意されているクラスは以下のようなものです。

d-inline	インラインに設定する
d-block	ブロックに設定する
d-inline-block	インラインブロック（インラインとして並べられるが、その内部は1つのブロックとしてまとめられる）

インラインとブロックは、普段はあまり意識しないでタグを書いていることでしょう。では、これらの利用例を見てみましょう。\<div\>タグでインラインとブロックの表示を行ってみます。

リスト3-25

```html
<body>
<div class="container">
    <div class="row">
        <div class="col-sm-12">
            <h1>H1 headline</h1>
        </div>
    </div>
    <div class="row">
        <div class="col-sm-12">
            <div class="d-inline table-primary">this is inline context.</div>
            <div class="d-inline table-primary">this is inline context.</div>
            <div class="d-inline table-primary">this is inline context.</div>
            <hr>
            <div class="d-block table-secondary">this is block context.</div>
            <div class="d-block table-secondary">this is block context.</div>
            <div class="d-block table-secondary">this is block context.</div>
        </div>
    </div>
    <hr>
    <div class="row">
        <div class="col-sm-12">
            <div class="d-inline-block table-info">
                <h3>inline block.</h3>
                <p>this is inline-block context.</p>
            </div>
            <div class="d-inline-block table-warning">
```

```
                <h3>inline block.</h3>
                <p>this is inline-block context.</p>
            </div>
        </div>
    </div>
</div>
</body>
```

図3-29：ブロックとインラインの表示例。

　ここでは、インライン、ブロック、インラインブロックのコンテンツをそれぞれ複数ずつ表示してあります。見ればわかりますが、これらはすべて<div>タグです。クラスの指定だけで、インラインになったりブロックになったりしているのです。

フロート表示（float）

　HTMLのタグは基本的に、記述した場所に応じて順に配置されていきます。複数のコンテンツを用意すれば、それらはすべて順番に並べられます。

　が、「**フロート**」という機能を使うと、複数のタグの内容を同じ行に並べて配置することができます。これは、以下のようなクラスを使います。

float-right	右端から並べる
float-left	左端から並べる
float-none	フロートをOFFにする

　これらを利用することで、複数のコンテンツを並べて表示できるようになります。これは、実際に表示を見てみないと、どういうことかよくわからないでしょう。以下の例を見て下さい。

リスト3-26

```html
<body>
<div class="container">
    <div class="row">
        <div class="col-sm-12">
            <h1>H1 headline</h1>
        </div>
    </div>
    <div class="row">
        <div class="col-sm-12">
            <div class="float-none table-success">this is float-none.</div>
            <div class="float-right table-primary">float-right 1.</div>
            <div class="float-right table-secondary">float-right 2.</div>
            <div class="float-left table-warning">float-left 1.</div>
            <div class="float-left table-danger">float-left 2.</div>
        </div>
    </div>
</div>
</body>
```

図3-30：フロートを利用することで、4つの<div>が左と右にそれぞれ分かれて同じ行に表示される。

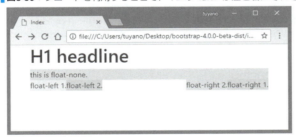

ここでは、5つの<div>タグが用意されています。1つ目は、**float-none**であり、いわばデフォルトの状態の表示といっていいでしょう。

それ以降の4つの<div>にはフロートのクラスが設定されています。これにより、左側に2つ、右側に2つの計4つの<div>表示が同じ行に並べて表示されているのがわかるでしょう。<div>タグはブロックであり、通常は4つそれぞれ改行表示されます。それが、このように同じ場所に配置されるのです。

更に、<div>タグの並び順と表示をよく見ると、単に1行に表示しているだけでないことに気が付くでしょう。ここでは「**float-right-1**」「**float-right-2**」「**float-left-1**」「**float-left-2**」という順番にタグを用意しています。が、実際の表示は、左から順に「**float-left-1**」「**float-left-2**」「**float-right2**」「**float-right-1**」となっているのです。

こういうことです。

①まず、最初のfloat-right-1が、行の一番右端に配置される。

②続いて、float-right-2が、右端のfloat-right-1の隣に配置される。このように、float-rightは右端から順に配置されていく。
③次のfloat-left-1は、左端に配置される。
④最後のfloat-left-2は、左端のfloat-left-1の隣に配置される。このように、float-leftは左端から順に配置されていく。

わかりましたか？　このようにフロートは右端と左端から順に並べられていくのですね。

图3-31：フロートの並び方。float-rightは右端から、float-leftは左端から順に並べられていく。

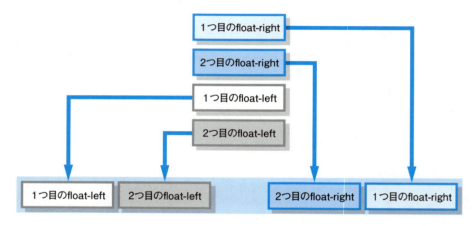

クリアフィックス（clearfix）

フロートは、複数のタグのコンテンツを同じ行に並べます。が、フロートを使ったコンテンツが並ぶ中で、「**ここではフロートをリセットしたい**」という場合もあります。このような場合に用いられるのが「**クリアフィックス**」です。

クリアフィックスは、「**clearfix**」というクラスとして用意されています。このクラスを指定したタグを途中に置くと、その時点でフロートがリセットされます。それ以後にフロートのタグがあったとしても、リセットされた場所から新たにフロート表示が行われます。クリアフィックスされる前のものと並んで表示されることはありません。

これも実際に表示を見てみましょう。

リスト3-27
```
<body>
<div class="container">
    <div class="row">
        <div class="col-sm-12">
            <h1>H1 headline</h1>
        </div>
    </div>
```

```
    <div class="row">
        <div class="col-sm-12">
            <div class="float-none table-success">this is float-none.</div>
            <div class="clearfix"></div>
            <div class="float-right table-primary">float-right 1.</div>
            <div class="clearfix"></div>
            <div class="float-right table-secondary">float-right 2.</div>
            <div class="clearfix"></div>
            <div class="float-left table-warning">float-left 1.</div>
            <div class="clearfix"></div>
            <div class="float-left table-danger">float-left 2.</div>
        </div>
    </div>
</div>
</body>
```

図3-32：各フロート・タグの間にクリアフィクスを挟んだ表示例。

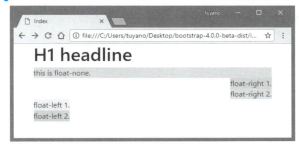

　これは、先ほどと同じ5つのフロート・タグを用意したものです。が、それぞれのタグの間に**class="clearfix"**を指定したタグが挿入してあります。先ほどの場合と表示がどう変わるか確認してみましょう。フロートの指定の通り、2つは右側、2つは左側に配置されますが、1つ1つが改行され、同じ行には表示されていません。クリアフィクスによってリセットされているためです。

　フロートを利用する際、「**フロートをその場でリセットする**」手段として、クリアフィクスはぜひ覚えておきましょう。

フレックスによる整列(flex)

　フロートと似た仕組みに「**フレックス**」があります。これも、複数のタグを整列させたりするのに用いられます。フレックス指定された複数のタグは、縦方向や横方向に順に並べて表示させることができます。
　フレックス用のクラスとしては、以下のようなものがあります。

d-flex	フレックスを設定する
d-inline-flex	インラインでフレックスを設定する

111

Chapter 3　コンテンツの基本デザイン

　d-flexはブロックで表示を行うフレックスで、**d-inline-flex**はインラインで表示を行うフレックスです。いずれも、複数のタグでフレックス設定すると、それらが順番に整列します。

　この基本的な働きだけを見ると、「**フロートと同じ**」と思うかもしれません。が、フレックスには、この基本のクラスのほかに、整列に関するクラスが用意されています。

flex-row	横方向に整列する
flex-row-reverse	横方向に逆順に整列する
flex-column	縦方向に整列する
flex-column-reverse	縦方向に逆順に整列する

　d-flexおよびd-inline-flexとこれらのクラスを併用することで、フレックス設定されたタグの並び方を変更することができるようになります。やってみましょう。

リスト3-28

```
<body>
<div class="container">
  <div class="row">
      <div class="col-sm-12">
          <h1>H1 headline</h1>
      </div>
  </div>
  <div class="row">
      <div class="col-sm-12">
          <div class="d-flex">
              <div class="table-info">this is flex A.</div>
              <div class="table-warning">this is flex B.</div>
              <div class="table-danger">this is flex C.</div>
          </div>
          <hr>
          <div class="d-flex flex-row-reverse">
              <div class="table-info">this is flex A.</div>
              <div class="table-warning">this is flex B.</div>
              <div class="table-danger">this is flex C.</div>
          </div>
          <hr>
          <div class="d-flex flex-column">
              <div class="table-info">this is flex A.</div>
              <div class="table-warning">this is flex B.</div>
              <div class="table-danger">this is flex C.</div>
          </div>
          <hr>
          <div class="d-flex flex-column-reverse">
```

```
                    <div class="table-info">this is flex A.</div>
                    <div class="table-warning">this is flex B.</div>
                    <div class="table-danger">this is flex C.</div>
                </div>
            </div>
        </div>
    </div>
</body>
```

図3-33：フレックス設定されたテキストを表示する。上からデフォルトの横方向の正順、横に逆順、縦に正順、縦に逆順となる。

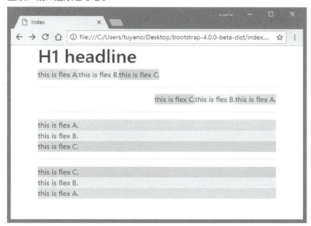

　ここでは、複数の<div>タグを内部に持つ<div>タグにフレックス設定を行っています。このようにすると、内部の<div>タグは並び順に応じてインラインになったりブロックになったりします（横並びならインラインで並ぶし、縦並びならブロックで並ぶ）。

　デフォルトの**d-flex**、**flex-row-reverse**、**flex-column**、**flex-column-reverse**がそれぞれ指定されています。これにより、「**横方向に左から整列**」「**横方向に右から整列**」「**縦方向に上から整列**」「**縦方向に下から整列**」という形でテキストが並べられます。左から順や上から順はわかりますが、その逆方向の並び順もクラスの指定だけで行える、というのが非常に不思議な気がしますね。

間隔の調整（marginとpadding）

　コンテンツの間隔・余白は、マージン（margin）とパディング（padding）によって設定されます。これらは、数字を指定して細かく間隔を調整できますが、慣れないと「**どれぐらいの間隔にすればいいか**」がよくわかりません。また、style属性でこれらをいちいち書いていくのもけっこう大変です。

　そこでBootstrapには、非常に簡単にこれらの設定を行うためのスタイル・ユーティリティが用意されています。これらは、指定された値をつなげてクラス名を作成していきます。クラス名の要素となる記号を整理しておきましょう。

Chapter 3　コンテンツの基本デザイン

■margin/paddingの指定

m	marginの指定
p	paddingの指定

■設定箇所の指定

x	left、rightを設定する
y	top、bottomを設定する
t	topを設定する
b	bottomを設定する
r	rightを設定する
l	leftを設定する

（※設定箇所の指定は、省略すると上下左右すべてに設定する）

■幅の指定

0	幅をゼロに指定
1	幅を0.25remに指定
2	幅を0.5remに指定
3	幅を1remに指定
4	幅を1.5remに指定
5	幅を3remに指定
auto	幅を自動調整

（※幅の指定は、デフォルトでの値）

　「**m、p**」と、その後の「**x、y、t、b、r、l**」はそのまま2つの文字を続けて記述します。また幅の指定の数値は、「**-0**」というようにハイフンでつなぎます。例えば、「**上下にmarginを1rem設定する**」というときは、「**my-3**」というクラスを指定すればいいわけです。
　では、簡単な利用例を挙げましょう。

リスト3-29

```
<body>
<div class="container">
  <div class="row">
      <div class="col-sm-12">
          <h1>H1 headline</h1>
      </div>
  </div>
  <div class="row">
      <div class="col-sm-12">
          <div class="m-3 p-3 table-primary">this is p-3 space.</div>
```

114

```
            <div class="m-3 px-3 table-primary">this is p-x-3 space.</div>
            <div class="m-3 py-3 table-primary">this is p-y-3 space.</div>
        </div>
    </div>
</div>
</body>
```

図3-34：marginとpaddingを指定した例。

　ここでは、3つの<div>タグにmarginとpaddingを指定しています。maginはすべてにm-3として1remの間隔を空けています。そしてpaddingは全方向、横方向、縦方向にそれぞれ1remを設定してあります。
　これらを正しいスタイル名で設定しようとすると、かなり面倒くさいstyle属性を書かなければいけません。ざっと以下のようになるでしょう。

```
<div class="table-primary" style="margin:1rem; padding:1rem;">〜</div>
<div class="table-primary"style="margin:1rem; padding:0rem 1rem;">〜</div>
<div class="table-primary"style="margin:1rem; padding:1rem 0rem;">〜</div>
```

　これが、m-3 p-3といったシンプルなクラス名を指定するだけで使えるようになるのです。特に複雑なものではないので、ぜひこの場で覚えてしまいましょう。

サイズの調整（widthとheight）

　この間隔調整のクラスのように、単純な記号の組み合わせで面倒なスタイルを設定できるスタイル・ユーティリティはほかにもあります。
　それは、「**サイズ**」に関するものです。表示されるコンテンツのタグの縦幅を調整したいとき、スタイルシートでは「**width**」「**height**」といった値を用意します。これを簡単に設定できるようにするクラスが用意されているのです。
　これも、間隔調整用のクラスと同様、記号を組み合わせて記述をします。

Chapter 3 コンテンツの基本デザイン

■縦横の指定

w	幅(width)の指定
h	高さ(height)の指定

■幅の指定

25	25%に設定
50	50%に設定
75	75%に設定
100	100%に設定

　この2つの記号は、ハイフンを使ってつなげます。例えば、「**w-50**」とすれば、幅を50%に設定する、というわけです。
　では、利用例を挙げましょう。

リスト3-30

```
<body>
<div class="container">
  <div class="row">
      <div class="col-sm-12">
          <h1>H1 headline</h1>
      </div>
  </div>
  <div class="row">
      <div class="col-sm-12">
          <div class="w-25 p-3 table-primary">this is width 25%.</div>
          <div class="w-50 p-3 table-info">this is width 50%.</div>
          <div class="w-75 p-3 table-warning">this is width 75%.</div>
          <div class="w-100 p-3 table-danger">this is width 100%.</div>
      </div>
  </div>
</div>
</body>
```

図3-35：幅を25%、50%、75%、100%に指定して表示した例。

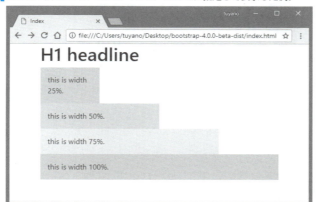

アクセスすると、コンテンツの幅が25%、50%、75%、100%にそれぞれ設定された状態で表示されます。

w, hを使ったサイズ設定は、幅の指定が4種類しかないため、細かなサイズ調整には向いていません。が、決まったサイズで表示するパーツを並べるような場合には重宝するでしょう。

テキストの位置揃え

`<div>`などのブロック要素を使う場合、その中でテキストがどこに揃えられるか（左右中央のどこか）の指定が必要となることがあります。これは以下のようなクラスで設定できます。

■テキストの位置揃え

text-left	左揃え
text-center	中央揃え
text-right	右揃え
text-justify	均等揃え

これは直感的に理解できるクラス名でしょう。いずれも「**text-**○○」という形の名前になっていることがわかります。では例を挙げましょう。

リスト3-31
```
<body>
<div class="container">
  <div class="row">
      <div class="col-sm-12">
          <h1>H1 headline</h1>
      </div>
```

```
        </div>
        <div class="row">
            <div class="col-sm-12">
                <div class="p-2 border text-left">this is text-left.</div>
                <div class="p-2 border text-center">this is text-center.</div>
                <div class="p-2 border text-right">this is text-right.</div>
            </div>
        </div>
    </div>
</body>
```

図3-36：<div>タグのテキストを、左・中央・右にそれぞれ揃えた例。

　ここでは3つの<div>タグを左揃え・中央揃え・右揃えに表示した例です。それぞれ<div>タグのclass属性に**text-left**、**text-center**、**text-right**が指定されているのがわかります。

　——ここまで、スタイル・ユーティリティの主な機能について説明をしました。これらは、コンテンツのスタイル設定を行う際には、たいていのシーンで活用できるもっとも基本的な機能といえます。
　Bootstrapには、独自のGUIなど多くの機能が用意されていますが、それらのほとんどのところで、スタイル・ユーティリティは活用できます。単純にデフォルトの表示で使うのと、スタイル・ユーティリティで表示を整えて使うのとでは、デザイン上、大きな違いが出てくるでしょう。

Chapter **4**

フォームの基本

フォームは、Webにおける最も基本となるGUIです。
Bootstrapでは、さまざまなデバイスでも同じようにフォームが表示されるようにするための仕組みをいろいろと用意しています。それらの働きと使い方について説明しましょう。

CSS フレームワーク　Bootstrap 入門

Chapter 4 フォームの基本

4-1 フォームの利用

フォームは、HTMLに用意されているタグで構成されます。Bootstrapでは、これらのタグにクラスを追加することで独自のスタイルによるGUIを表示させることができます。まずは、フォームの基本的な使い方を覚えましょう。

フォームのスタイルについて

ユーザーとインタラクティブなやり取りを行いたいとき、その基本となるのは「**フォーム**」でしょう。フォームはHTMLに用意されているもっとも基本的なGUIです。ユーザーから何らかの入力を行ってもらう際には必ず利用するものでしょう。

非常に重要度が高いGUIでありながら、デザイン的な部分はあまり強化されてきていません。デフォルトのままでは、非常に残念な表示になってしまいます。Bootstrapを利用してどの程度デザインされるかは興味あるところでしょう。

では、まず簡単なフォームを用意し、どのように表示されるかチェックしてみましょう。例によって、<body>タグの部分だけを掲載しておきます。

リスト4-1

```html
<body>
<div class="container">
  <div class="row">
      <div class="col-sm-12">
          <h1>GUI Sample</h1>
      </div>
  </div>
  <div class="row">
   <form method="post" action"#">
       <input type="email" id="mail"><br>
       <input type="password" id="pass"><br>
       <input type="submit" value="send">
   </form>
  </div>
</div>
</body>
```

120

▌図4-1：デフォルトのフォーム表示。

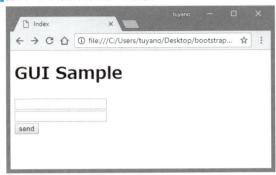

　Bootstrapを利用せず、HTMLの表示そのままでこのWebページを表示すると、**図4-1**のようになります。これは見慣れたものでしょう。入力フィールドと送信ボタンだけのシンプルなものですが、とても簡素なGUIで表示されていますね。

　これが、Bootstrapのスタイルシートを読み込むと、**図4-2**のように表示されます。入力フィールドも送信ボタンも全体的に余白が広がって大きめになり、見やすくなることがわかります。
　ただし、これがBootstrapのフォームデザインというわけではありません。これは、Bootstrapによって設定される、「**フォームの土台となるスタイル**」です。Bootstrapは、さまざまなデバイスで統一されたデザインのGUIを提供することを重視しています。これは、どんなデバイスでアクセスしても同じように表示される、土台のスタイルなのです。

▌図4-2：Bootstrapのスタイルが適用されたフォーム。

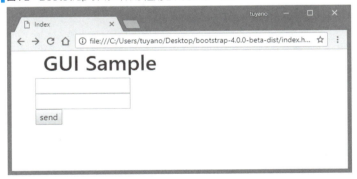

Bootstrapのクラスを指定する

　では、Bootstrapに用意されているフォーム用のクラスを使うとどうなるのか見てみましょう。先ほどのリストを少し修正し、専用のクラスを割り当てることにします。

Chapter 4 フォームの基本

リスト4-2

```
<body>
<div class="container">
 <div class="row">
      <div class="col-sm-12">
          <h1>GUI Sample</h1>
      </div>
 </div>
 <div class="row">
  <form method="post" action"#">
       <input type="email" class="form-control" id="mail">
       <input type="password" class="form-control" id="pass">
       <input type="submit" class="btn" value="send">
  </form>
 </div>
</div>
</body>
```

図4-3：Bootstrapのクラスを適用したフォーム。

アクセスすると、入力フィールドは角に丸みのあるデザインに変わります。それ以上に変化するのは送信ボタンで、グレーのフラットなデザインに変わります。

ここでは、それぞれのコントロール用タグに独自のクラスが設定されています。

■フォーム用のクラス

form-control	入力フィールドのクラス
btn	プッシュボタン関係のクラス

これらをclassに設定することで、Bootstrap独自のデザインに変わるのです。特にボタン関係はデフォルトのものとはかなり大きく変化するのがわかるでしょう。

ラベルとヒント

これで、ごく初歩的なものですが、フォームをBootstrapのスタイルで表示できるようになりました。が、サンプルでは入力フィールドに何も説明がないので、実際に使う場

合は何のフォームなのかわかりません。もう少し情報を追加しましょう。

　ユーザーが操作するためのGUIには、そのGUIの役割や使い方などを示す情報が用意されているものです。例えば、入力フィールドには**ラベル**（名前のテキスト）を付けたり、入力フィールド内に**プレースホルダ**（未入力の状態で表示されるテキスト。入力されると消える）を用意するなどして、詳しい説明文などを付けなくともフォームの使い方がわかるようになっています。

　こうしたフォームのコントロール類を補足する情報を追加してみましょう。

リスト4-3

```
<body>
<div class="container">
    <div class="row">
        <div class="col-sm-12">
            <h1>GUI Sample</h1>
        </div>
    </div>
    <div class="row">
    <form method="post" action"#">
        <div class="form-group">
            <label for="email">Email address</label>
            <input type="email" class="form-control" id="email"
                aria-describedby="email-tip" placeholder="your address">
            <small id="email-tip" class="form-text text-muted">
                please type your email address.</small>
        </div>
        <div class="form-group">
            <label for="password">Password</label>
            <input type="password" class="form-control" id="pass"
                aria-describedby="pass-tip" placeholder="Password">
            <small id="pass-tip" class="form-text text-muted">
                please type your password.</small>
        </div>
        <div class="form-group">
            <input type="submit" class="btn" value="send"
                aria-describedby="btn-tip">
            <small id="btn-tip" class="form-text text-muted">
                please click here!</small>
        </div>
    </form>
  </div>
</div>
</body>
```

図4-4：各項目にラベルとヒント情報、また入力フィールドにはプレースホルダを設定したところ。

ブラウザからアクセスすると、今回はかなり詳しい説明が用意されたことがわかるでしょう。これぐらいの説明があれば、フォームで迷う人も少なくなりますね。

コントロールの構成

ここでは、1つひとつのコントロール類が複数のタグによって構成されていることがわかります。例えば、メールアドレスを入力するためのフィールド部分を見てみましょう。すると、以下のように記述されていることがわかるでしょう。

■入力フィールドの構成

```
<div class="form-group">
    <label for="email">Email address</label>
    <input type="email" class="form-control" id="email"
        aria-describedby="email-tip" placeholder="your address">
    <small id="email-tip" class="form-text text-muted">
        please type your email address.</small>
</div>
```

■基本構成

```
<div class="form-group">
    <label for="ラベル">ラベル用テキスト</label>
    <input type="ラベル" class="form-control">
    <small class="form-text">説明用テキスト</small>
</div>
```

これは、最初のメールアドレスの入力フィールドの内容です。**<label>**タグで入力フィールドのラベルを用意し、**<small>**タグで説明テキストを用意します。これらは、**class="form-group"**というクラスを設定した<div>タグにまとめられています。

入力用のコントロールでは、**aria-describedby**で説明用の<small>のIDを設定しています。また、**placeholder**を使い、未入力時にフィールドに表示されるテキストを設定してあります。

ボタンのクラスについて

送信ボタンでは、**class="btn"**とクラスを指定しています。この「**btn**」というクラスは、プッシュボタンの最も基本となるクラスです。プッシュボタンでは、このbtnクラスを指定し、これに加えて更にスタイル関係のクラスを追加してデザインをしていくことになります。

form-controlクラスについて

フォームのコントロール類の内、**\<input\>**、**\<textarea\>**、**\<select\>**といったタグで作成されるコントロール用に用意されているのが、「**form-control**」というクラスです。先ほど、メールアドレスとパスワードの入力フィールドに設定をしましたが、それ以外にも使えるものがあるのですね。

このクラスを利用したコントロール類がどのように表示されるか確認しておきましょう。種類が多いので、まずは\<input\>関係のものを一通り表示させてみます。

リスト4-4

```
<body>
<div class="container">
  <div class="row">
      <div class="col-sm-12">
          <h1>GUI Sample</h1>
      </div>
  </div>
  <div class="row">
  <form method="post" action"#">
      <div class="form-group">
          <label for="text">text</label>
          <input type="text" class="form-control" id="text"
            placeholder="message">
       </div>
      <div class="form-group">
          <label for="email">email</label>
          <input type="email" class="form-control" id="email"
            placeholder="mail address">
       </div>
      <div class="form-group">
          <label for="password">password</label>
          <input type="password" class="form-control" id="pass"
            placeholder="Password">
      </div>
      <div class="form-group">
          <label for="number">number</label>
          <input type="number" class="form-control" id="number"
              value="100">
```

```html
            </div>
            <div class="form-group">
                <label for="date">date</label>
                <input type="date" class="form-control" id="date">
            </div>
            <div class="form-group">
                <label for="date">time</label>
                <input type="time" class="form-control" id="time">
            </div>
            <div class="form-group">
                <label for="color">color</label>
                <input type="color" class="form-control" id="color">
            </div>
            <div class="form-group">
                <input type="submit" class="btn" value="send">
            </div>
        </form>
    </div>
  </div>
</body>
```

図4-5：form-controlクラスを指定したコントロール類。

　ざっと見ると、それぞれ先のサンプルで表示した入力フィールドと同様に角に丸みのある輪郭に変わっていることがわかるでしょう。このように<input>関連のコントロールは、多くがそのままform-controlでスタイル設定できます。

唯一の例外が**<input type="color">**で、これは選択した色が正しく表示されず、不自然な形になってしまっています。Bootstrapが対応するまで、colorだけはデフォルトの形で利用したほうがよいでしょう。

それ以外は、type="number"による数値入力や、date/timeによる日時の入力も正しく機能し、かつスタイルも変更されることがわかります。

▌**図4-6**：<input type="color">で、form-controlを設定しない場合とした場合の比較。クラスを設定すると、選択した色が表示されなくなってしまう。

textarea と select

<input>以外の<textarea>と<select>についても見てみましょう。これらもクラスを設定すると表示スタイルが先の入力フィールドなどと統一された形に変わります。

リスト4-5

```
<body>
<div class="container">
  <div class="row">
      <div class="col-sm-12">
          <h1>GUI Sample</h1>
      </div>
  </div>
  <div class="row">
  <form method="post" action"#">
      <div class="form-group">
          <label for="select">Select</label>
          <select id="select" class="form-control">
              <option>One</option>
              <option>Two</option>
              <option>Three</option>
          </select>
      </div>
      <div class="form-group">
          <label for="select">Select</label>
          <select id="select" class="form-control" size="3">
              <option>One</option>
              <option>Two</option>
              <option>Three</option>
          </select>
      </div>
      <div class="form-group">
          <label for="area">Text Area</label>
```

```
                <textarea id="area" class="form-control"></textarea>
            </div>
            <div class="form-group">
                <input type="submit" class="btn" value="send">
            </div>
        </form>
    </div>
  </div>
</body>
```

図4-7：＜textarea＞と＜select＞の表示。＜select＞はsize=0と3を用意した。

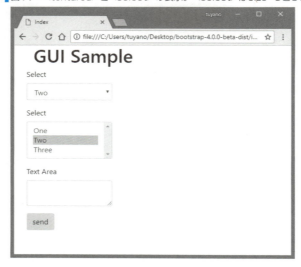

　ここでは、＜textarea＞と、2つの＜select＞を用意しています。＜select＞は、1つはデフォルトの**size="0"**のままで、もう1つは**size="3"**です。すべて＜input＞関係と同じように、やや大きめの角に丸みのある形状で表示されます。

　リストを見ればわかるように、＜select＞については、＜select＞内にのみclass="form-control"を用意し、＜option＞内には特に用意はしません。

チェックボックスとラジオボタン

　そのほかのコントロール類(チェックボックスとラジオボタン)には、form-control以外のクラスが用意されています。

チェックボックスとラジオボタンのグループ	form-check
チェックボックスとラジオボタンのラベル	form-check-label
チェックボックスとラジオボタンのコントロール	form-check-input

コントロールとラベルをまとめるグループ部分のタグに「**form-check**」を指定し、その中のラベルとコントロールにはそれぞれ**form-check-label**と**form-check-input**を指定します。チェックボックスでもラジオボタンでも、使用するクラスは同じです。

では、例を挙げておきましょう。

リスト4-6

```
<body>
<div class="container">
    <div class="row">
        <div class="col-sm-12">
            <h1>GUI Sample</h1>
        </div>
    </div>
    <div class="row">
        <form method="post" action"#">
            <div class="form-check">
                <label class="form-check-label">
                <input type="checkbox" class="form-check-input">
                checkbox control
                </label>
            </div>
            <div class="form-check">
                <label class="form-check-label">
                <input type="radio" class="form-check-input" name="radio">
                radio button A
                </label>
            </div>
            <div class="form-check">
                <label class="form-check-label">
                <input type="radio" class="form-check-input" name="radio">
                radio button B
                </label>
            </div>
            <div class="form-check disabled">
                <label class="form-check-label">
                <input type="radio" class="form-check-input"
                    name="radio" disabled>
                radio button C
                </label>
            </div>
            <div class="form-group">
                <input type="submit" class="btn" value="send">
            </div>
        </form>
```

```
        </div>
    </div>
</body>
```

図4-8：チェックボックスとラジオボタンを表示した例。

ここでは、1つのチェックボックスと3つのラジオボタンを表示しています。なお、ラジオボタンは1つが選択不可にしてあります。

ここでのタグがどのような構造になっているか見てみましょう。例えばチェックボックスのタグは以下のような構成になっています。

```
<div class="form-check">
    <label class="form-check-label">
    <input type="checkbox" class="form-check-input">
ラベルのテキスト
    </label>
</div>
```

チェックボックスやラジオボタンは、ほかの入力用コントロールと違い、コントロールとなる部品の後にラベルで説明のテキストを付けておくのが基本です。そして、このテキスト部分をクリックしてもチェック状態を変更できるようにしておく必要があります。そのために、<label>タグ内に<input>タグを用意しておくのが一般的でしょう。

コントロールのサイズ指定

入力フィールドは、form-controlを指定すると比較的余白を広く取ったスタイルで表示されるようになります。が、「**ちょっとゆったりしすぎ、もう少し詰めて表示したい**」ということもあるでしょう。あるいは、もっと大きく表示させたい場合もあるはずです。

Bootstrapでは、コントロールのサイズが3種類用意されています。これは、以下のようにクラスを指定します。

form-control-lg	デフォルトより大きめに表示する
（なし）	デフォルトの大きさ
form-control-sm	デフォルトより小さめに表示する

これらは、form-controlクラスと併せて利用します。例えば、class="form-control form-control-lg"といった具合です。では、実際の利用例を見てみましょう。

リスト4-7

```html
<body>
<div class="container">
  <div class="row">
      <div class="col-sm-12">
          <h1>GUI Sample</h1>
      </div>
  </div>
  <div class="row">
      <form method="post" action"#">
          <div class="form-group">
              <label for="text1">Input 1</label>
              <input type="text" id="text1" class="form-control
                  form-control-lg" placeholder="input 1">
          </div>
          <div class="form-group">
              <label for="text2">Input 2</label>
              <input type="text" id="text1" class="form-control"
                  placeholder="input 2">
          </div>
          <div class="form-group">
              <label for="text3">Input 3</label>
              <input type="text" id="text1" class="form-control
                  form-control-sm" placeholder="input 3">
          </div>
          <div class="form-group">
              <input type="submit" class="btn" value="send">
          </div>
      </form>
  </div>
</div>
</body>
```

図4-9：入力フィールドのサイズ。上から、form-control-lg、デフォルト、form-control-sm。

アクセスすると、3種類の大きさの入力フィールドが現れます。一番上が**class="form-control form-control-lg"**を指定したもの。真ん中が**class="form-control"**のデフォルト。そして一番下が**class="form-control form-control-sm"**を指定したものになります。

単に余白の幅が変わっているだけでなく、入力するテキストのフォントサイズも変化していることがわかるでしょう。

ボタンサイズの指定

ボタンも、入力フィールドと同様にサイズを変更することができます。これは、以下のようなクラスを利用します。

btn-lg	大きめのボタン
（なし）	デフォルトサイズのボタン
btn-sm	小さめのボタン

入力フィールドの場合と同様、これは**btn**クラスと併せて使います。例えば、**class="btn btn-lg"**とすれば、大きめのボタンを表示することができます。では実例を見ましょう。

リスト4-8
```
<body>
<div class="container">
  <div class="row">
      <div class="col-sm-12">
          <h1>GUI Sample</h1>
      </div>
  </div>
  <div class="row">
```

```
        <form method="post" action"#">
            <div class="form-group">
                <input type="submit" class="btn btn-lg btn-primary"
                    value="primary">
            </div>
            <div class="form-group">
                <input type="submit" class="btn btn-primary"
                    value="primary">
            </div>
            <div class="form-group">
                <input type="submit" class="btn btn-sm btn-primary"
                    value="primary">
            </div>
        </form>
    </div>
  </div>
</body>
```

図4-10：ボタンのサイズを変更する。上がbtn-lg、真ん中がデフォルトのサイズ、下がbtn-sm。

　ここでは3つのボタンを、それぞれサイズを変えて表示しています。上のボタンが**btn-lg**を指定したもの。真ん中がデフォルトのサイズ。下のボタンが**btn-sm**を指定したものになります。

　なお、ここではボタンに「**btn-primary**」というクラスを追加して、primaryカラーで表示させてあります。ボタンの色については**第5章**で改めて説明します。

フォームを利用不可にする

　フォームは、必要に応じて使えない状態にすることができます。これは、コントロールのタグに「**disabled**」を追加するだけで簡単にできます。やってみましょう。

リスト4-9
```
<body>
<div class="container">
  <div class="row">
        <div class="col-sm-12">
```

```html
                    <h1>GUI Sample</h1>
                </div>
            </div>
            <div class="row">
                <form method="post" action"#">
                    <div class="form-group">
                        <input type="text" class="form-control">
                    </div>
                    <div class="form-group">
                        <input type="submit" class="btn btn-primary"
                            value="Send">
                    </div>
                </form>
            </div>
            <div class="row">
                <form method="post" action"#">
                    <div class="form-group">
                        <input type="text" class="form-control" disabled>
                    </div>
                    <div class="form-group">
                        <input type="submit" class="btn btn-primary"
                            value="Send" disabled>
                    </div>
                </form>
            </div>
        </div>
    </body>
```

図4-11：通常のフォームと、利用不可にしたフォーム。

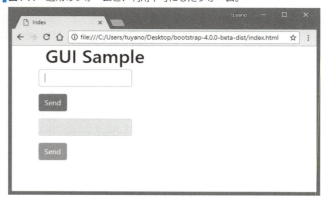

　ここでは2つのフォームを表示しています。上にあるのが通常のフォーム、下がディスエーブル（利用不可）にしたフォームです。下のフォームでは、テキストの入力もできませんし、ボタンもクリックできません。

コントロールを利用不可にするには、このようにそれぞれのコントロールのタグに
disabledを指定します。フォームを丸ごと不可にするようなものはありません。個別に
設定するようにしてください。

4-2 フォームのレイアウト

フォームは多数のコントロールを組み合わせて作るため、それらをどのようにレイアウトするかが
重要になります。ここではフォームの基本的なレイアウト法について説明しましょう。

グリッドレイアウトとフォーム

フォームは、複数のコントロール類を配置する関係上、「**使いやすく、見やすくレイ
アウトする**」ということを考えなければいけません。フォームのコントロール類の基本
がわかったところで、続いて「**フォームのレイアウト**」について考えていくことにしま
しょう。

Bootstrapでは、グリッドレイアウトをベースにコンテンツを配置しました。フォーム
の場合も、これは同じです。レイアウトの基本は、**グリッドレイアウト上にフォームの
コントロール類を配置していく**というやり方になります。

グリッドレイアウトは、rowタグ内にcolタグを作成し、この中にコンテンツを配置し
ました。ここまで、実はあえてcolタグを使わずにフォームを配置してきたのですが、き
ちんとcolタグを使ってグリッドレイアウトにフォームを配置してみることにしましょ
う。

リスト4-10

```
<body>
<div class="container">
    <div class="row">
        <div class="col-sm-12">
            <h1>GUI Sample</h1>
        </div>
    </div>
    <div class="row">
        <div class="col-sm-12">
            <form method="post" action"#">
                <div class="form-group">
                    <label for="email">Email address</label>
                    <input type="email" class="form-control"
                        id="email" placeholder="your address">
                </div>
                <div class="form-group">
```

135

```
                            <label for="password">Password</label>
                            <input type="password" class="form-control" id="pass"
                                placeholder="Password">
                    </div>
                    <div class="form-group">
                        <input type="submit" class="btn" value="send"
                            aria-describedby="btn-tip">
                    </div>
                </form>
            </div>
        </div>
    </div>
</body>
```

図4-12：グリッドレイアウトにフォームを配置する。幅に応じて入力フィールドのサイズも自動調整される。

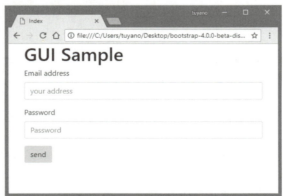

ブラウザからアクセスすると、入力フィールドが2つとボタンが1つのフォームが表示されます。ブラウザの幅を広げたり狭めたりして、フォームがどう変化するか確認してみて下さい。送信ボタンは固定されたサイズで表示されますが、入力フィールドは自動的に幅が調整されるのがわかります。

このように、グリッドレイアウトに正しく配置してあれば、フォームのコントロール類はブラウザの大きさに応じて自動調整されるようになっているのです。

フォームのグリッド表示

グリッドレイアウトは、rowタグとcolタグの組み合わせになっています。フォームのコントロール類を必要に応じてcolタグ内に配置していくことで、グリッドレイアウトに沿ってフォームをレイアウトすることができます。実際にやってみましょう。

リスト4-11

```
<body>
<div class="container">
    <div class="row">
        <div class="col-sm-12">
            <h1>GUI Sample</h1>
        </div>
    </div>
    <form method="post" action"#">
        <div class="row">
            <div class="col">
                <div class="form-group">
                    <label for="email">Email</label>
                    <input type="email" id="email" class="form-control">
                </div>
            </div>
            <div class="col">
                <div class="form-group">
                    <label for="pass">Password</label>
                    <input type="password" id="pass"
                        class="form-control">
                </div>
            </div>
        </div>
        <div class="row">
            <div class="col">
                <div class="form-group">
                    <label for="fname">First Name</label>
                    <input type="text" id="fname" class="form-control">
                </div>
            </div>
            <div class="col">
                <div class="form-group">
                    <label for="sname">Second Name</label>
                    <input type="text" id="sname" class="form-control">
```

```
            </div>
          </div>
        </div>
        <div class="row">
          <div class="col">
            <div class="form-group">
              <input type="submit" class="btn btn-primary"
                value="send form">
            </div>
          </div>
        </div>
      </form>
    </div>
  </body>
```

図4-13：グリッドレイアウトを利用し、縦横にコントロールを配置する。

　ここでは、4つの入力フィールドが2×2のレイアウトで配置されています。タグの構成をよく見て下さい。containerタグの中に<form>タグが置かれ、その中にrowタグとcolタグを用意してコントロールを配置しています。このように、「**フォームの中にrowとcolを用意し、その中にコントロールを配置する**」という形でタグを記述すれば、フォームのコントロール類を縦横自由に並べることができます。

form-rowによるrow設定

　フォーム内にrowタグとcolタグを置くというやり方は、人によっては違和感を覚えるかもしれません。
　フォームもコンテンツの一つです。Bootstrapのグリッドレイアウトの考え方からすれば、それぞれ配置したcolタグの中にフォームを用意する、というやり方のほうが自然です。フォームの中にrowタグやcolタグを用意するというのは、後でレイアウトを修正するときなども面倒になりそうですね。なにより、「**rowの外側に<form>を置く**」というのは、グリッドレイアウトによるレイアウト設計の外側にタグを置くわけで、かなり気持

ち悪いタグ構成になってしまいます。

　グリッドレイアウトで設計されたcolの中に、コンテンツとしてフォームを配置する。そしてそのフォームの中で、更にグリッドレイアウトのようなレイアウトを用意してそれぞれのコントロールを配置する。このほうが考え方としてはすっきりしますし、タグの構成も納得できる形になるでしょう。

　実をいえば、Bootstrapにはフォームのための row クラスが用意されているのです。「**form-row**」を使って row タグを用意し、その中に col タグを作成してコントロールを配置すれば、「**フォーム内をグリッドレイアウトする**」ことができるようになります。

リスト4-12

```
<body>
<div class="container">
    <div class="row">
        <div class="col-sm-12">
            <h1>GUI Sample</h1>
        </div>
    </div>
    <div class="row">
        <div class="col">
            <form method="post" action"#">
                <div class="form-row">
                    <div class="col">
                        <div class="form-group">
                            <label for="email">Email</label>
                            <input type="email" id="email"
                                class="form-control">
                        </div>
                    </div>
                    <div class="col">
                        <div class="form-group">
                            <label for="pass">Password</label>
                            <input type="password" id="pass"
                                class="form-control">
                        </div>
                    </div>
                </div>
                <div class="form-row">
                    <div class="col">
                        <div class="form-group">
                            <label for="fname">First Name</label>
                            <input type="text" id="fname"
                                class="form-control">
```

```
                    </div>
                </div>
                <div class="col">
                    <div class="form-group">
                        <label for="sname">Second Name</label>
                        <input type="text" id="sname"
                            class="form-control">
                    </div>
                </div>
            </div>
            <div class="form-row">
                <div class="col">
                    <div class="form-group">
                        <input type="submit" class="btn btn-primary"
                            value="send form">
                    </div>
                </div>
            </div>
        </form>
    </div>
    <div class="col-sm-3 p-3 table-secondary">
        <p>this is form layout sample with form-row!</p>
    </div>
  </div>
</div>
</body>
```

図4-14：form-rowを使ってレイアウトしたところ。ページのグリッドレイアウト内にフォームを置き、更にその中をグリッドレイアウトでレイアウトしている。

アクセスすると、フォームのコントロールが2×2の形に配置され、画面に表示されま

す。フォームの右側には別のコンテンツがあり、フォームがページ全体のグリッドの中に組み込まれ、更にグリッドでコントロールが2×2に配置されていることがわかります。

ここでは、ページ全体のグリッドレイアウトを作成するcolタグ内に<form>を置き、更にその中にform-rowとcolでフォームのレイアウトを行っているのです。

実をいえば、この場合もform-rowではなく、通常のrowを使ってもきちんとレイアウトされます。ただし、両者にはもちろん違いがあります。rowに比べform-rowのほうが周囲の余白の幅が小さくなっており、コントロール類が密接して配置されます。rowにするとグリッドレイアウトの一般的な間隔で配置されるため、コントロールとコントロールの間がやや空きすぎな感じになってしまう場合もあります。

図4-15：form-rowの一部をrowに変えたところ。上の行がform-row、下がrow。form-rowのほうが間の余白が狭くなっているのがわかる。

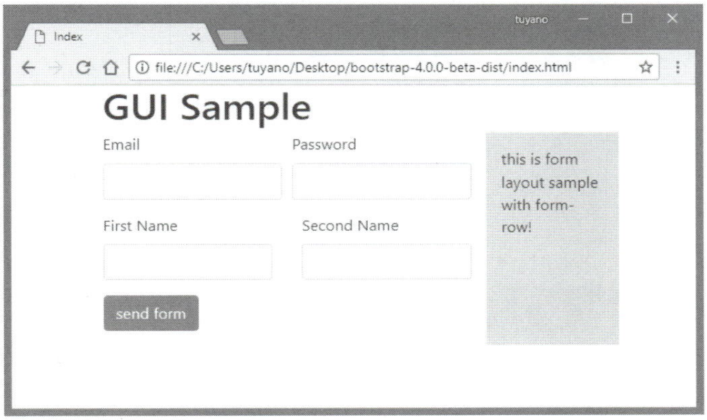

ボタンのブロック化

フォームのコントロール類はグリッドレイアウトによるサイズ自動調整を使って幅が自動的に調整されますが、この自動調整機能に影響されないコントロールもあります。それは、ボタンです。

ボタンはインラインのコントロールです。グリッドレイアウトに関係なく、ボタンに表示されるテキストに最適な大きさで表示されます。表示されるエリアの大きさによってボタンの幅が自動調整されることはありません。

が、ほかの入力フィールドと同じように幅が自動調整されたほうが見た目にもよい、と思うかもしれません。そのような場合は、ボタンをインラインではなく、ブロックにすることで対応できます。これは、ボタンのタグのclass属性に「**btn-block**」というクラスを追加するだけで行えます。

リスト4-13

```
<body>
<div class="container">
  <div class="row">
```

```
            <div class="col-sm-12">
                <h1>GUI Sample</h1>
            </div>
        </div>
        <div class="row">
            <div class="col-sm-12">
                <form method="post" action"#">
                    <div class="form-group">
                        <input type="text" class="form-control">
                    </div>
                    <div class="form-group">
                        <input type="submit" class="btn btn-block btn-primary"
                            value="primary">
                    </div>
                </form>
            </div>
        </div>
    </div>
</body>
```

図4-16：ボタンをブロック化すると、入力フィールドと同様に幅が自動調整されるようになる。

　アクセスしてみると、ボタンも入力フィールドと同じように、ブラウザの幅に合わせてサイズを自動調整するようになります。<input type="submit">を見ると、**class="btn btn-block btn-primary"**というようにクラスが指定されていますね。btn-blockを追加することで、ボタンがブロック化されていることが確認できます。

インライン表示について

　実際にフォームを表示させてみるとわかりますが、Bootstrapのクラスを指定したコントロールは、すべて改行されて縦に並べられるようになっています。が、例えばラジオボタンなどは、すべて改行されるより横一列に並べられたほうがわかりやすいでしょう。

　このような場合は、「**インライン**」表示を設定することができます。インライン表示を設定すると、通常はブロックのように改行されるものが、インライン（横一列に並べる）

で表示されます。

これには、フォーム全体で指定する場合と、**form-check**を使ったコントロール部分で指定する場合があります。

フォームをインラインにする

まずは、フォームそのものをインラインで表示する方法です。これは、<form>タグ内に「**form-inline**」クラスを指定するだけです。これにより、フォームに用意されたコントロール類がすべてインライン表示になります。

簡単な例を見てみましょう。

リスト4-14

```html
<body>
<div class="container">
    <div class="row">
        <div class="col-sm-12">
            <h1>GUI Sample</h1>
        </div>
    </div>
    <div class="row">
        <form method="post" action"#" class="form-inline">
            <div class="form-group">
                <input type="text" class="form-control" placeholder="input 1">
            </div>
            <div class="form-group">
                <input type="text" class="form-control" placeholder="input 2">
            </div>
            <div class="form-group">
                <input type="text" class="form-control" placeholder="input 3">
            </div>
            <div class="form-group">
                <input type="submit" class="btn" value="send">
            </div>
        </form>
    </div>
</div>
</body>
```

図4-17：インライン・フォームの例。幅を狭くすると、必要に応じてコントロールは改行される。

ここでは、3つの入力フィールドを持つフォームを表示させています。これらはすべて横一列に表示されるようになります。ブラウザの幅を狭くしていくと、必要に応じて自動的にコントロールは改行されます。

<form>タグに**class="form-inline"**という属性を追記しているだけで、そのほかは何も特別なことはしていません。強いて挙げるなら、横に複数のコントロールが収まるようにラベルなど余計なものを削除し、プレースホルダでフィールドの役割がわかるようにしてある、ぐらいでしょうか。

チェックボックスとラジオボタンのインライン化

チェックボックスやラジオボタンをインライン表示する場合、<form>は通常のフォームと同様、クラスを何も指定しません。そして、form-checkを指定しているタグに、更に「**form-check-inline**」というクラスを追加します。これにより、そのコントロールがインラインに変わります。

これも実例を見てみましょう。

リスト4-15
```
<body>
<div class="container">
    <div class="row">
        <div class="col-sm-12">
            <h1>GUI Sample</h1>
```

```html
        </div>
    </div>
    <div class="row">
        <form method="post" action"#">
            <div class="form-check form-check-inline">
                <label class="form-check-label">
                <input type="checkbox" class="form-check-input">
                checkbox control
                </label>
            </div>
            <div class="form-check form-check-inline">
                <label class="form-check-label">
                <input type="checkbox" class="form-check-input">
                checkbox control
                </label>
            </div>
            <div class="clearfix"></div>
            <div class="form-check form-check-inline">
                <label class="form-check-label">
                <input type="radio" class="form-check-input" name="radio">
                radio button A
                </label>
            </div>
            <div class="form-check form-check-inline">
                <label class="form-check-label">
                <input type="radio" class="form-check-input" name="radio">
                radio button B
                </label>
            </div>
            <div class="form-check form-check-inline disabled">
                <label class="form-check-label">
                <input type="radio" class="form-check-input"
                    name="radio" disabled>
                radio button C
                </label>
            </div>
            <div class="form-group">
                <input type="submit" class="btn" value="send">
            </div>
        </form>
    </div>
</div>
</body>
```

図4-18：2つのチェックボックスと3つのラジオボタンが、それぞれ横一列に表示される。

　ここでは、2つのチェックボックスと3つのラジボタンを持ったフォームを用意しています。アクセスすると、チェックボックスとラジオボタンがそれぞれ横一列に表示されるのがわかるでしょう。
　コントロールが組み込まれている<div>タグを見ると、このように記述されていることがわかります。

```
<div class="form-check form-check-inline">
```

　form-checkクラスと**form-check-inline**クラスの両方をclass属性に指定しています。これにより、この<div>に用意したコントロールがインラインで表示されるようになります。

クリアフィクスでインラインをリセット

　すべてのコントロールにform-check-inlineを指定すると、5つのコントロールすべてが横一列に表示されるようになるはずですが、ここではチェックボックスとラジオボタンはそれぞれ改行され、別々に一列に並ぶようになっています。この秘密は、チェックボックスの後にあるこのタグにあります。

```
<div class="clearfix"></div>
```

　クリアフィクスについては説明しましたね。フォームのインライン表示も、clearfixクラスを指定することでリセットし、そこでインラインを一旦終えることができます。これを適宜挿入すれば、必要に応じてインライン表示のコントロールを改行することができます。
　ただし、<form>タグにform-inlineを指定してインラインフォームにした場合には、機能しません。form-check-inlineでコントロールに個別にインライン指定をした場合にのみ使えるものと考えて下さい。

コラム幅の指定

　colタグは、クラス名に列数を付け加えることで何列分を割り当てるか指定できます。列数を指定することで、組み込まれる入力フィールドの幅をそれぞれ調整することができます。

4-2 フォームのレイアウト

リスト4-16

```
<body>
<div class="container">
    <div class="row">
        <div class="col-sm-12">
            <h1>GUI Sample</h1>
        </div>
    </div>
    <div class="row">
        <div class="col">
            <form method="post" action"#">
                <div class="form-row">
                    <div class="col-4 form-group">
                        <label for="email">Email</label>
                        <input type="email" id="email"
                            class="form-control">
                    </div>
                    <div class="col-4 form-group">
                        <label for="pass">Password</label>
                        <input type="password" id="pass"
                            class="form-control">
                    </div>
                    <div class="col-2 form-group">
                        <label for="fname">First Name</label>
                        <input type="text" id="fname"
                            class="form-control">
                    </div>
                    <div class="col-2 form-group">
                        <label for="sname">Second Name</label>
                        <input type="text" id="sname"
                            class="form-control">
                    </div>
                </div>
                <div class="form-row">
                    <div class="col form-group">
                        <input type="submit" class="btn btn-primary"
                            value="send form">
                    </div>
                </div>
            </form>
        </div>
    </div>
</div>
</body>
```

147

Chapter **4** フォームの基本

図4-19：4つの入力フィールドを、4：4：2：2の割合で表示させたところ。

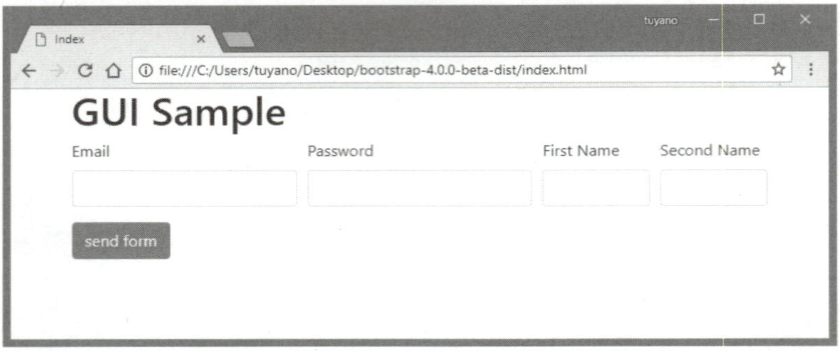

　このページにブラウザからアクセスすると、4つの入力フィールドが、それぞれ4：4：2：2の割合で表示されます。

　ここでは、form-groupが指定されているタグを見ると、以下のように記述されているのがわかります。

```
<div class="col-4 form-group">
```

　colとform-groupを併せて用意しておき、この中にコントロールを配置してあります。form-rowとcolを組み合わせてコントロールを配置することで、このように入力フィールド幅を個別に設定できます。

インプットグループ(input-group)について

　入力フィールドは、説明のラベルと入力の<input>タグをセットで用意することが多いでしょう。ここまで<label>を使ってラベルを表示してきましたが、これは常に入力フィールドの上にラベルが置かれる形で表示されていました。

　しかし、項目数が多くなったり、入力フィールドがあまり大きくする必要がない場合などは、**ラベルの右側にフィールドが配置される**（つまり、改行されず1行で表示される）ほうが見やすくスッキリした感じになります。

　これは、form-rowを使ってテキストと<input>タグを横に並べてもいいのですが、「**インプットグループ**」を使えば、もっと簡単にこうした表示が作れます。のみならず、ラベルとフィールドが一体化したような表示も作成することができます。

　これは、実際の表示を見てから説明をしたほうがわかりやすいでしょう。

リスト4-17

```
<body>
<div class="container">
    <div class="row">
        <div class="col-sm-12">
            <h1>GUI Sample</h1>
        </div>
```

148

```html
            </div>
    <div class="row">
        <div class="col">
            <form method="post" action"#">
                <div class="form-row my-3">
                    <div class="col input-group align-items-center">
                        <div class="mx-2">Email</div>
                        <input type="email" id="email"
                            class="form-control">
                    </div>
                    <div class="col input-group align-items-center">
                        <div class="mx-2">Password</div>
                        <input type="password" id="pass"
                            class="form-control">
                    </div>
                </div>
                <div class="form-row my-3">
                    <div class="col input-group">
                        <div class="input-group-prepend">
                            <span class="input-group-text">
                                First name</span>
                        </div>
                        <input type="text" id="fname"
                            class="form-control">
                    </div>
                    <div class="col input-group">
                        <div class="input-group-prepend">
                            <span class="input-group-text">
                                Second name</span>
                        </div>
                        <input type="text" id="sname"
                            class="form-control">
                    </div>
                </div>
                <div class="form-row my-3">
                    <div class="col form-group">
                        <input type="submit" class="btn btn-primary"
                            value="send form">
                    </div>
                </div>
            </form>
        </div>
    </div>
</div>
```

```
</body>
```

図4-20：インプットグループでラベルとフィールドをグループ化する。下の2つでは、input-group-prependを使って一体化している。

アクセスすると、4つの入力フィールドが表示されます。これらは、それぞれラベルとフィールドが横に並んで配置されます。また下の行の2つは、ラベルとフィールドが一体化したようなデザインに変わっています。

ここでのタグを見てみると、form-groupクラスを指定していた<div>タグで、代りに「**input-group**」というクラスが指定されていることがわかるでしょう。これにより、タグ内に記述されたものがグループ化され、横一列に配置されるようになります。なお、ラベルには<label>ではなく、<div>タグを使っています。

ラベルとフィールドの一体化は、input-groupのタグ内に、**class="input-group-prepend"**を指定した<div>タグを用意し、更にその中に**class="input-group-text"**を指定した<span>を用意することで実現しています。input-group-prependでフィールドの前に用意する部品を確保し、その中にinput-group-textでテキストを設定しています。

縦方向の位置揃え

1行目の2つの入力フィールドでは、<div>タグによるテキストと<input>タグを、**input-group**クラスを使って横に並べて配置しています。このinput-groupが設定されている<div>タグのclass属性を見ると、このほかにも「**align-items-center**」というクラスが追加されているのに気がつくでしょう。

これは、ラベル用テキストの縦方向の位置揃えに関する指定です。縦方向の位置揃えというのは、表示する部品を表示領域の上に配置するか、下に配置するか、あるいは中央に配置するか、の設定です。これには以下のようなクラスが用意されています。

align-items-top	上に揃える
align-items-center	中央に揃える
align-items-bottom	下に揃える

これは、テキストを表示している<div>タグではなく、それが組み込まれているタグ（input-group指定のタグ）に用意して下さい。

4-3 カスタムフォーム

input-group-addon による一体化

2行目のラベルを表示している<div>タグでは、「**input-group-addon**」というクラスが追加されています。これを設定することで、その後の<input>タグと一体化した形でラベルを表示させることができます。

4-3 カスタムフォーム

Bootstrapには、あらゆるデバイスで同じGUIを表示するカスタムフォームが用意されています。これを利用したフォームの作成について説明しましょう。

カスタムフォームとは？

最後に、入力フィールド以外のコントロールについて、デフォルト以外のGUIを利用する方法について触れておきましょう。

Bootstrapでは、さまざまなデバイスでも統一されたデザインでページが表示されることを重視しています。フォームのコントロール類は、利用するデバイスやブラウザによって表示が変わります。入力フィールドはだいたい同じですが、チェックボックス、ラジオボタン、<select>によるプルダウンメニューなどはブラウザの種類が違っただけで微妙にGUIが変化してしまいます。

そこでBootstrapでは、独自のGUIを使ったカスタムフォームを用意しています。これは、SVGによるアイコンを利用して独自のGUIを表示させるもので、このカスタムフォームを利用することで、どんなデバイスのどんなブラウザでもまったく同じようにコントロールが表示されるようになります。

ただし、この機能を使ってコントロールを表示するためには、決められた形でタグを構築していかなければいけません。

チェックボックスのカスタム表示

まずは、チェックボックスのカスタム表示からです。これは、以下のような形で記述をします。

```
<div class="custom-control custom-checkbox">
    <input type="checkbox" id="ID" class="custom-control-input">
    <label class="custom-control-label" for="ID">ラベルのテキスト</label>
</div>
```

<div>タグを用意し、その中に<input>タグと<label>タグを用意しています。<label>には、チェックボックスの後に表示されるラベルのテキストを指定します。この「**<div>タグ内に、<input>と<label>を組み込む**」というタグの構造をまず頭に入れましょう。

151

そして、カスタム表示するためには、そのためのクラスを指定しなければいけません。これは整理すると以下のようになります。

- ・<div>タグには、「**custom-control**」と「**custom-checkbox**」クラスを指定します。custom-controlが、カスタムコントロールの土台となるクラスで、カスタムコントロールを使う際は必ずこれを指定します。custom-checkboxは、チェックボックスのカスタム表示用クラスです。

- ・<input>タグには、「**custom-control-input**」クラスを指定します。

- ・<label>タグには「**custom-control-label**」クラスを指定します。
  この<label>は、必須のタグです。必ず用意して下さい。ないとGUIが表示されません。

ラジオボタンのカスタム表示

続いて、ラジオボタンです。ラジオボタンは、基本的にチェックボックスと同じような形をしています。これは以下のようなタグ構成になります。

```
<div class="custom-control custom-radio">
    <input type="radio" id="ID" name="名前" class="custom-control-input">
    <label class="custom-control-label" for="ID">ラベルのテキスト</label>
</div>
```

<div>タグを用意し、その中に<input>タグと<label>タグを2つ用意しています。この構成は、チェックボックスの場合とまったく同じですね。ただ、<input>のtypeが"checkbox"から"radio"に変わっているだけです。

用意されるクラスも多くは共通しており、違うのは1箇所だけです。では構成についてまとめておきましょう。

- ・<div>タグには、「**custom-control**」と「**custom-radio**」クラスを指定します。
- ・<input>タグには、「**custom-control-input**」クラスを指定します。
- ・<label>タグには「**custom-control-label**」クラスを指定します。

<select> のカスタム表示

続いて、<select>タグです。このタグでは、プルダウンメニューと一覧リストが作成できますが、一覧リストについてはform-controlを指定することで、どのデバイスでもほぼ共通の表示を作ることができます。問題となるのはプルダウンメニューでしょう。しかし、カスタムコントロールを表示するのは非常に簡単です。

- ・<select>タグに「**custom-select**」クラスを追加します。

たったこれだけです。これで、<select>によるプルダウンメニューに、カスタムコントロールが使用されるようになります。

カスタムコントロールを使う

　では、実際にカスタムコントロールを使ったカスタムフォームを表示させてみましょう。カスタムフォームはかなりタグの階層が深くなるので、間違えないように注意して下さい。

リスト4-18

```html
<body>
<div class="container">
    <div class="row">
        <div class="col-sm-12">
            <h1>GUI Sample</h1>
        </div>
    </div>
    <div class="row">
        <div class="col">
            <form method="post" action"#">
                <div class="form-row my-3">
                    <div class="col">
                        <div class="custom-control custom-checkbox">
                            <input type="checkbox" id="cb1"
                                class="custom-control-input">
                            <label class="custom-control-label"
                                for="cb1">
                                checkbox
                            </label>
                        </div>
                    </div>
                </div>
                <div class="form-row my-3">
                    <div class="col">
                        <div class="custom-control custom-radio">
                            <input type="radio" id="rb1" name="radio"
                                class="custom-control-input">
                            <label class="custom-control-label"
                                for="rb1">radio A</label>
                        </div>
                        <div class="custom-control custom-radio">
                            <input type="radio" id="rb2" name="radio"
                                class="custom-control-input">
                            <label class="custom-control-label"
                                for="rb2">radio B</label>
                        </div>
                    </div>
                </div>
```

153

```html
                    </div>
                    <div class="form-row my-3">
                        <div class="col">
                            <div class="input-group">
                                <select class="custom-select">
                                    <option>One</option>
                                    <option>Two</option>
                                    <option>Three</option>
                                </select>
                            </div>
                        </div>
                    </div>
                    <div class="form-row my-3">
                        <div class="col form-group">
                            <input type="submit" class="btn btn-primary"
                                value="send form">
                        </div>
                    </div>
                </form>
            </div>
        </div>
    </div>
</body>
```

図4-21：カスタムコントロールによるチェックボックス、ラジオボタン、プルダウンメニュー。

　ここでは、チェックボックス、2つのラジオボタン、プルダウンメニューがWebページに表示されます。これらはすべてカスタムコントロールで表示されています。

　フォーム関係は、多数のコントロールを利用することが多く、いかにして見やすく使いやすいレイアウトにするか頭を悩ませるところでしょう。Bootstrapには、レイアウトに関する非常に多くの機能が用意されていますので、それらを使いこなすことで、かなり柔軟にコントロールを配置できることがわかったのではないでしょうか。

Chapter 5

オリジナルGUIの利用

Bootstrapには、HTML標準フォームとは異なるGUIコンポーネントが多数用意されています。これらの中から、プッシュボタン、ドロップダウン、プログレスバー、リストグループといったものについて説明をしましょう。

CSS フレームワーク　Bootstrap 入門

Chapter 5 オリジナル GUI の利用

5-1 ボタンコンポーネント

Bootstrapには、ボタンに関する非常に多くの機能が用意されています。通常のプッシュボタンのバリエーションや、トグルボタン、ボタングループなどボタン全般の機能について説明しましょう。

プッシュボタンのスタイル

フォームでも使うことがある「**プッシュボタン**」は、HTMLの<input type="button">や<button>といったタグで作成される、HTMLの標準的なGUIですが、Bootstrapではこのプッシュボタンを更に幅広く利用できるようにしています。

まず、プッシュボタンの基本的なスタイルについて説明していきましょう。前章でフォームのサンプルをいろいろと作成しましたが、それらの送信ボタンには「**btn**」というクラスが設定されていました。**リスト4-2**や**リスト4-4**などのサンプルを見ると、このように記述されていたのがわかるでしょう。

```
<input type="submit" class="btn" value="send">
```

このbtnクラスは、プッシュボタンのデフォルトともいえるものです。Bootstrapでは、プッシュボタンは必ずこのクラスを指定する、と考えていいでしょう。

色の指定

ボタンは、デフォルトではグレーで塗りつぶされた状態になっています。が、これは色を変更することができます。

色の指定は、「**btn-○○**」というクラスとして用意されています（○○には、色名が入ります）。今まで、コンテンツ関係で色を設定するクラスを使ってきましたので、こうした「**接頭辞＋色名**」というクラスの使い方はだいぶわかってきたでしょう。

実際の利用例を見てみましょう。

リスト5-1
```
<body>
<div class="container">
  <div class="row">
      <div class="col-sm-12">
          <h1>GUI Sample</h1>
      </div>
  </div>
  <div class="row">
      <div class="col-sm-12">
      <form method="post" action"#">
          <div class="form-group">
              <input type="submit" class="btn" value="default">
```

```
        </div>
        <div class="form-group">
            <input type="submit" class="btn btn-primary" value="primary">
        </div>
        <div class="form-group">
            <input type="submit" class="btn btn-secondary" value="secondary">
        </div>
        <div class="form-group">
            <input type="submit" class="btn btn-success" value="success">
        </div>
        <div class="form-group">
            <input type="submit" class="btn btn-info" value="info">
        </div>
        <div class="form-group">
            <input type="submit" class="btn btn-warning" value="warning">
        </div>
        <div class="form-group">
            <input type="submit" class="btn btn-danger" value="danger">
        </div>
        <div class="form-group">
            <input type="submit" class="btn btn-light" value="light">
        </div>
        <div class="form-group">
            <input type="submit" class="btn btn-dark" value="dark">
        </div>
      </form>
      </div>
   </div>
</div>
</body>
```

Chapter 5 オリジナル GUI の利用

図5-1：用意されている色をそれぞれ指定したボタン類（口絵参照）。

ここでは9個のボタンを用意し、それぞれに色を指定しました。デフォルト以外の8色がどのように設定されているかよく見てみましょう。例えば、上から2番目のボタンは、このようになっています。

```
<input type="submit" class="btn btn-primary" value="primary">
```

class属性には、**btn**と**btn-primary**が指定されています。これでprimaryの色で表示されるようになります。btnを忘れてclass="btn-primary"だけだと、色は表示されるのですが、ボタンのスタイルが設定されません。ボタンとして使うならば、必ず両方のクラスを指定して下さい。

図5-2：btnクラスを指定した場合（上）としない場合（下）の違い。

アウトラインボタン

btnクラスは、デフォルトではフラットに塗りつぶされたスタイルになっています。が、「**アウトライン**」（輪郭線）で表示させることもでき、「**btn-outline-○○**」というクラ

スとして用意されています。○○には、おなじみの「**色名**」が入ります。このクラスは、
ボタンのデフォルトであるbtnクラスと併せて使います。例えば、primaryの色でアウト
ライン・ボタンを作りたければ、**class="btn btn-outline-primary"** という具合にクラス
を指定します。
　では、これもサンプルを挙げましょう。

リスト5-2

```
<body>
<div class="container">
  <div class="row">
      <div class="col-sm-12">
          <h1>GUI Sample</h1>
      </div>
  </div>
  <div class="row">
      <div class="col-sm-12">
      <form method="post" action"#">
          <div class="form-group">
              <input type="submit" class="btn btn-outline-primary"
                  value="primary">
          </div>
          <div class="form-group">
              <input type="submit" class="btn btn-outline-secondary"
                  value="secondary">
          </div>
          <div class="form-group">
              <input type="submit" class="btn btn-outline-success"
                  value="success">
          </div>
          <div class="form-group">
              <input type="submit" class="btn btn-outline-info" value="info">
          </div>
          <div class="form-group">
              <input type="submit" class="btn btn-outline-warning"
                  value="warning">
          </div>
          <div class="form-group">
              <input type="submit" class="btn btn-outline-danger"
                  value="danger">
          </div>
          <div class="form-group">
              <input type="submit" class="btn btn-outline-light"
                  value="light">
          </div>
```

159

```
                    <div class="form-group">
                        <input type="submit" class="btn btn-outline-dark" value="dark">
                    </div>
            </form>
        </div>
    </div>
</div>
</body>
```

図5-3：輪郭線だけのボタンが表示される。マウスポインタをボタンの上に移動すると、塗りつぶされて表示される。

　修正をしてブラウザからアクセスをすると、8個のボタンが輪郭線だけで中を塗りつぶさない状態で表示されます。マウスポインタをボタン上に移動すると、そのボタンだけ塗りつぶされた状態に変わります。マウスポインタが離れれば、元の輪郭線のみに戻ります。

　ここでのボタンのタグを見てみると、このようになっていますね。

```
<input type="submit" class="btn btn-outline-primary" value="primary">
```

　btnとbtn-outline-○○の2つのクラスがclass属性に指定されています。この辺りの使い方は、塗りつぶしで色を指定するやり方とほぼ同じですね。

リンクとボタン

　プッシュボタンのスタイルは、実はボタンしか使えないわけではありません。ほかのタグでも、クラスさえ設定すれば使うことができます。

中でもよく用いられるのが、**<a>** タグによるリンクです。リンクをボタンとして表示しておくことで、「**クリックすると移動する**」という操作が、よりわかりやすくなるでしょう。ボタンの表示は、タグに「**class="btn"**」とクラスを指定するだけです。

また、逆に「**ボタンにリンクのスタイルを割り当てる**」ということも可能です。これは、以下のようにクラスを指定します。

```
class="btn btn-link"
```

リンクのスタイルは、「**btn-link**」というクラスとして用意されています。これは、btnクラスと併せて使います。つまり、「**ボタンのスタイルの一種**」なのです。

では、実際の利用例を見てみましょう。

リスト5-3
```
<body>
<div class="container">
    <div class="row">
        <div class="col-sm-12">
            <h1>GUI Sample</h1>
        </div>
    </div>
    <div class="row m-3">
        <div class="col-sm-12">
            <a href="#" class="btn btn-primary" role="button">
                link by &lt;a&gt;tag.</a>
            <input type="button" class="btn btn-link"
                value="&lt;input type=&quot;button&quot;&gt;">
            <p class="btn btn-primary" style="cursor:default"
                role="button">this is &lt;p&gt; tag!</p>
        </div>
    </div>
</div>
</body>
```

図5-4：<input type="button">、<a>、<p>タグにボタンとリンクのスタイルを割り当てる。

ここでは、左から順に**<a>**タグ、**<input type="button">**タグ、**<p>**タグを表示しています。これらにそれぞれ「**プッシュボタン**」「**リンク**」「**プッシュボタン**」とスタイルを割り当てています。

<p>タグについては、見た目はボタンになりますが、クリックしても反応がなく、実際に使えばボタンでないことがわかるでしょう。が、<a>タグはちゃんとボタンとしてクリックできますし、逆に<input type="button">のリンクはそのままクリックして処理を実行させることも可能です(なにしろボタンですから)。

つまり、<a>タグとプッシュボタンのタグは、Bootstrapでは外観を相互に入れ替えられるのです。まぁ、プッシュボタンをリンクとして表示させることはあまりないでしょうが、<a>タグをプッシュボタンとして表示させることはよくあります。これは使えるようになっておくと重宝するでしょう。

アクティブと非アクティブ

ボタンの表示は、その状態に応じて微妙に変化します。何もしていない状態、マウスポインタが上に移動した状態、マウスで押した状態。これらはそれぞれ少しだけ変化して、ユーザーに現在の状態を伝えるのです。

この「**アクティブな状態**」(マウスポインタが上にあって選択されようとしている状態)をデフォルト(マウスポインタがボタン上にない状態)で設定するのが「**active**」というクラスです。このクラスをbtnnと併用することで、ボタンがアクティブな状態(マウスポインタでポイントされている状態)になります。

もちろん、実際にマウスは使っていませんから、そのままボタンをクリックしたりしても、色はデフォルトには戻りません。クリック後も、そのままアクティブな色を保ちます。

利用不可状態

「**アクティブな状態**」の反対として、「**利用不可の状態**」もあります。これは、タグに「**disabled**」属性を記述して用意します。disabledはBootstrapの機能というわけではなく、HTMLの機能です。が、このdisabled属性を指定することで、Bootstrapのボタンのスタイルも自動的に利用不可な状態に変わるようになっています。

では、これら(activeクラスとdisabled)の利用例を挙げておきましょう。

リスト5-4

```
<body>
<div class="container">
    <div class="row">
        <div class="col-sm-12">
            <h1>GUI Sample</h1>
        </div>
    </div>
    <div class="row m-3">
```

```
        <div class="col-sm-12">
            <button href="#" class="btn btn-primary active" role="button"
                aria-pressed="true">active button</button>
            <button href="#" class="btn btn-primary" role="button"
                aria-pressed="true">default button</button>
            <button href="#" class="btn btn-primary" role="button"
                aria-pressed="true" disabled>disabled button</button>
        </div>
    </div>
</div>
</body>
```

図5-5：左から、アクティブな状態、デフォルトの状態、そしてディスエーブルな状態。

ここでは<button>タグを使って3つのボタンを表示しています。左からアクティブな状態のボタン、通常のボタン、そして利用不可な状態のボタンです。すべてprimaryカラーを指定してあります。色の変化がそれほど明確でないのでわかりにくいかもしれませんが、ボタンの表示がそれぞれ微妙に違っていることが確認できるでしょう。

1つ目のボタンでは、**class="btn btn-primary active"**とクラスを指定してあります。これにより、アクティブな状態で表示されるようになります。また3つ目のボタンは、クラスはデフォルトのボタンと同じで、<button>タグの属性にdisabledを追加してあります。

このことからわかるように、primaryなどBootstrapに用意されている色のクラスは、単に色を設定するというのではなく、「**何も操作されていない状態**」「**選択された状態**」「**利用不可な状態**」というようにさまざまな状態ごとの表示色を同系統の色合いで設定するのです。

aria- で始まる属性

ここでは、**aria-pressed**という見慣れない属性が用意されていますね。**ARIA**（Accesible Rich Internet Applications）という機能に関する属性です。ハンディキャップユーザーのインターネットアクセスに関する機能です。例えば、視覚障害者が音声によってWebブラウザを操作している場合、ボタンの状態を何らかの形で音声で伝えてもらわなければいけません。そうした場合に用いられるものと考えて下さい。

単に「**選択した状態に表示する**」というだけなら、class属性にactiveを追加するだけですみます。が、より多くの利用者にアクセスしてもらうことを考え、aria-pressed="true"も併せて記述するように心がけましょう。

Chapter 5　オリジナル GUI の利用

ボタンの丸みを変える

　　ボタンの形状は、基本的に「**丸みのある長方形**」になっています。四隅が僅かに丸みを持っており、それがボタンらしさとして表れている、といえます。が、この形状を少し変えたいということもあるでしょう。

　　例えば、角の丸みのない、スッキリとした長方形にしたい。楕円形のボタンにしたい。こういう場合も、実はクラスを使って対応できます。Bootstrapに用意されている、ボタンの形状に関するクラスには以下のようなものがあります。

▊ 楕円形ボタン：rounded-circle

　　これをクラスに追加すると、ボタンの領域内にきれいに収まる楕円形としてボタンが表示されるようになります。

▊ ピル型ボタン：badge-pill

　　これは、ボタンの両端が円形になったものです。角の丸みが円になるほど大きくなったもの、と考えるとよいでしょう。薬の錠剤やカプセルなどでよく用いられているため、欧米では「**ピル型**」と呼ばれることが多いようです。

▊ 角の丸みの設定：rounded、rounded-0

　　roundedは、既に説明しましたね。roundedを指定すると角に丸みが付けられました。ボタンのデフォルトの形状はこれが設定されたものと考えていいでしょう。rounded-0は、角の丸みをなくすもので、これを指定すれば丸みのない長方形のボタンが作れます。

　　では、これらのクラスを利用するとどんなボタンになるか、サンプルを見てみましょう。下のリストでは、楕円形、ピル型、デフォルト、角の丸みなし、の4つのボタンを表示します。

リスト5-5

```
<body>
<div class="container">
    <div class="row">
        <div class="col-sm-12">
            <h1>GUI Sample</h1>
        </div>
    </div>
    <div class="row m-3">
        <div class="col-sm-12">
            <button href="#" class="btn btn-primary m-2 rounded-circle"
                role="button" aria-pressed="true">rounded-circle button
                </button>
            <button href="#" class="btn btn-primary m-2 badge-pill"
                role="button" aria-pressed="true">badge-pill button
                </button>
```

164

```
            <button href="#" class="btn btn-primary m-2 rounded"
                role="button" aria-pressed="true">rounded button</button>
            <button href="#" class="btn btn-primary m-2 rounded-0"
                role="button" aria-pressed="true">not rounded button
                </button>
        </div>
      </div>
    </div>
  </body>
```

図5-6：楕円形、ピル型、デフォルト、丸みなし、の4つのボタンを表示する。

　それぞれのボタンの形状と、<button>タグのclass属性の値をよく見比べてみましょう。クラスを追加するだけで形状が変わっていることがよくわかるでしょう。

トグルボタン

　ボタンには、プッシュボタン以外のものもあります。メニューバーのようなGUIをボタンで作ることもありますし、チェックボックスやラジオボタンのような働きをボタンで行うこともあります。こうした、通常のプッシュボタン以外の働きをするボタンについても考えてみましょう。

　まずは、「**トグルボタン**」についてです。これはクリックしてON/OFFをするボタンです。わかりやすくいえば、「**チェックボックスのボタン版**」と考えていいでしょう。

　通常のプッシュボタンは、ボタンを押すと色が変わるなど変化し、離すと元に戻ります。が、トグルボタンは、クリックするごとに、ボタンを離した状態と押し下げた状態が切り替わります。

　これは、プッシュボタンのタグに以下の属性を追加することで設定できます。

```
data-toggle="button"
```

　data-toggleが、トグルボタンの属性です。HTML 5では、「**data-○○**」という属性を用意することで、タグにカスタム属性を用意することができます。

　トグルボタンは、「**acitve**」クラスによってON/OFFの状態をチェックします。activeクラスをclass属性に追加すればON状態となり、追加されていなければOFF状態となります。

では、実際の利用例を挙げておきましょう。

リスト5-6
```
<body>
<div class="container">
    <div class="row">
        <div class="col-sm-12">
            <h1>GUI Sample</h1>
        </div>
    </div>
    <div class="row m-3">
        <div class="col-sm-12">
            <button type="button" class="btn btn-primary"
                data-toggle="button"
                aria-pressed="false">Toggle Button</button>
            <button type="button" class="btn btn-primary active"
                data-toggle="button"
                aria-pressed="true">Toggle Button</button>
        </div>
    </div>
</div>
</body>
```

図5-7：トグルボタン。クリックするごとにボタンがon-offする。

ここでは、2つのトグルボタンを用意してあります。左側はOFFの状態で、右側がONの状態です。**data-toggle="button"**属性を追加すると、デフォルトではボタンはOFFの状態（選択されていない通常の状態）になります。ONの状態として表示するには、以下のようにします。

・class属性に「**active**」クラスを追加する。
・aria-pressed属性を「**true**」に設定する。

data-toggle="button属性は、classにactiveがあるかどうかでON/OFF状態を設定しますから、選択するにはclassにactiveを追加する、というのは理解できますね。
aria-pressedはハンディキャップユーザー用の属性でした。これをtrueにすることで、選択された状態（ON状態）ということを示すことができます。

ボタングループ

Bootstrapには、複数のボタンを1つのグループにまとめて扱う「**ボタングループ**」と呼ばれる機能があります。これを利用すれば、複数のプッシュボタンをひとまとめにしてデザインすることができます。

ボタングループは、以下のような形で作成します。

```
<div class="btn-group" role="group">
    ……ボタンのタグ……
</div>
```

class属性には、「**btn-group**」というクラスを指定します。これにより、この<div>タグ内に記述するボタン的な働きのタグ(<input type="button">などのinputタグ、<button>タグ、<a>タグなど)は、すべて1つのグループにまとめられて表示されます。

なお、<div>タグ内にはボタンのタグを表示しますが、これらのボタン用タグではclass属性に「**btn**」を用意しておくようにしましょう。でなければ、Bootstrapのルック&フィールが適用されません。では、利用例を挙げましょう。

リスト5-7

```
<body>
<div class="container">
    <div class="row">
        <div class="col-sm-12">
            <h1>GUI Sample</h1>
        </div>
    </div>
    <div class="row">
        <div class="col-12 m-3">
            <div class="btn-group" role="group">
                <button type="button" class="btn btn-info">Left</button>
                <button type="button" class="btn btn-info">Middle</button>
                <button type="button" class="btn btn-info">Right</button>
            </div>
        </div>
        <div class="col-12 m-3">
            <div class="btn-group" role="group">
                <button class="btn btn-primary">Left</button>
                <button class="btn btn-warning">Middle</button>
                <button class="btn btn-danger">Right</button>
            </div>
        </div>
    </div>
</div>
</body>
```

Chapter 5 オリジナル GUI の利用

図5-8：2つのボタングループを表示する。上はすべてbtn-infoを指定した。下はそれぞれの色クラスが異なる。

ブラウザからアクセスすると、上の行にはすべてグレーがかった青いボタンが3つならび、下には青・オレンジ・赤のボタンが3つ並んで表示されます。これが、ボタングループの表示です。グループ化すると、このように複数のボタンが1つながりにまとめられます。

ここでは、**<div class="btn-group" role="group">**というように<div>タグを用意し、その中にGUIのコントロール（ここでは<button>）タグを用意してあります。こうすることで、<div>内にある3つの<button>タグのボタンが1つにまとめて表示されるようになるのです。

チェックボックスのグループ表示

こうしたボタングループは、プッシュボタンよりも、チェックボックスやラジオボタンのように値の入力などを行うボタンとして利用することが多いでしょう。

まずは、「**複数のチェックボックスをグループ表示する**」ということをやってみましょう。**class="btn-group"**を指定した<div>タグの中に、チェックボックスのタグを用意していきます。実際の例を下に挙げておきます。

リスト5-8
```
<body>
<div class="container">
   <div class="row">
       <div class="col-sm-12">
           <h1>GUI Sample</h1>
       </div>
   </div>
   <div class="row m-3">
       <div class="col-12">
           <div class="btn-group" data-toggle="buttons">
             <div class="btn btn-info active">
               <input type="checkbox" id="ck1" class="form-input"
                   checked autocomplete="off">
               <label for="ck1" class="active">Checkbox 1</label>
```

```
          </div>
          <div class="btn btn-info">
            <input type="checkbox" id="ck2" class="form-input"
              autocomplete="off">
            <label for="ck2">Checkbox 2</label>
          </div>
          <div class="btn btn-info">
            <input type="checkbox" id="ck3" class="form-input"
              autocomplete="off">
            <label for="ck3">Checkbox 3</label>
          </div>
        </div>
      </div>
    </div>
  </body>
```

図5-9：3つのチェックボックスをグループ化する。クリックするごとにON/OFFできる。

　これは、3つのチェックボックスをグループ化したものです。見ればわかるように、ボタングループにすると、外観は普通のプッシュボタンと変わらない感じになります。これをクリックすると、先のトグルボタンのようにON/OFFされます。
　見た目にはトグルボタンと同じですが、こちらはあくまでチェックボックスですから、ON/OFFの状態はchecked属性で知ることができます。ただし、チェックをONの状態にしておく場合は**class属性にactive**を用意しておきます。checked属性を付け加えるだけだと、チェック状態はONになっていても外観はONの状態にならないので、最初からON表示にしておきたい場合はactiveクラスを忘れないで下さい。

ラジオボタンのグループ化

　続いてラジオボタンのグループ化です。これも基本はチェックボックスと同じです。**class="btn-group"**を指定した<div>タグ内にラジオボタンを必要なだけ用意すれば、それらがグループとなって表示されるようになります。
　基本的な使い方はチェックボックスと大体同じと考えていいでしょう。では、利用例を挙げておきます。

リスト5-9

```html
<body>
<div class="container">
  <div class="row">
      <div class="col-sm-12">
          <h1>GUI Sample</h1>
      </div>
  </div>
  <div class="row m-3">
      <div class="col-12">
          <div class="btn-group" data-toggle="buttons">
              <div class="btn btn-info active">
                  <input type="radio" name="radio" id="rd1" class="form-input"
                    checked autocomplete="off">
                  <label for="rd1" class="active">radio 1</label>
              </div>
              <div class="btn btn-info">
                  <input type="radio" name="radio" id="rd2" class="form-input"
                    autocomplete="off">
                  <label for="rd2">radio 2</label>
              </div>
              <div class="btn btn-info">
                  <input type="radio" name="radio" id="rd3" class="form-input"
                    autocomplete="off">
                  <label for="rd">radio 3</label>
              </div>
          </div>
      </div>
  </div>
</div>
</body>
```

図5-10：3つのラジオボタンをグループ化する。クリックすると、ちゃんとラジオボタンとして機能する。

3つのボタンがグループ化されて表示されます。これらのボタンをクリックすると、そのボタンだけが選択された状態となります。ちゃんとラジオボタンとして機能することが確認できるでしょう。

ここでは、1つ目の**<input type="radio">**タグに**checked**属性を追記し、選択された状態としています。また併せてclass属性にactiveクラスを追加してあります。これにより、このボタンが選択された状態に表示されるようになります。このあたりの使い方は、チェックボックスとまったく同じですね。

ボタンの垂直表示

ボタンのグループ化は、基本的に「**複数のボタンを横一列にまとめて表示**」しますが、場合によっては横ではなく、縦一列に表示したいこともあるでしょう。

ボタンを垂直に並べるのは、意外と簡単に行えます。btn-groupクラスを「**btn-group-vertical**」クラスに変更するだけです。

リスト5-9のサンプルで、ラジオボタン類が組み込まれている以下のタグを探して下さい。

```
<div class="btn-group" data-toggle="buttons">
```

このタグを以下のように修正してみましょう。

リスト5-10
```
<div class="btn-group-vertical" data-toggle="buttons">
```

図5-11：グループ化されたボタンが縦に並ぶ。

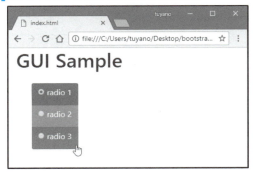

これでアクセスすると、3つのボタンが縦に並んで表示されるようになります。リスト5-9との違いは、**class="btn-group-vertical"**というクラスの指定だけです。btn-groupの代わりに、btn-group-verticalクラスを指定するだけでボタン類を縦に並べることができるようになるのです。

Chapter 5　オリジナル GUI の利用

5-2　ドロップダウン、プログレスバー、バッジ

　Bootstrapには、HTMLのタグにはない、独自に作られたGUIがいろいろと用意されています。ここでは、ドロップダウンメニュー、プログレスバー、バッジといった比較的シンプルな部品として用意されているものについてまとめて説明しましょう。そのほか、いくつもの要素が複合的に組み合わせられている複雑なGUIについては、また改めて説明することにします。

ドロップダウンメニュー

　「**ドロップダウンメニュー**」は、ボタンなどをクリックしたとき、その下に現れるメニューです。<select>タグでsize属性を1にすると項目がポップアップメニューとして現れましたが、あれと同じような働きをするものと考えていいでしょう。
　ドロップダウンメニューは、「**メニューを呼び出すためのボタン**」と「**メニューとして現れる項目類**」から構成されます。そのタグの構造を整理すると以下のようになるでしょう。

■ ドロップダウンメニューの構造

```
<div class="dropdown">
    <button class="btn dropdown-toggle">ボタンの表示</button>
    <div class="dropdown-menu">
        <button class="dropdown-menu">メニューの項目</button>
        ……略……
    </div>
</div>
```

　これは、ドロップダウンメニューを構成するための必要最小限のタグとクラスの構成です。実際の利用には、これに加えていくつか属性などが追記されることになります。

<div class="dropdown"> タグ

　ドロップダウンメニューは、**class="dropdown"**というクラスを指定された<div>タグの中に組みててていきます。このタグが、ドロップダウンメニューの土台となるものと考えていいでしょう。

ドロップダウン表示用ボタン

　ドロップダウンメニューの構造として用意されるタグ内には、ドロップダウンメニューを呼び出すためのボタンのタグ（<button>タグ）が用意されています。また、<button>タグのclass属性以外にも、用意しておくべき属性はたくさんあります。

```
<button class="btn dropdown-toggle" id="ID値"
    data-toggle="dropdown" aria-haspopup="true" aria-expanded="false">
```

172

5-2 ドロップダウン、プログレスバー、バッジ

　ざっと必要な属性を一通り用意するとこのようになるでしょう。かなり多くの属性が用意されるため、簡単に説明しておきましょう。

```
class="btn dropdown-toggle"
```

　クラスには、ボタンとして表示するためのbtnクラスと、ドロップダウンメニューを表示するための専用のトグルボタン機能を適用する「**dropdown-toggle**」というクラスを指定します。

```
id="ID値"
```

　このボタンには、IDを指定しておきます。これは後で別のタグで利用することになります。

```
data-toggle="dropdown"
```

　data-で始まる属性は、独自のデータを追加する場合などに用いられます。ドロップダウン用のボタンは、これで「**dropdown**」を指定しておきます。

```
aria-haspopup="true"
```

　aria-で始まる属性は、ハンディキャップユーザーのためのものでしたね。このaria-haspopupは、これがドロップダウンメニューを持つタグであることを示すものです。

```
aria-expanded="false"
```

　要素の開閉状態を示します。やはりハンディキャップユーザーのための属性です。

メニュー項目の表示

　ドロップダウンで表示されるメニューは、まず<div>タグを用意します。これは以下のようになります。

```
<div class="dropdown-menu" aria-labelledby="ボタンのID値">
```

　class属性に、「**dropdown-menu**」というクラスを指定します。また、**aria-labelledby**には、メニューを呼び出すボタンのID値を指定しておきます。
　この<div>タグ内に、メニューの項目を用意します。これは、ボタンやリンクなどのタグを使えばいいでしょう。<button>タグの場合、以下のような形で記述します。

```
<button class="dropdown-item">表示テキスト</button>
```

　class属性に「**dropdown-item**」というクラスを指定します。これで、メニュー項目としてボタンが表示されるようになります。

173

ドロップダウンメニューを作成する

けっこう複雑な形をしているので、タグの構造がどうなっているか考えただけでは、ちょっとわかりにくいかもしれません。

では、実際にドロップダウンメニューを作ってタグを確認しましょう。以下のようにHTMLの<body>を修正して下さい。

リスト5-11
```
<body>
<div class="container">
   <div class="row">
       <div class="col-sm-12">
           <h1>GUI Sample</h1>
       </div>
   </div>
   <div class="row m-3">
       <div class="col-12">
           <div class="dropdown">
               <button class="btn btn-info dropdown-toggle"
                   id="dropdown1" data-toggle="dropdown"
                   aria-haspopup="true" aria-expanded="false">
                   Dropdown</button>
               <div class="dropdown-menu" aria-labelledby="dropdown1">
                   <button class="dropdown-item">Action 1</button>
                   <button class="dropdown-item">Action 2</button>
                   <button class="dropdown-item">Action 3</button>
               </div>
           </div>
       </div>
   </div>
</div>
</body>
```

図5-12：ボタンをクリックするとメニューがドロップダウンして現れる。

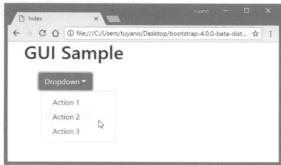

アクセスすると、「**Dropdown**」というボタンが表れます。これをクリックすると、メニューがドロップダウンして現れます。メニュー項目を選んだり、ほかの場所をクリックしたりすれば、メニューは消えます。

<div class="dropdown">タグ内に組み込まれている一連のタグによって、ドロップダウンメニューは作られています。<div>内にある<button>がドロップダウンメニューを呼び出すボタンであり、その下の<div class="dropdown-menu">タグの中に記述されている<button>タグがメニューの項目となります。

複雑ですが、「**ドロップダウンを定義する<div>タグ**」「**ボタンの<button>タグ**」「**メニューをまとめる<div>タグ**」「**メニュー項目の<button>タグ**」という4つのタグの役割と構成がしっかりとわかれば、作成するのはそれほど難しくはありません。

メニュー項目について

ドロップダウンメニューのメニュー項目は、通常のメニューと同じような表現が可能です。一般的なメニュー項目以外の表現について以下にまとめておきましょう。

メニューヘッダー

メニューの冒頭などに、ヘッダー項目を表示させたい場合には、**class="dropdown-header"**というようにclass属性を指定したタグを用意します。これはメニューヘッダー用のクラスで、これを指定されたタグは通常のメニュー項目のように選択できなくなります。

ディバイダー

メニューの項目と項目の間の仕切り線となる項目を用意したい場合は、**class="dropdown-divider"**を属性に指定したタグを用意します。これにより、選択できない仕切り線として項目が表示されるようになります。

ディスエーブル

メニュー項目を利用不可な状態にしたい場合は、そのメニュー項目のタグのclass属性に「**disabled**」というクラスを追加します。これにより、項目は選択できない状態に変わります。

この3つの項目が使えるようになると、よりメニューらしい構成を作れるようになります。実際の利用例を見てみましょう。

リスト5-12

```
<body>
<div class="container">
  <div class="row">
      <div class="col-sm-12">
          <h1>GUI Sample</h1>
```

```
                </div>
            </div>
            <div class="row m-3">
                <div class="col-12">
                    <div class="dropdown">
                        <button class="btn btn-info dropdown-toggle"
                            id="dropdown1" data-toggle="dropdown"
                            aria-haspopup="true" aria-expanded="false">
                            Dropdown</button>
                        <div class="dropdown-menu" aria-labelledby="dropdown1">
                            <h6 class="dropdown-header">Dropdown header</h6>
                            <button class="dropdown-item">Action 1</button>
                            <button class="dropdown-item disabled">Action 2</button>
                            <div class="dropdown-divider"></div>
                            <button class="dropdown-item">Action 3</button>
                        </div>
                    </div>
                </div>
            </div>
        </div>
    </body>
```

図5-13：ボタンをクリックするとメニューが現れる。一番上にメニューヘッダーがあり、2番めのメニュー項目は利用不可になっている。また2番目と3番目の間に仕切り線が表示される。

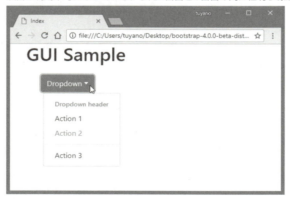

アクセスしたらボタンをクリックしてメニューを呼び出してみて下さい。メニューの一番上には「**Dropdown header**」と表示されたヘッダー項目が表示されます。これは選択することができません。また、2番目のメニュー項目（Action 2）は使用不可になっていてこれも選択できません。そして2番目と3番目の項目の間には仕切り線が表示されるようになっています。

5-2　ドロップダウン、プログレスバー、バッジ

スプリットボタン

　この種のドロップダウンメニューを呼び出すボタンの場合、ボタンの横（右側）に▼マークが表示され、この部分をクリックするとメニューが現れる（ボタン部分は普通のプッシュボタン）というものもあります。つまり、ボタン本体と右側の▼部分が別々に機能するわけですね。

　こうした2つの部分で構成されるボタンは「**スプリットボタン**」と呼ばれます。これは、ドロップダウンメニューのボタンを少し修正することで作れます。では、基本的なタグ構成を整理しておきましょう。

■スプリットボタンの構造

```
<div class="dropdown btn-group">
    <button class="btn"></button>
    <button class="btn dropdown-toggle dropdown-toggle-split"></button>
    <div class="dropdown-menu">
        <button class="dropdown-item">メニューの項目</button>
        ……略……
    </div>
</div>
```

　<div class="dropdown">タグの中に必要なものを用意するという点は同じですが、class属性に「**btn-group**」クラスも追加してあります。スプリットボタンでは、2つのボタンを一つのボタンにまとめるため、ボタングループとして作成するのです。

　<div>タグ内には、2つの**<button>**タグと、メニュー項目を登録する**<div class="dropdown-menu">**タグが用意されます。
　2つの<button>は、一般的なプッシュボタンと、▼マークのボタンです。一般的なプッシュボタンは、説明するまでもないでしょう。2つ目の▼マークのボタンは、**<button class="btn dropdown-toggle dropdown-toggle-split">**と記述をしていますね。btnクラス、dropdown-toggleクラス、更に「**dropdown-toggle-split**」というクラスを追加します。最後のdropdown-toggle-splitが、▼マークのボタンの外観を設定するためのものになります。
　では、利用例を見てみましょう。

リスト5-13

```
<body>
<div class="container">
  <div class="row">
      <div class="col-sm-12">
          <h1>GUI Sample</h1>
      </div>
  </div>
  <div class="row m-3">
      <div class="col-12">
```

177

```
                    <div class="dropdown btn-group">
                        <button class="btn btn-info">
                            Dropdown</button>
                        <button data-toggle="dropdown" aria-haspopup="true"
                            class="btn btn-info dropdown-toggle
                                dropdown-toggle-split"
                            id="dropdown1" aria-expanded="false"></button>
                        <div class="dropdown-menu" aria-labelledby="dropdown1">
                            <button class="dropdown-item">Action 1</button>
                            <button class="dropdown-item">Action 2</button>
                            <div class="dropdown-divider"></div>
                            <button class="dropdown-item">Action 3</button>
                        </div>
                    </div>
                </div>
            </div>
        </div>
    </body>
```

図5-14：スプリットボタンの例。▼部分をクリックするとメニューが現れる。「Dropdown」をクリックすると普通のプッシュボタンとして動く。

アクセスすると、「**Dropdown**▼」と表示されたボタンが現れます。「**Dropdown**」の部分は普通のプッシュボタンです。右側の▼部分をクリックすると、メニューがドロップダウンして現れます。

ここでは、▼部分のボタンとして以下のようにタグを用意しています。

```
<button data-toggle="dropdown" aria-haspopup="true"
    class="btn btn-info dropdown-toggle dropdown-toggle-split"
    id="dropdown1" aria-expanded="false"></button>
```

class属性の値が違うだけで、そのほかの属性は一般的なドロップダウンメニューの<button>タグとほぼ同じです。dropdown-toggle-splitにより▼表示になっていることがわかるでしょう。

プログレスバー

GUI関係でよく利用されていながら、長らくHTMLの標準コントロールで用意されていなかったものに「**プログレスバー**」があります。現在は**<progress>**タグで表示できますが、ブラウザによって表示が異なりますし、見た目にもそれほどクールなデザインではありません。

Bootstrapでは、ブラウザやプラットフォームで統一されたプログレスバーを提供します。これは以下のようにタグを記述します。

```
<div class="progress">
        <div class="progress-bar" role="progressbar" …略…></div>
</div>
```

外側の**<div class="progress">**タグ内に更に**<div>**タグが組み込まれた形になっています。内側の<div>タグには、classやroleのほか、多数の属性が用意されます。ざっと基本的なものを整理しておきましょう。

class="progress-bar"

class属性には、「**progress-bar**」を指定します。これでプログレスバーのルック＆フィールが割り当てられます。

role="progressbar"

role属性は、そのタグで作成されるものの役割を示します。「**progressbar**」を指定することで、プログレスバーの役割を果たすことを示します。

style="width: 幅 ;"

style属性では、プログレスバーのバー部分に関するスタイルを指定します。この中で重要なのは「**width**」です。widthによってバーの長さが決められます。通常、「**width:50%;**」というように％で指定します。

aria-valuenow=" 現在の値 "

aria-valuemin=" 最小値 "

aria-valuemax=" 最大値 "

プログレスバーの最小値・最大値、そして現在の値を示します。これらの値を指定することで、プログレスバーで示される「**量**」が決まります。

では、基本的なプログレスバーのサンプルを挙げておきましょう。HTMLに標準で用意されているものと、Bootstrapを使ったものがどう違うのか比較してみます。

179

リスト5-14

```html
<body>
<div class="container">
    <div class="row">
        <div class="col-sm-12">
            <h1>GUI Sample</h1>
        </div>
    </div>
    <div class="row m-3">
        <div class="col-12">
            <progress value="70" max="100">70 %</progress>
            <br>
            <div class="progress">
                <div class="progress-bar" role="progressbar"
                    style="width: 50%;"
                    aria-valuenow="50" aria-valuemin="0"
                        aria-valuemax="100">50%</div>
            </div>
        </div>
    </div>
</div>
</body>
```

図5-15：上がHTML標準のプログレスバー。下がBootstrapによるプログレスバー。

　ここでは、HTML標準のプログレスバーと、Bootstrapのプログレスバーを表示してあります。HTML標準は、デフォルトでは固定された長さを表示します。画面全体に表示するには、スタイルのwidthで幅を100%に指定してやらないといけません。

　Bootstrapでは、グリッドレイアウトに組み込むことで自動的に幅が調整されます。また、最大値のみならず最小値も指定できます。ただし、<progres>タグだけで作成できる標準コントロールに比べると、記述はちょっと面倒です。

　また、Bootstrapでは、内側の<div>タグの開始タグと終了タグの間に書かれた「**50%**」というテキストが、そのままバーに表示されます。バーに表示するテキストがこんなに簡単に設定できるのもBootstrapのプログレスバーの特徴といえます。

アニメーション表示

　Bootstrapを使ったプログレスバーの利点は、アニメーションが簡単に組み込めることです。これは、プログレスバーとして作成したタグの内側の<div>タグ（class属性にprogress-barクラスが設定されている）のclass属性に以下の2つのクラスを追加するだけです。

progress-bar-striped	プログレスバーのバー部分を、単色ではなく、2色によるストライプ表示にする
progress-bar-animated	ストライプ表示されたバーをアニメーション表示する

　この2つのクラスを用意することで、プログレスバーをアニメーションさせることができます。
　では、やってみましょう。**リスト5-14**のサンプルで、class="progress-bar"が用意された<div>タグのclass属性を以下のように修正して下さい。

リスト5-15
```
class="progress-bar progress-bar-striped progress-bar-animated"
```

図5-16：紙面ではわからないが、Bootstrapによるプログレスバーは、ストライプ模様がゆっくりと動いているのが確認できる。

　これで、Bootstrapのプログレスバーのバー部分がストライプ表示に変わり、それがゆっくりとアニメーションします。
　動作を確認したら、追記したprogress-bar-animatedを削除してみましょう。すると、ストライプ表示されるだけでアニメーションはしません。2つの追加クラスの働きがよくわかりますね。

マルチバー表示

　Bootstrapでは、プログレスバーに複数のバーを表示させることもできます。これは、実は意外と簡単です。
　Bootstrapのプログレスバーでは、**<div class="progress">**タグ内に、**<div class="progress-bar">**タグを組み込んで表示します。この外側の<div>タグが、バーの背景となる部分になり、内側に組み込まれた<div>タグが表示されるバーの部分になります。

ということは、<div class="progress">タグ内に、複数の<div class="progress-bar">タグを用意すれば、複数のバーを1つのプログレスバーの背景上に並べることができるようになるのです。では、やってみましょう。

リスト5-16

```html
<body>
<div class="container">
    <div class="row">
        <div class="col-sm-12">
            <h1>GUI Sample</h1>
        </div>
    </div>
    <div class="row m-3">
        <div class="col-12">
            <div class="progress">
                <div class="progress-bar bg-info progress-bar-striped
                    progress-bar-animated"
                    role="progressbar" style="width: 15%;"
                    aria-valuenow="15" aria-valuemin="0"
                    aria-valuemax="100">15%</div>
                <div class="progress-bar bg-warning progress-bar-striped
                    progress-bar-animated"
                    role="progressbar" style="width: 20%;"
                    aria-valuenow="20" aria-valuemin="0"
                    aria-valuemax="100">20%</div>
                <div class="progress-bar bg-danger progress-bar-striped
                    progress-bar-animated"
                    role="progressbar" style="width: 30%;"
                    aria-valuenow="30" aria-valuemin="0"
                    aria-valuemax="100">30%</div>
            </div>
        </div>
    </div>
</div>
</body>
```

図5-17：3つのバーが並んで表示される。

ここでは、15%、20%、30%という3つのバーが並んで表示されています。1つのプログレスバー内に3つのバーが組み込まれているのがわかるでしょう。

<div class="progress">タグ内に3つの<div>タグが用意されています。それぞれが15%、20%、30%のバーを表示しています。例えば、最初の15%のバーを見ると、

```
style="width: 15%;" aria-valuenow="15"
```

このように属性が用意されていますね。style属性でwidthにより長さ（幅）を指定し、aria-valuenowで現在の値を設定しています。

バーの色について

なお、今回は3つのバーそれぞれに色を設定してあります。見ればわかるように、バー表示を作成する内部の<div>タグ部分では、class属性の「**bg-info**」「**bg-warning**」「**bg-danger**」により、3つのバーの色がそれぞれ設定されています。

バー部分の色は、このようにclass="progress-bar"が指定されている<div>タグに「**bg-色名**」という形で色の情報を指定します。これでバーの色が変わります。

progress-bar-stripedクラスを指定してある場合は、ベースとなる2色（ボタンなどで何もない状態と押した状態でそれぞれ使われている色）を使ってストライプが表示されます。

バッジについて

テキストのコンテンツなどでは、部分的に目を引くようなマークを付けることがよくあります。例えば、新しく追加されたところに「**NEW**」と小さく表示させる、というような具合ですね。

こうした一種のマークのような役割を果たすテキストを「**バッジ**」といいます。バッジは、以前は小さなグラフィックとして作成していましたが、現在はテキストにスタイルを適用して表現するのが一般的でしょう。グラフィックと違い、テキストならばどのような内容もバッジとして表示できます。

バッジの表示は、Bootstrapでは以下のようなタグとして記述します。

```
<span class="badge badge-色名">表示するテキスト</span>
```

<span>ですから、テキスト内にインラインで組み込むことができます。また、色を指定するためのクラスとして「**badge-色名**」が用意されており、これを追加してバッジの色を指定します。色の指定は、必須です。ないとバッジが表示されない（というより、背景が無色のため見えない）ので注意して下さい。

では、簡単な利用例を挙げましょう。

リスト5-17

```
<body>
<div class="container">
    <div class="row">
```

```
                <div class="col-sm-12">
                    <h1>GUI Sample</h1>
                </div>
            </div>
            <div class="row m-3">
                <div class="col-12">
                    <h3>this is Badge sample. <span class="badge
                        badge-primary">New</span></h3>
                    <h5>this is Badge sample. <span class="badge
                        badge-danger">!?</span></h5>
                    <p>this is Badge sample. <span class="badge
                        badge-secondary">ok.</span></p>
                </div>
            </div>
        </div>
    </body>
```

図5-18：バッジの利用例。<h3>、<h5>、<p>タグにそれぞれバッジを追加している。

ここでは、3つのバッジを表示しています。実際にアクセスしてみるとわかりますが、バッジが追加されているコンテンツのテキストサイズに応じて、バッジの大きさも変化しています。バッジは、あくまでテキストをスタイルで加工したものなので、テキストの大きさに合わせて表示されるバッジの大きさも変わるのです。

例えば最初のバッジでは、**class="badge badge-primary"**というようにクラス指定がされています。**badge**がバッジ表示を適用するためのクラスで、**badge-primary**が色指定のクラスとなります。このように、2つのクラスをセットで指定することでバッジが表示されるようになります。

プッシュボタンのバッジ表示

バッジは、<span>タグで指定するため、テキストを表示する場所なら、どこにでも表示させることができます。例えば、<button>タグによるプッシュボタンの中にも組み込むことができるのです。

利用例を見てみましょう。

リスト5-18

```html
<body>
<div class="container">
    <div class="row">
        <div class="col-sm-12">
            <h1>GUI Sample</h1>
        </div>
    </div>
    <div class="row m-3">
        <div class="col-12">
            <button class="btn btn-lg btn-primary">Push button
                <span class="badge badge-dark">click</span></button>
            <a href="#" class="btn btn-lg btn-secondary">Hyper Link
                <span class="badge badge-light">click</span></a>
        </div>
    </div>
</div>
</body>
```

図5-19：ボタンの中にバッジが埋め込まれている。

　ここでは、2つのプッシュボタンの中にそれぞれバッジが組み込まれています。このようにボタンの中にもバッジは組み込めます。

　ただし、リストをよく見ればわかるように、ここで作成したプッシュボタンは、<button>タグと<a>タグを利用したものです。<input type="button">タグなどは使っていません。

　<input>タグを使った場合、ボタンに表示されるテキストはvalue属性で指定されます。表示テキスト内に<span>を埋め込んだりすることはできません。このように、「**バッジを組み込めないボタンもある**」ということを理解しておきましょう。

ピルバッジについて

　プッシュボタンの表示について説明したとき、「**ピル型**」の表示があったのを覚えているでしょうか。バッジにも、あれと同様のピル型バッジがあります。これは、class属性に「**badge-pill**」というクラスを追加することで作成できます。

以下に利用例を挙げましょう。

リスト5-19
```
<body>
<div class="container">
    <div class="row">
        <div class="col-sm-12">
            <h1>GUI Sample</h1>
        </div>
    </div>
    <div class="row m-3">
        <div class="col-12">
            <h3>this is badge sample. <span class="badge badge-pill
                badge-info">badge</span></h3>
            <p>this is badge sample.<span class="badge badge-pill
                badge-warning">badge</span></p>
        </div>
    </div>
</div>
</body>
```

図5-20：ピル型バッジを表示する。

アクセスすると、テキストの左右が円のように丸くなったバッジが表示されます。ここでの<span>タグを見ると、**class="badge badge-pill badge-info"**というようにクラス指定されていることがわかるでしょう。

5-3　リストグループ

5-3 リストグループ

さまざまなGUIやコンテンツをリストにまとめるのが「リストグループ」です。これは単なるリスト表示だけでなく、プッシュボタンなどの機能をリスト化するのにも使えます。その基本的な仕組みと利用例を考えましょう。

リストグループとは？

HTMLには、<ul>や<ol>による「**リスト**」が用意されています。複数の項目を一覧表示するものですね。

これ自体は、入力に用いることはありません。ただリストを表示するだけで、リストから選択するなどGUIとして利用する場合は<select>を使いました。

が、Bootstrapでは、このリストを更に推し進め、例えばボタンをリストにまとめて表示したりすることもできます。これが、「**リストグループ**」です。先にボタングループについて説明をしましたが、そのリスト版といってよいでしょう。

リストグループを使えば、単純にデータなどを一覧表示するだけのリストから、「**操作するリスト**」までシームレスに作成し、表示することができるのです。

■リストを表示する

まずは、<ul>などのリストを表示させてみましょう。リストの表示は、2つのクラスを使って行います。「**list-group**」と「**list-group-item**」です。

■リストグループの構成

```
<ulまたはol class="list-group">
    <li class="list-group-item">項目</li>
    ……必要なだけ記述……
</ulまたはol>
```

リストである<ul>タグあるいは<ol>タグに「**list-group**」クラスを指定します。これにより、<ul>または<ol>タグをリストグループとして扱うようになります。実際に表示されるリストの項目は、この中に用意される<li>タグで記述されます。これらには、「**list-group-item**」というクラスを指定します。

この2つのクラスの指定さえわかれば、リストグループは簡単に作れます。実際のサンプルを見てみましょう。

リスト5-20

```
<body>
<div class="container">
    <div class="row">
```

187

```html
            <div class="col-sm-12">
                <h1>GUI Sample</h1>
            </div>
        </div>
        <div class="row m-3">
            <div class="col-12">
                <ul class="list-group">
                    <li class="list-group-item">Windows</li>
                    <li class="list-group-item">macOS</li>
                    <li class="list-group-item">Linux</li>
                    <li class="list-group-item">iOS</li>
                    <li class="list-group-item">android</li>
                </ul>
            </div>
        </div>
    </div>
</body>
```

図5-21：リストグループの例。

　アクセスすると、リストが表示されます。HTMLの<ul>や<ol>によるリストと違い、全体が一つにまとまって表示されるのがわかるでしょう。これが、リストグループの基本的なスタイルなのです。

ボタンやリンクをグループ化する

　リストグループが面白いのは、実は<ul>や<ol>によるリストでなくともリストグループにまとめて表示できる、という点です。普通の<p>タグなどのテキストや、ボタン、リンクなどであってもリストグループに組み込めるのです。
　実際に例を挙げましょう。

5-3 リストグループ

リスト5-21

```
<body>
<div class="container">
    <div class="row">
        <div class="col-sm-12">
            <h1>GUI Sample</h1>
        </div>
    </div>
    <div class="row m-3">
        <div class="col-12">
            <div class="list-group">
                <button class="list-group-item">Windows</button>
                <a href="#" class="list-group-item">macOS</a>
                <p class="list-group-item">Linux</p>
            </div>
        </div>
    </div>
</div>
</body>
```

図5-22：リストの項目は、上からプッシュボタン、リンク、テキストコンテント。どんなものもリストにまとめられる。

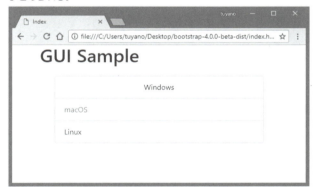

　ここでは、<button>、<a>、<p>の3つのタグをリストグループにしてあります。まったく異なる種類のものでもリストとしてひとまとめにできることがわかるでしょう。

　ただし、表示は微妙に異なります。<button>の表示はテキストが中央揃えになっていますし、<a>タグの表示はテキストが青い色（リンクの色）に変わっています。リストの項目として表示は統一されますが、完全に同じになるわけではないのです。

アクションの設定（list-group-item-action）

　ボタンやリンクなどは、クリックして操作をします。この場合、操作する項目がインタラクティブにわかるようになっていたほうが使いやすいリストになります。

189

こうした「**クリックする項目がわかるようにする**」のが、「**list-group-item-action**」というクラスです。リストの項目にこのクラスを設定することで、ユーザーの操作に応じてインタラクティブに変化する項目が作成できます。では、やってみましょう。

リスト5-22

```
<body>
<div class="container">
    <div class="row">
        <div class="col-sm-12">
            <h1>GUI Sample</h1>
        </div>
    </div>
    <div class="row m-3">
        <div class="col-12">
            <div class="list-group">
                <button class="list-group-item list-group-item-action">
                    Windows</button>
                <a href="#" class="list-group-item list-group-item-action">
                    macOS</a>
                <p class="list-group-item">Linux</p>
            </div>
        </div>
    </div>
</div>
</body>
```

図5-23：マウスポインタを移動すると、ポインタのある項目がかすかにグレーになる。クリックするとその瞬間、項目がグレーに変化する。これによりクリックしたことがわかる。

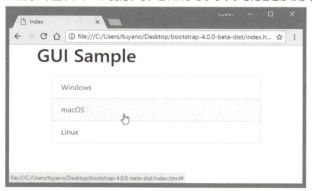

リスト5-21を修正しました。ここでは<div class="list-group">というように、リストグループに<div>タグを使っています。そしてその中には、<button>や<a>、<p>といったタグを用意してあります。<button>と<a>には、以下のようにclass属性を指定しています。

```
class="list-group-item list-group-item-action"
```

このように、list-group-itemクラスに加え、list-group-item-actionを用意することで、インタラクティブに反応するリスト項目になります。ここでは、<p>タグには用意していませんが、これもlist-group-item-actionを追記すればインタラクティブに反応するようになります（ただし<p>タグなので実際にクリックして操作するような使い方はしないでしょう）。

アクティブおよびディスエーブル

<button>などをリストの項目として追加できるということは、<button>に用意されている「**アクティブな項目**」や「**ディスエーブル（利用不可）な項目**」も使うことができます。リストの中にこうした項目を用意したい場合は、以下のようにします。

▌項目をアクティブにする

その項目のclass属性に「**active**」を追加します。

▌項目を利用不可にする

その項目に「**disabled**」という属性を追加します。

では、実際にこれらの項目を使った例を挙げておきましょう。ここでは、1番目の項目をアクティブに、3番目の項目を利用不可に設定してあります。3つある<button>タグの属性をそれぞれ比べてみて下さい。

リスト5-23

```
<body>
<div class="container">
    <div class="row">
        <div class="col-sm-12">
            <h1>GUI Sample</h1>
        </div>
    </div>
    <div class="row m-3">
        <div class="col-12">
            <div class="list-group">
                <button href="#" class="list-group-item
                    list-group-item-action active">Windows</button>
                <button href="#" class="list-group-item
                    list-group-item-action">macOS</button>
                <button href="#" class="list-group-item
                    list-group-item-action" disabled>Linux</button>
            </div>
        </div>
    </div>
</div>
</body>
```

図5-24：1つ目の項目はアクティブな状態、3つ目はディスエーブルな状態。

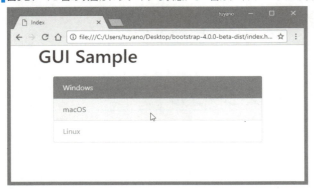

項目の色指定

リストグループの項目にも色を設定することができます。これは、bg-primaryなどではなく、専用のクラスを使います。

それは、「**list-group-item-色名**」という名前のクラスです。例えばprimaryの色なら、「**list-group-item-primary**」というクラスをclass属性に追加しておきます。これでその項目全体がprimaryカラーで塗りつぶされた状態になります。

では、これも利用例を挙げておきましょう。

リスト5-24
```
<body>
<div class="container">
    <div class="row">
        <div class="col-sm-12">
            <h1>GUI Sample</h1>
        </div>
    </div>
    <div class="row m-3">
        <div class="col-12">
            <div class="list-group">
                <a href="#" class="list-group-item
                    list-group-item-primary">Windows</a>
                <a href="#" class="list-group-item
                    list-group-item-secondary">macOS</a>
                <a href="#" class="list-group-item
                    list-group-item-info">Linux</a>
                <a href="#" class="list-group-item
                    list-group-item-warning">iOS</a>
                <a href="#" class="list-group-item
                    list-group-item-danger">android</a>
            </div>
```

```
            </div>
        </div>
    </div>
</body>
```

▎図5-25：各項目にカラーを指定した例。

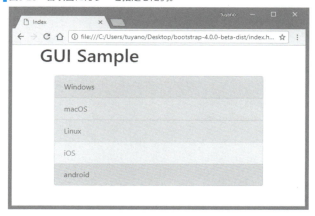

　ここでは、5つのリスト項目を用意し、それぞれにカラーを指定しておきました。それぞれの項目が色分け表示されるのが確認できるでしょう。

Column　bg-でカラー指定するとどうなる？

　リスト項目は、list-group-item-○○というクラスで色を指定します。が、「背景に色を付ける」なら、bg-○○というクラスでもいいはずです。これは使えないのでしょうか？

　実際にやってみるとわかりますが、実はbg-○○クラスを使ってもちゃんと色を付けることができます。ただし、これによる色付けは、かなり濃い色になるため、リストのテキストなどが読みにくくなってしまいます。

　つまり、list-group-item-○○というクラスは、リストとして読みやすく使えるように色を調整したクラスだった、というわけです。

▎図5-26：list-group-item-infoを指定した項目（上）と、bg-infoを指定した項目（下）。bg-infoでは、テキストがほとんど読めなくなってしまう。

Chapter 5 オリジナル GUI の利用

コンテンツリストグループ

リストグループの項目は、単純なテキストやリンクなどだけしか設定できないわけではありません。**class="list-group-item"**を指定したタグであれば、どのようなものでもリスト項目にできます。例えば、class="list-group-item"を指定したタグ内に更にコンテンツを追加し、複雑なコンテンツをリスト項目として表示することもできます。

リスト5-25

```
<body>
<div class="container">
    <div class="row">
        <div class="col-sm-12">
            <h1>GUI Sample</h1>
        </div>
    </div>
    <div class="row m-3">
        <div class="col-12">
            <div class="list-group">
                <a href="#" class="list-group-item
                    list-group-item-action list-group-item-info">
                    <h5 class="mb-1">First Item Title!</h5>
                    <p>this is list gourp item content.
                        this is list gourp item content.
                        this is list gourp item content.</p>
                </a>
                <a href="#" class="list-group-item list-group-item-action">
                    <h5 class="mb-1">second item title.</h5>
                    <p>this is list gourp item content.
                        this is list gourp item content.
                        this is list gourp item content.</p>
                </a>
                <a href="#" class="list-group-item list-group-item-action">
                    <h5 class="mb-1">LAST ITEM TITLE</h5>
                    <p>this is list gourp item content.
                        this is list gourp item content.
                        this is list gourp item content.</p>
                </a>
            </div>
        </div>
    </div>
</div>
</body>
```

図5-27：コンテンツをリストグループにまとめる。ちゃんとコンテンツをクリックすることもできる。

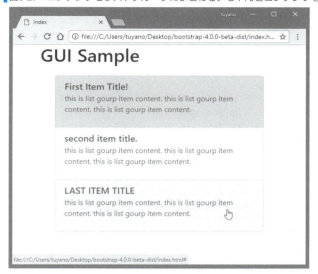

　これは、<a>タグ内に<h5>タグと<p>タグを配置してリスト項目を作成した例です。タイトルと本文からなる構造的なコンテンツがリスト項目として表示されていることがわかるでしょう。しかも、これは<a>タグ内にあり、list-group-item-actionクラスを追加しているため、クリックして操作することもできます。

　このように、リストグループは、項目として用意するコンテンツを工夫することで、かなり複雑なものもリストにまとめて表示することができます。リストグループのタグ構成は比較的シンプルで、その基本構成さえ守っていれば、どのようなコンテンツもリスト項目として組み入れることができます。実際に、さまざまなコンテンツをリストにして、その働きをよく理解しておきましょう。

コンテンツの切り替え表示

　リストグループの応用的な活用例として、「**リストを使ったコンテンツの切り替え表示**」を挙げておきましょう。これはタグの構造が少し複雑ですので、サンプルを見ながら説明します。

リスト5-26
```
<body>
<div class="container">
    <div class="row">
        <div class="col-sm-12">
            <h1>GUI Sample</h1>
        </div>
    </div>
```

```html
    <div class="row m-3">
        <div class="col-4">
            <div class="list-group" role="tablist">
                <a class="list-group-item list-group-item-action active"
                    data-toggle="list"
                    href="#list-content-windows" role="tab">Windows</a>
                <a class="list-group-item list-group-item-action"
                    data-toggle="list"
                    href="#list-content-mac" role="tab">macOS</a>
                <a class="list-group-item list-group-item-action"
                    data-toggle="list"
                    href="#list-content-linux" role="tab">Linux</a>
            </div>
        </div>
        <div class="col-8">
            <div class="tab-content">
                <div class="tab-pane fade show active"
                    id="list-content-windows"
                    role="tabpanel" aria-labelledby="list-home-list">
                        This is content for Windows. This is content
                        for Windows.
                        This is content for Windows. This is content
                        for Windows.
                </div>
                <div class="tab-pane fade" id="list-content-mac"
                    role="tabpanel" aria-labelledby="list-profile-list">
                        This is content for macOS. This is content
                        for macOS.
                        This is content for macOS. This is content
                        for macOS.
                </div>
                <div class="tab-pane fade" id="list-content-linux"
                    role="tabpanel" aria-labelledby="list-messages-list">
                        This is content for Linux. This is content
                        for Linux.
                        This is content for Linux. This is content
                        for Linux.
                </div>
            </div>
        </div>
    </div>
</div>
</body>
```

図5-28：リストの項目をクリックすると表示が切り替わる。

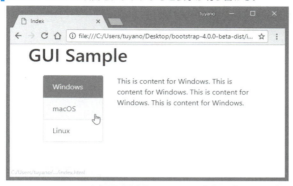

ここでは、左側にリスト、右側にコンテンツが表示されています。リストの項目をクリックすると、右側のコンテンツも切り替わります。まったくのノンプログラミングなのに、「**リストによるコンテンツの切り替え**」が実現されていることがわかるでしょう。

リスト部分とコンテンツ部分の2つのタグがあります。それぞれの内容を整理しておきましょう。

■リストグループのタグ

```
<div class="list-group" role="tablist">
```

■リストグループ内の項目

```
<a class="list-group-item list-group-item-action"
    data-toggle="list" href="#コンテンツのID" role="tab">
```

■コンテンツ部分をまとめるタグ

```
<div class="tab-content">
```

■リスト項目にリンクするコンテンツのタグ

```
<div class="tab-pane" id="コンテンツID" role="tabpanel">
```

Chapter 5　オリジナル GUI の利用

　リストグループでは、全体をまとめるのに**class="list-group"**を設定したタグが用意されています。このタグには、「**role="tablist"**」という属性が設定されています。これが重要です。これにより、このリストグループは「**タブリスト**」という特別な働きをするリストとして認識されます。
　リストグループ内には、リストの項目として**<a>**タグを用意してあります。ここでは、以下のような属性を必ず用意します。

```
class="list-group-item list-group-item-action"
data-toggle="list"
href="#コンテンツのID"
role="tab"
```

　data-toggleは「**list**」とし、roleに「**tab**」を設定します。これにより、「**タブ表示**」の役割を果たすリストとして認識されるようになります。hrefには、表示するコンテンツのIDを設定します。

　コンテンツ側は、「**class="tab-content"**」というクラスを設定してタグを用意しています。この中に、表示するコンテンツがまとめられています。各コンテンツは、以下のような属性を用意します。

```
class="tab-pane"
role="tabpanel"
id="コンテンツID"
```

　これにより、リスト項目でこのコンテンツのIDをhrefに設定した項目がクリックされると、このコンテンツが表示されるようになります。

　このリストグループは、リストにいわゆる「**タブ表示**」の機能を組み合わせたものです。list-group-item側とtab-paneでIDを関連付けることで、項目をクリックすると指定のコンテンツを表示させることができるようになるのです。
　なお、タブ表示については、リストグループのほかに「**Nav**」コンポーネントでも利用されます。併せて理解しておきましょう（**7-1　Navコンポーネント**の「**タブ表示について**」の項を参照）。

Chapter **6**

複雑なコンテンツ
の構築

複数のテキストやイメージなどをまとめて表示する場合、
さまざまなコンポーネントが用意されています。ここでは、
フィギュア、カード、ジャンボトロン、スタティックポップ
オーバー、メディアオブジェクトとカルーセルについて説明
します。

CSS フレームワーク　Bootstrap 入門

Chapter 6 複雑なコンテンツの構築

6-1 フィギュアとカード

イメージと説明テキストをまとめて表示するのがフィギュアです。また複数コンテンツをまとめて表示する際の基本となるのは、カードです。このもっとも基本的なコンポーネントからしっかり理解していきましょう。

フィギュア（図表）

Webでは、テキストやイメージなど複数のデータをまとめるようなコンテンツをよく作成します。これらは、必要に応じていくつものタグを組み合わせて作成していくことが多いでしょう。が、こうしたコンテンツを表示する度に、一からタグを書いてデザインをしていくのは非常に無駄です。

Bootstrapには、こうした複数のコンテンツをまとめるための機能が色々と用意されています。この章では、こうした「**複雑なコンテンツ表示**」のための機能について考えていくことにしましょう。

まずは、「**フィギュア（figure、図表）**」についてです。イメージを表示する場合、そのイメージの説明テキストなどを合わせて表示することがあります。こうした「**イメージとその説明文**」をまとめて扱うのが、「**フィギュア（figure、図表）**」です。

フィギュアは、HTMLのタグとして用意されています。Bootstrapでは、これに専用のクラスを割り当てることで、ひとまとまりのデザインとして表示されるようにします。以下のような形で作成します。

```
<figure class="figure">
    <img class="figure-img img-fluid" src="表示するイメージ">
    <figcaption class="figure-caption">説明テキスト</figcaption>
</figure>
```

フィギュアは、**<figure>**タグと、表示するイメージの**<img>**タグ、そして説明テキストとなる**<figcaption>**から構成されます。この基本的なタグは、HTMLに用意されていますが、Bootstrapではこれに独自クラスを追加しています。

▌<figure> タグ

「**figure**」というクラスをclass属性に指定します。これにより、この<figure>タグにBootstrapのフィギュアに関するスタイルが割り当てられます。

▌<img> タグ

class属性に「**figure-img**」を指定します。また、フィギュアの大きさに合わせてイメージが自動調整されるように、「**img-fluid**」クラスも用意しておくのが一般的でしょう。これがないとイメージは原寸大で表示されます。

▌<figcaption> タグ

classには「**figure-caption**」というクラスを用意します。これにより、図版の説明テキ

200

ストのスタイルが割り当てられます。

フィギュアを表示する

では、実際にフィギュアを使ってみましょう。先に「**img**」フォルダの中にsample.jpgというイメージファイルを配置しておきましたね。これを表示するフィギュアを作成してみましょう。

リスト6-1
```html
<body>
<div class="container">
   <div class="row">
      <div class="col-sm-12">
         <h1>panel sample</h1>
      </div>
   </div>
   <div class="row m-3">
      <div class="col-12">
         <figure class="figure">
            <img src="./img/sample.jpg" class="figure-img img-fluid"
               alt="figure sample">
            <figcaption class="figure-caption">this is sample image.
               これはサンプルのイメージです。</figcaption>
         </figure>
      </div>
  </div>
</div>
</body>
```

図6-1：フィギュアの表示例。ブラウザの幅に応じてフィギュアのサイズが自動調整される。

アクセスすると、sample.jpgのイメージと説明テキストが表示されます。ブラウザのウインドサイズを変更すると、それに応じてフィギュアの大きさも自動調整され、表示されるイメージの大きさや説明テキストの幅が変更されるのがわかります。

ここで用意されている<figure>タグの部分をよく見てみましょう。それぞれのタグにクラスが指定されていることがよくわかります。これらのクラスによって、Bootstrap独自の表示が作成されます。

イメージサイズを固定する

このサンプルでは、ウインドウサイズを変更すると幅に応じてイメージサイズも自動調整されていました。これはこれで便利ですが、場合によっては固定された大きさで表示した方がいいこともあります。

このような場合は、<figure>タグに**style**を使って幅(width)の値を調整しておくのがよいでしょう。

リスト6-2
```
<figure class="figure" style="width:200px;">
    <img src="./img/sample.jpg" class="figure-img img-fluid"
        alt="figure sample">
    <figcaption class="figure-caption">this is sample image.
        これはサンプルのイメージです。</figcaption>
</figure>
```

図6-2：表示されるフィギュアの幅が固定される。

リスト6-1のサンプルの<figure>部分をこのように修正してみましょう。すると、フィギュアの幅が200pxに固定された形で表示されます。ここでは、<figure>タグに**style="width:200px;"**と幅を指定してあります。これにより、フィギュアのサイズが200pxに固定されます。

注意したいのは、widthを指定するのは<figure>タグである、という点です。「**イメー**

ジが大きくならないように」と、<img>タグに用意してしまうと、説明テキストだけがテキスト幅に収まらず幅広に表示されてしまいます。<figure>でフィギュア全体の幅を調整するのが基本です。

図6-3：<img>の大きさを調整すると、説明テキストが溢れてしまう。

円形イメージ

イメージの表示は、<img>タグで行っています。これは、Bootstrapのクラスを利用して、角に丸みを付けたり円形にしたりすることができます。**第5章**で、プッシュボタンの形状をクラスで設定したのを思い出して下さい。このようなクラスが用意されていましたね。

rounded	角に丸みを付ける
rounded-0	角の丸みをゼロにする
rounded-circle	楕円形にする
badge-pill	ピル型にする

これらは、プッシュボタン専用というわけではありません。そのほかのコンポーネントの形状指定にも用いることができます。もちろん、<img>に指定してイメージの表示スタイルを変えることもできるのです。

リスト6-3
```
<figure class="figure" style="width:200px;">
    <img src="./img/sample.jpg" class="figure-img img-fluid rounded-circle"
        alt="figure sample">
    <figcaption class="figure-caption">this is sample image. </figcaption>
</figure>
```

図6-4：円形のイメージを表示する。

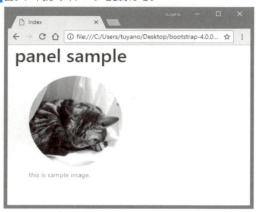

リスト6-2のサンプルの<figure>をこのように修正すると、楕円形でイメージが表示されるようになります。<img>タグを見ると、**class="figure-img img-fluid rounded-circle"** とクラス指定がされているのがわかるでしょう。これで、イメージを円形に表示させていたのです。

カードについて

多数の情報からなる複雑なコンテンツをきれいにまとめるのに役立つのが「**カード**」です。カードは、いくつもの要素からなるコンテンツを1枚のカードの形式にまとめて表示します。

カードは、さまざまなタグを使って作成できますが、もっとも基本的な形となるのは、テキストだけのカードでしょう。これは以下のように記述されます。

```
<div class="card">
    <div class="card-body">
        ……コンテンツの内容……
    </div>
</div>
```

カードは、**class="card"** と属性を指定された<div>タグで作ります。これが、カードの外枠になります。この中に、カードに収めるコンテンツを記述していきます。

コンテンツは、**class="card-body"** と属性指定された<div>タグ内に記述していきます。これで、この<div>タグ部分がカードとして表示されます。

簡単なカードを作成する

では、実際にカードを作って表示してみましょう。ここでは、テキストだけのシンプルなカードを用意しました。

リスト6-4

```html
<body>
<div class="container">
    <div class="row">
        <div class="col-sm-12">
            <h1>panel sample</h1>
        </div>
    </div>
    <div class="row m-3">
        <div class="card">
            <div class="card-body">
                <p class="card-text">this is  card's content.
                    これは、カードのコンテンツです。</p>
            </div>
        </div>
    </div>
</div>
</body>
```

図6-5：タイトルと本文だけのシンプルなカード。

アクセスし、表示を確認しましょう。ここでは、<div class="card-body">タグ内に<p>タグが用意されています。このタグには、「**card-text**」というクラスが用意されています。これが、カードの本文テキストを示すクラスになります。

タイトルとリンク

単純なテキストだけでは、あまりカードの利点は感じられないでしょう。もう少し本格的なコンテンツとして、タイトル、サブタイトル、リンクをコンテンツに追加してみましょう。

リスト6-5

```html
<body>
<div class="container">
    <div class="row">
```

```
            <div class="col-sm-12">
                <h1>panel sample</h1>
            </div>
        </div>
        <div class="row m-3">
            <div class="card" style="width:300px;">
                <div class="card-body">
                    <h5 class="card-title">This is Card.</h5>
                    <h6 class="card-subtitle">~ card subtitle ~</h6>
                    <p class="card-text">this is card's content.
                        これは、カードのコンテンツです。</p>
                    <a class="card-link" href="#">card link.</a>
                </div>
            </div>
        </div>
    </div>
</body>
```

図6-6：タイトル、サブタイトル、リンクを追加する。

　アクセスして表示を確認してみて下さい。ただテキストだけがあるより、だいぶカードらしい感じになりました。
　ここでは、タイトル、サブタイトル、リンクのタグをコンテンツに追加しています。これらのタグがどうなっているか確かめてみましょう。

タイトルのタグ

```
<h5 class="card-title">
```

　ここでは<h5>タグを使いましたが、これは適当に選択しただけで、どのようなタグでも構いません。<h1>でも<h2>でも問題はありません。class属性には「**card-title**」というクラスを指定しておきます。

サブタイトルのタグ

```
<h6 class="card-subtitle">
```

これも、<h6>で記述する必要はありません。ほかのタグでも問題なく表示できるでしょう。このタグでは、class属性に「**card-subtitle**」というクラスを用意してあります。

本文テキストのタグ

```
<p class="card-text">
```

リスト6-4で既に使いましたね。本文には、「**card-text**」というクラスをclass属性に指定した<p>タグを使っています。

リンクのタグ

```
<a class="card-link" href="#">card link.</a>
```

リンクは、<a>タグで普通に作成できます。class属性には、「**card-link**」というクラスを指定しておきます。

Column card-クラスの意味は？

カードでは、組み込まれている項目それぞれにcard-○○という名前のクラスが設定されています。これはどういう意味があるのでしょうか。指定しないとカードにはならないのでしょうか。

実は、これらのクラスを指定しなくともカードとして表示はできます。カードのベースとなる<div>タグに、class="card"を指定し、コンテンツを収める<div>タグにclass="card-body"の指定さえしてあれば、コンテンツに指定するcard-○○といったクラスはなくとも問題なく表示できるのです。

では、これらのクラスは意味がないのか？　もちろん、そういうわけでもありません。これらのクラスがないと、各要素の間隔が少し空き気味になり、全体に間延びした感じになります。card-○○のクラスを指定していると、全体にしまった感じになります。

イメージカード

カードは、イメージと併せて使うこともあります。本節の冒頭でフィギュアを作成しましたが、カードを使えば、イメージとテキストがより一体化したコンテンツを作ることができます。

リスト6-6

```
<body>
<div class="container">
    <div class="row">
```

```
            <div class="col-sm-12">
                <h1>panel sample</h1>
            </div>
        </div>
        <div class="row m-3">
            <div class="card" style="width:300px;">
                <img class="card-img-top" src="./img/sample.jpg"
                    alt="Card image">
                <div class="card-body">
                    <h4 class="card-title">This is Card.</h4>
                    <p class="card-text">this is  card's content.
                        これは、カードのコンテンツです。</p>
                </div>
            </div>
        </div>
    </div>
</body>
```

図6-7：イメージを付けたカード。イメージはカードと一体化し、フィギュアなどよりまとまった感じになる。

アクセスすると、「**img**」内のsample.jpgのイメージとテキストが一体化したカードが表示されます。カードの上部にきれいにイメージがはめ込まれた状態となるので、単純にイメージを追加するよりもきれいにまとまりますね。

イメージとボディの関係

タグをよく見てほしいのですが、このイメージを表示している<img>タグは、実は

<div class="card-body">タグの中にありません。つまり、これはカードのボディ部分ではなく、その手前に配置されているのですね。

このように、ボディの前(上)にイメージを配置する場合、<img>タグのclassには「**card-img-top**」というクラスを指定します。これは、ボディの上にイメージを表示する際に使うもので、このクラスを指定することで、イメージの下(右下と左下)の角の丸みがなくなり、きれいにボディ部分とつながるようになります。

逆に、ボディの下にイメージを表示させることもできます。この場合は、<div class="card-body">タグの後に<img>タグを用意し、class属性に「**card-img-bottom**」クラスを指定します。これにより、イメージの上(左上と右上)の角の丸みがなくなり、上にあるボディときれいにつながります。

カードヘッダーとカードフッター

class="card-title"を指定したタイトルは、コンテンツの中に普通のテキストとして表示されます。これとは別に、カードの上部にコンテンツから切り離した形でタイトルなどを表示させることもできます。

これは「**カードヘッダー**」と呼ばれるもので、コンテンツのタグの前に用意されます。同様に、カードの一番下に表示される「**カードフッター**」というものもあります。

これらは、以下のように作成します。

```
<div class="card">
    <div class="card-header">
        ……カードヘッダーの内容……
    </div>
    <div class="card-body">
        ……コンテンツの内容……
    </div>
    <div class="card-footer">
        ……カードフッターの内容……
    </div>
</div>
```

<div class="card">タグの中に、まず**<div class="card-header">**があり、ここでカードヘッダーの内容が記述されます。その次に**<div class="card-body">**が置かれ、ここでコンテンツの内容が記述されます。カードフッターは、ボディの更にその後に**<div class="card-footer">**というタグを使って記述をします。

カードヘッダーおよびカードフッターとカードボディはそれぞれ切り離されていて、別々に定義されます。またヘッダーとフッターはそれぞれ独立して使えます。ヘッダーだけ、フッターだけを追加することもできます。

では、実際の利用例を見てみましょう。

Chapter 6 複雑なコンテンツの構築

リスト6-7
```html
<body>
<div class="container">
  <div class="row">
      <div class="col-sm-12">
          <h1>panel sample</h1>
      </div>
  </div>
  <div class="row m-3">
    <div class="card" style="width:300px;">
        <div class="card-header">
            <h5>This is Card</h5>
        </div>
        <div class="card-body">
            <h6 class="card-subtitle">card subtitle</h6>
            <p class="card-text">this is  card's content.
              これは、カードのコンテンツです。</p>
        </div>
        <div class="card-footer text-right">
            by shuwa system. 2017.
        </div>
    </div>
  </div>
</div>
</body>
```

図6-8：カードヘッダーを表示したところ。

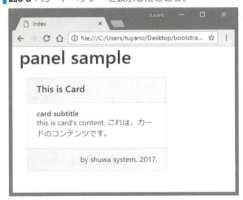

　アクセスすると、上部に薄いグレーの背景のヘッダー部分が表示されます。これがカードヘッダーです。タグの構造を見ればわかるように、**<div class="card-header">**タグの中にヘッダー表示するテキストが書かれていますね。
　カードヘッダーは、タグの中に表示内容をまとめるので、テキスト以外のものも組み込むことができます。例えばリンクやバッジなどを追加することで、情報量の多いヘッダーを作れるでしょう。

210

カードのカラー化

　カードは、そのままでも輪郭線でカードの形状が表示されますが、色を付けたカラーカードを作ることもできます。これは非常に簡単で、**class="card"**を設定したタグに、**bg-クラス**で色を指定するだけです。

　bg-で色を指定すると、自動的にその色で塗りつぶされたカードに変わります。ただし、そのままではテキストが読みにくいので、**text-white**などでテキストカラーも変更しておくとよいでしょう。

　色指定をすると、カードヘッダーとカードボディで僅かに異なる色が設定され、両者がきちんと分かれて表示されます。では、実際に見てみましょう。

リスト6-8

```
<body>
<div class="container">
  <div class="row">
      <div class="col-sm-12">
          <h1>panel sample</h1>
      </div>
  </div>
  <div class="row">
      <div class="col-sm-12">
        <div class="card bg-info text-white m-3" style="width:300px;">
            <h4 class="card-header">
                This is Info Card <span class="badge badge-dark">new
                    </span>
            </h4>
            <div class="card-body">
                <h5 class="card-title">Card subtitle.</h5>
                <p class="card-text">this is  card's content.
                    これは、カードのコンテンツです。</p>
            </div>
        </div>
        <div class="card bg-warning text-white m-3" style="width:300px;">
            <h5 class="card-header">Warning Card</h5>
            <div class="card-body">
                <p class="card-text">this is  card's content.
                    これは、カードのコンテンツです。</p>
            </div>
        </div>
        <div class="card bg-danger text-white m-3" style="width:300px;">
            <div class="card-body">
                <h5 class="card-title">DANGER!</h5>
                <h6 class="card-title">~ this is subtitle ~</h6>
                <p class="card-text">this is  card's content.
                    これは、カードのコンテンツです。</p>
```

```
                </div>
            </div>
        </div>
    </div>
</div>
</body>
```

図6-9：カラー化したカードの例。一番下のカードにはカードヘッダーがない（口絵参照）。

　ここでは、バッジ付きヘッダーのカード、ヘッダーとコンテンツだけのシンプルなカード、ヘッダーを持たないカードの3つを用意してあります。それぞれのカードのタグを見ると、**bg-info**、**bg-warning**、**bg-danger**といったカラークラスが指定されているのがわかるでしょう。また、text-whiteでテキストを白くしています。
　カラー化のために必要な作業は、実にこれだけです。これだけで、ヘッダー部分だけ少し色を変えるなどカードらしいカラー化が行われます。

ボーダーのカラー化

　カラーのカードは、このようにカード全体を塗りつぶす以外にもやり方があります。それは「**ボーダーを色設定する**」という方法です。
　カードは、全体をボーダー線で囲われています。このボーダーの色を変更し、それに合わせてテキストカラーも変更すれば、それだけでカラーカードになります。カード全体を指定の色で塗りつぶすだけがカラー化ではないのです。

では、ボーダーとテキストによるカラー化は、どのように表示されるのでしょうか。
先ほどの3枚のカードを、この方式に書き直してみましょう。

リスト6-9

```html
<body>
<div class="container">
  <div class="row">
      <div class="col-sm-12">
          <h1>panel sample</h1>
      </div>
  </div>
  <div class="row">
      <div class="card border-info text-info m-3" style="width:300px;">
          <h4 class="card-header">
              This is Info Card <span class="badge badge-primary">new
                  </span>
          </h4>
          <div class="card-body">
              <h5 class="card-title">Card subtitle.</h5>
              <p class="card-text">this is  card's content.
                  これは、カードのコンテンツです。</p>
          </div>
      </div>
      <div class="card border-warning text-warning m-3"
          style="width:300px;">
          <h5 class="card-header">Warning Card</h5>
          <div class="card-body">
              <p class="card-text">this is  card's content.
                  これは、カードのコンテンツです。</p>
          </div>
      </div>
      <div class="card border-danger text-danger m-3"
          style="width:300px;">
          <div class="card-body">
              <h5 class="card-title">DANGER!</h5>
              <h6 class="card-title">~ this is subtitle ~</h6>
              <p class="card-text">this is  card's content.
                  これは、カードのコンテンツです。</p>
          </div>
      </div>
  </div>
</div>
</body>
```

図6-10：ボーダーとテキストをカラー化する（口絵参照）。

アクセスすると、3つのカードが表示されます。それぞれinfo、warning、dangerのカラーでボーダーとテキストが表示されます。

イメージオーバーレイ

イメージを利用する場合、イメージの上下にボディのコンテンツが表示されるため、かなり縦に長いカードになってしまいます。もっと表示領域を節約したい場合は、イメージの上にコンテンツを重ねてしまうという方法もあります。

これは、「**イメージオーバーレイ**」と呼ばれる手法で、**class="card"** を指定したタグ内に<img>を用意し、その後に**class="card-img-overlay"** を指定したタグを用意してコンテンツを記述します。このclass="card-img-overlay"指定のタグが、<div class="card-body">の代わりになります。

では、実際にどのようになるのか表示を見てみましょう。

リスト6-10
```
<body>
<div class="container">
  <div class="row">
    <div class="col-sm-12">
        <h1>panel sample</h1>
    </div>
  </div>
```

```
<div class="row m-3">
  <div class="card" style="width:300px;">
        <img class="card-img-top" src="./img/sample.jpg">
        <div class="card-img-overlay text-white">
                <h5 class="card-title">Overlay Card</h5>
                <h6 class="card-text">this is  card's content. <br>
                        これは、カードのコンテンツです。</h6>
        </div>
        <div class="card-footer text-right">
                by shuwa system. 2017.
        </div>
  </div>
 </div>
</div>
</body>
```

図6-11：イメージオーバーレイの例。

　アクセスすると、イメージの上にボディ部分のコンテンツが重なるようにして表示されます。これがイメージオーバーレイです。ここでは、ボディのテキストを白く表示させています。イメージが比較的濃い色ならば、このほうが見やすくなるでしょう。逆に、イメージが非常に淡い色のものなら、テキストの色は特に変更しなくてもよいでしょう。
　ここでは、<img>タグの後に、次のようにしてボディ部分のタグを用意しています。

```
<div class="card-img-overlay text-white">
```

　この中にボディのコンテンツが記述されます。<div class="card-body">はありません。ボディの代わりにオーバーレイが用意されていることがわかるでしょう。

Chapter **6**　複雑なコンテンツの構築

カードグループ

　複数のカードを表示させるような場合、それらをグループ化することもできます。これには、「**カードグループ**」と呼ばれる機能を使います。

　カードグループは、その名の通りカードをグループ化します。これまでボタングループやリストグループなど、グループ化を行う機能をいくつか説明しましたが、カードグループもこれらの一つといえます。

　カードグループは、グループのタグ内にカードを記述して作成をします。

```
<div class="card-group">
    <div class="card">
        ……カードの内容……
    </div>

    ……必要なだけ<div class="card">を用意……

</div>
```

　カードグループは、このように**<div class="card-group">**タグを用意し、この中にカードのタグを用意していきます。こうすることで、その中のカードがグループ化されます。

　では、実例を見てみましょう。

リスト6-11

```
<body>
<div class="container">
    <div class="row">
        <div class="col-sm-12">
            <h1>panel sample</h1>
        </div>
    </div>
    <div class="row m-3">
        <div class="row m-3">
            <div class="card-group">
                <div class="card">
                    <h5 class="card-header">Card1</h5>
                    <div class="card-body">
                        <p class="card-text">this is  card's content. </p>
                    </div>
                </div>
                <div class="card">
                    <h5 class="card-header">Card2</h5>
                    <div class="card-body">
                        <p class="card-text">これは、カードのコンテンツです。</p>
                    </div>
```

216

```
                </div>
                <div class="card">
                    <h5 class="card-header">Card3</h5>
                    <div class="card-body">
                        <p class="card-text">this is  card's content. <br>
                        これは、カードのコンテンツです。</p>
                    </div>
                </div>
            </div>
        </div>
    </div>
</div>
</body>
```

図6-12：3つのカードをグループ化する。幅が狭くなると、自動的に縦に並び替えられる。

Chapter **6** 複雑なコンテンツの構築

ここでは3つのカードをグループ化しています。ブラウザの幅が十分にあるときは、これらは横一列に合体して表示されます。が、幅が狭くなってくると、自動的にカードは縦に並べられるようになります。

カードグループを使えば、このように複数のカードを必要に応じて自動的に整列してくれます。

カードデッキ

カードをレイアウトするための機能はほかにもあります。カードグループは、カードをきれいにつなげて並べますが、等間隔でカードを並べたいような場合には「**カードデッキ**」という機能を使うことができます。

基本的な使い方は、カードグループと同じです。**class="card-deck"**を設定したタグの中に、カードを記述していくだけです。

```
<div class="card-deck">
    <div class="card">
        ……カードの内容……
    </div>

    ……必要なだけ<div class="card">を用意……

</div>
```

カードをまとめるタグのclass属性が違うだけですね。では、実際の利用例を見てみましょう。

リスト6-12

```
<body>
<div class="container">
    <div class="row">
        <div class="col-sm-12">
            <h1>panel sample</h1>
        </div>
    </div>
    <div class="row m-3">
        <div class="row m-3">
            <div class="card-deck">
                <div class="card">
                    <h5 class="card-header">Card1</h5>
                    <div class="card-body">
                        <p class="card-text">card content. </p>
                    </div>
                    <div class="card-footer">
```

218

```html
                    <h6>updated 2017-10-12</h6>
                </div>
            </div>
            <div class="card">
                <h5 class="card-header">Card2</h5>
                <div class="card-body">
                    <p class="card-text">これは、カードのコンテンツです。</p>
                </div>
                <div class="card-footer">
                    <h6>updated 2017-10-11</h6>
                </div>
            </div>
            <div class="card">
                <h5 class="card-header">Card3</h5>
                <div class="card-body">
                    <p class="card-text">this is  card's content. <br>
                        これは、カードのコンテンツです。</p>
                </div>
                <div class="card-footer">
                    <h6>updated 2017-10-10</h6>
                </div>
            </div>
        </div>
    </div>
</div>
</body>
```

図6-13：カードデッキでは、すべてのカードが同じ大きさで等間隔に配置される。

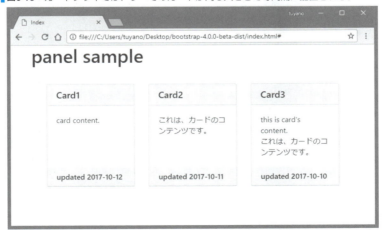

カードデッキの働きがわかるよう、各カードに**フッター**を追記して並べてあります。
3つのカードが等間隔で並べられているのがわかるでしょう。また、よく見るとボディ
のコンテンツの分量に関係なく、すべて同じ大きさ（一番大きいカードに揃えられる）で
表示されていることがわかります。

この「**等間隔に、同じサイズでカードを表示する**」というのが、カードデッキの特徴と
いえるでしょう。

カードコラム

カードコラムは、複数のカードを縦横に適当に並べていくものです。多数のカードが
あった場合、それらを適当に配置して複数列で表示できれば、すべて横一列や縦一列に
表示するよりもスペースも無駄にならずに済みます。

このカードコラムも、使い方はカードグループなどと同じです。

```
<div class="card-columns">
    <div class="card">
        ……カードの内容……
    </div>

    ……必要なだけ<div class="card">を用意……

</div>
```

class="card-columns" を指定したタグを用意し、この中にカードを記述していきます。

リスト6-13

```
<body>
<div class="container">
    <div class="row">
        <div class="col-sm-12">
            <h1>panel sample</h1>
        </div>
    </div>
    <div class="row m-3">
        <div class="row m-3">
            <div class="card-columns">
                <div class="card">
                    <div class="card-body">
                        <h6>Card 1</h6>
                        <p class="card-text">card content. </p>
                    </div>
                </div>
                <div class="card">
                    <h5 class="card-header">Card 2</h5>
```

```html
                    <div class="card-body">
                        <p class="card-text">これは、カードのコンテンツです。</p>
                    </div>
                </div>
                <div class="card">
                    <div class="card-body">
                        <p class="card-text">this is card 3.</p>
                    </div>
                </div>
                <div class="card">
                    <h5>Card 4</h5>
                    <div class="card-body">
                        <p class="card-text">this is  card's content. <br>
                            これは、カードのコンテンツです。</p>
                    </div>
                    <div class="card-footer">
                        <h6>updated 2017-10-10</h6>
                    </div>


                </div>
                <div class="card">
                    <div class="card-body">
                        <h6>Card 5</h6>
                        <p class="card-text">card content. </p>
                    </div>
                </div>
                <div class="card">
                    <h6 class="card-header">Card 6</h6>
                    <div class="card-body">
                        <p class="card-text">card content. </p>
                    </div>
                </div>
                <div class="card">
                    <div class="card-body">
                        <h6>Card 7</h6>
                        <p class="card-text">card content. </p>
                    </div>
                </div>
            </div>
        </div>
    </div>
</div>
</body>
```

■図6-14：カードコラムを使ったカードのレイアウト。

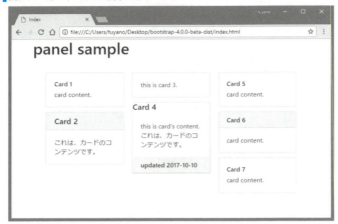

　ここでは7つの大きさの異なるカードを用意し、これをカードコラムで表示しています。見ればわかるように、カードの大きさ（高さ）をもとに、3つの列の高さがだいたい同じぐらいになるよう、自動調整してカードを配置しています。

　カードの幅を狭くしてカード内のテキストが折り返し表示され、カードの高さが変化すると、カードの配置もそれに応じて変化するのがわかるでしょう。

■図6-15：幅を変えると、それに伴いカードのテキストの折り返しが変化し、カードの配置が変わる。

　カードは、複数のコンテンツをひとまとめにして表示する際のもっとも基本となる仕組みです。このため、ここで説明したように、コンテンツの表示から複数カードのレイアウトまで、幅広い機能が組み込まれています。また、コンテンツ関係のクラスも多くがカードで利用できるため、非常に高度な表現も可能です。これまで学んだコンテンツ関係のクラスも併用しながら、どのような表現が可能かいろいろと試してみるとよいでしょう。

6-2 ジャンボトロン、スタティックポップオーバー、メディアオブジェクト

6-2 ジャンボトロン、スタティックポップオーバー、メディアオブジェクト

複数コンテンツをまとめる方法はカード以外にもいろいろあります。ここではジャンボトロン、スタティックポップオーバー、メディアオブジェクトについて使い方を説明しましょう。

ジャンボトロンとは？

カードは、いくつものコンテンツをまとめて表示する際の基本といえるのですが、もっと目立つ表示が欲しい場合もあります。いわゆる「**ヒーローユニット**」(Hero Unit)で、一般的なパネルなどよりも大きく、インパクトある表示を行う際に用いられます。

こうしたヒーローユニットタイプのコンテンツを作成したいときに利用するのが、「**ジャンボトロン**」です。「**ジャンボトロン**」は、その昔、ソニーが開発した大型映像ディスプレイです。スポーツ競技場などで大型ディスプレイとして使われているので、おそらくどこかで見たことがあるでしょう。

ジャンボトロンは、以下のような形で記述します。

```
<div class="jumbotron">
    ……表示するコンテンツ……
</div>
```

コンテンツを記述する<div>タグを用意し、そこに「**jumbotron**」というクラスを指定します。これだけでジャンボトロンの表示が作成されます。では、実際にやってみましょう。

リスト6-14
```
<body>
<div class="container">
    <div class="row">
        <div class="col-sm-12">
            <h1>panel sample</h1>
        </div>
    </div>
    <div class="row m-3">
        <div class="col-sm-12">
            <div class="jumbotron">
                <p>これは、ジャンボトロンを使ったサンプルです。</p>
            </div>
        </div>
    </div>
</div>
</body>
```

223

図6-16：ジャンボトロンを使った表示。

アクセスすると、グレーの背景にテキストが表示され、Webページに現れます。これがジャンボトロンです。あまりインパクトがないように思いますが、けっこう周囲の余白なども広く取ってあり、ページ内にあれば目立つことは確かでしょう。

タグを見ればわかるように、ただ**<div class="jumbotron">**タグの中に<p>タグでテキストを書いてあるだけです。使い方はとても簡単です。

DisplayとLead

ジャンボトロンを使う場合、表示するテキストがある程度大きくて目を引くようなものであったほうがよいでしょう。Bootstrapでは、こうしたときに用いられるフォントスタイルを設定したクラスが用意されています。

display- 番号

<h1>〜<h6>の見出しなどで用いるためのフォントを指定したクラスです。**display-1**〜**display-4**まで用意されており、display-1がもっとも大きく、数字が増えるにつれ小さくなっていきます。

lead

テキストを目立たせます。そのまま、「**lead**」とクラスを指定するだけです。本文のテキストなどで用います。

font-weight-bold、font-weight-normal、font-italic

フォントのボールドとイタリックを設定するクラスです。これらを追加することでテキストにスタイルを割り当てることができます。

text-lowercase、text-uppercase、text-capitalize

テキストの大文字小文字を操作します。text-lowercaseは、テキストをすべて小文字にします。text-uppercaseはすべてを大文字にします。text-capitalizeは、単語の最初の1文字だけを大文字にします。

リスト6-15

```
<body>
<div class="container">
    <div class="row">
        <div class="col-sm-12">
            <h1>panel sample</h1>
        </div>
    </div>
    <div class="row m-3">
        <div class="col-sm-12">
            <div class="jumbotron">
                <h3 class="display-3 text-uppercase">Jumbotron!</h3>
                <p class="lead text-capitalize">This is a simple
                    jumbotron style component.
                    This is a simple jumbotron style component. </p>
                <hr>
                <p class="lead">これは、ジャンボトロンを使ったサンプルです。</p>
            </div>
        </div>
    </div>
</div>
</body>
```

図6-17：フォントを指定してコンテンツを表示したところ。

ここでは、いくつかのテキストをジャンボトロンに表示させています。<h3>タグでタイトルを表示し、その下に<p>タグでテキストを用意してあります。タイトルには、

class="display-3 text-uppercase"を指定し、すべて**大文字に変換**しています。またテキストは**lead**クラスを指定しています。

このようにフォントを変更すると、ジャンボトロンはかなりインパクトのある表示になります。「**ジャンボトロンは使用フォントが大切**」ということは頭に入れておきましょう。

角の丸みとcontainer

ジャンボトロンは、四隅が丸みのある背景になっています。が、もう少しシャープな感じにしたいときは、四隅の丸みを取り除きたいでしょう。このような場合は、以下のようにタグを用意します。

```
<div class="jumbotron jumbotron-fluid">
```

jumbotron-fluidというクラスを追加することで、角の丸みがなくなります。ただし、このままでは中のコンテンツが端から端まで配置されて余白がなくなってしまうため、**class="container"を指定したタグ内**にコンテンツを用意する必要があります。このため、タグの構成が若干変わります。

リスト6-15のサンプルを修正して、違いを比べてみましょう。

リスト6-16

```
<body>
<div class="container">
    <div class="row">
        <div class="col-sm-12">
            <h1>panel sample</h1>
        </div>
    </div>
    <div class="row m-3">
        <div class="col-sm-12">
            <div class="jumbotron jumbotron-fluid">
                <div class="container">
                    <h3 class="display-3 text-uppercase">Jumbotron!</h3>
                    <p class="lead text-capitalize">This is a simple
                        jumbotron style component.
                        This is a simple jumbotron style component. </p>
                </div>
            </div>
        </div>
    </div>
</div>
</body>
```

■図6-18：四隅の丸みをなくしたジャンボトロン。

　ここでは、ジャンボトロンの四隅の丸みがなくなり、長方形で表示されます。タグを見てみると、ジャンボトロンのタグが**<div class="jumbotron jumbotron-fluid">**と修正されており、その中に**<div class="container">**タグを用意して、ここにコンテンツを記述してあります。つまり、ジャンボトロンのための入れ物部分が二重のタグになっているのです。

スタティックポップオーバー

　Bootstrapには、「**ポップオーバー**」と呼ばれる機能があります。これは、簡単なメッセージなどをポップアップして表示しますが、利用するにはJavaScriptを使う必要があります（ポップオーバーについては改めて説明します）。

　ポップオーバーによる表示の部分は、タグを使って静的に表示させることもできます。これが「**スタティック（静的）ポップオーバー**」です。本来はボタンクリックなどで表示されるものを、静的なコンテンツとして利用するものです。

　スタティックポップオーバーは以下のような形をしています。

```
<div class="popover">
    <div class="popover-header">
        ……ヘッダーの内容……
    </div>
    <div class="popover-body">
        ……ボディの内容……
    </div>
</div>
```

class="popover"というclass属性を持ったタグが、スタティックポップオーバーのコンテンツを記述するベースとなります。この中に、ヘッダー用の**class="popover-header"**を用意したタグと、ボディ（メインのコンテンツ）用の**class="popover-body"**を用意したタグを組み込み、それぞれにコンテンツを記述していきます。

では、実際の利用例を見てみましょう。

リスト6-17

```html
<body>
<div class="container">
    <div class="row">
        <div class="col-sm-12">
            <h1>panel sample</h1>
        </div>
    </div>
    <div class="row m-3">
        <div class="col-sm-12">
            <div class="popover">
                <h3 class="popover-header">Popover Header</h3>
                <div class="popover-body">
                    <p class="text-capitalize">
                        this is static popover content.
                        this is static popover content.
                        this is static popover content. </p>
                </div>
            </div>
        </div>
    </div>
</div>
</body>
```

図6-19：スタティックポップオーバーの表示。タイトルとコンテンツのシンプルな構成だ。

アクセスすると、タイトルとテキストのメッセージからなるシンプルな表示が現れます。これが、スタティックポップオーバーの表示です。ちょっとしたメッセージなどを

表示させておくのに使えるコンテナですね。

メディアオブジェクト

イメージとテキストのように複数のコンテンツをひとまとめにして表示する場合、どのようなやり方をすべきかは頭を悩ませる問題です。既にカードを使って表示する方法について説明をしましたが、カードはある程度場所をとって表示するのが基本です。

もっと小さな表示が必要となる場合もあります。例えばTwitterのツイートなどを表示しようと思ったら、本人の小さなイラストとツイートテキストが小さなスペースにまとめる必要があります。多数のツイートをずらっと並べることになるなら、なおさら「**1つ1つを小さくまとめる**」ということが重要になります。

このような場合に用いられるのが「**メディアオブジェクト**」です。これは、特に「**イメージとテキストを小さくまとめる**」という場合に多用されます。
メディアオブジェクトは以下のような形で記述します。

```
<div class="media">
    <div class="media-body">
        ……コンテンツの内容……
    </div>
</div>
```

まず、**class="media"**を指定したタグを用意します。これが、メディアオブジェクトのベースとなります。この中に、**class="media-body"**を指定したタグを用意し、そこにコンテンツを記述していきます。イメージなどを配置する場合は、このclass="media-body" を記述したタグの前後に用意すればいいでしょう。
では、実際の利用例を挙げておきましょう。

リスト6-18
```
<body>
<div class="container">
  <div class="row">
      <div class="col-sm-12">
          <h1>panel sample</h1>
      </div>
  </div>
  <div class="row m-3">
      <div class="col-sm-12">
          <div class="media">
              <img class="mr-3" src="./img/sample.jpg"
                  style="width:100px;">
              <div class="media-body">
```

```
                    <h5 class="text-capitalize">Media heading</h5>
                    <p>this is media object content.this is media
                        object content.</p>
                </div>
            </div>
            <hr class="m-3">
            <div class="media">
                <div class="media-body">
                    <h5 class="text-capitalize">Media heading</h5>
                    <p>this is media object content.this is media
                        object content.</p>
                </div>
                <img class="mr-3" src="./img/sample.jpg"
                    style="width:100px;">
            </div>
        </div>
    </div>
</div>
</body>
```

図6-20：メディアオブジェクト。イメージを左に置いたものと右に置いたものを用意した。

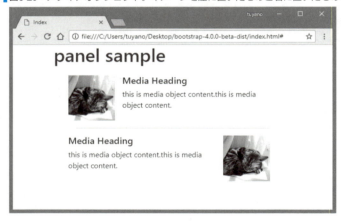

　ここでは、「**img**」内のsample.jpgとテキストを一つにまとめたメディアオブジェクトを配置してあります。コンテンツの左側にイメージがあるものと、右側にあるものが用意されています。class="media-body"タグの前に<img>を用意すれば左側に、後に用意すれば右側にイメージが配置されます。

　<img>タグに**style="width:100px;"**を用意して、イメージサイズを100pxにしてあります。これがないと原寸大で表示されるので注意しましょう。

カラーを指定する

この状態でも表示は問題ないのですが、メディアオブジェクトのエリアがわかりにくいため、ほかのコンテンツの途中に入れたりすると、コンテンツの中に混じってしまい、目立たなくなるかもしれません。

このような場合は、背景色を指定することで目立たせることができます。ただし、その場合には、メディアオブジェクトのパディングを調整する必要があるでしょう。では、簡単な例を挙げておきます。

リスト6-19

```
<body>
<div class="container">
  <div class="row">
      <div class="col-sm-12">
          <h1>panel sample</h1>
      </div>
  </div>
  <div class="row m-3">
      <div class="col-sm-12">
          <div class="media bg-info p-3">
              <img class="mr-3" src="./img/sample.jpg"
                  style="width:100px;">
              <div class="media-body">
                  <h5 class="text-capitalize">Media heading</h5>
                  <p>this is media object content.this is media
                      object content.</p>
              </div>
          </div>
          <hr class="m-3">
          <div class="media bg-warning p-3">
              <div class="media-body">
                  <h5 class="text-capitalize">Media heading</h5>
                  <p>this is media object content.this is media
                      object content.</p>
              </div>
              <img src="./img/sample.jpg" style="width:100px;">
          </div>
      </div>
  </div>
</div>
</body>
```

図6-21：背景を指定したメディアオブジェクト（口絵参照）。

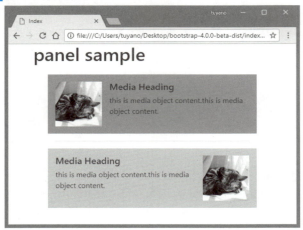

アクセスすると、infoとwarningの色で背景を塗りつぶしたメディアオブジェクトが表示されます。ここでは、**<div class="media bg-info p-3">**というように、class="media"のタグに**bg-色名**のクラスを追加してあります。また、**p-3**でパディングを調整し、コンテンツの周辺が背景色で囲まれるようにしてあります。

このように色付けをすれば、メディアオブジェクトがそのほかのコンテンツに溶けてしまうことなく、目立たせることができます。

楕円形のメディアオブジェクト

この「**背景色で塗る**」仕組みを利用すると、例えば「**楕円形のメディアオブジェクト**」といったものも作ることができます。簡単な例を挙げておきましょう。

リスト6-20
```
<body>
<div class="container">
  <div class="row">
      <div class="col-sm-12">
          <h1>panel sample</h1>
      </div>
  </div>
  <div class="row m-3">
      <div class="col-sm-12">
          <div class="media bg-danger p-3 rounded-circle">
              <div class="media-body text-center">
                  <h5 class="text-uppercase">caution!!</h5>
                  <p>this is media object content.</p>
              </div>
          </div>
      </div>
```

```
        </div>
    </div>
</body>
```

図6-22：楕円形のメディアオブジェクト。

アクセスすると、楕円形のメディアオブジェクトが表示されます。テキストだけならば、このように背景を楕円形にしてもコンテンツを中に収めることができるので、こうした表示も可能になります（イメージがあると、楕円からはみ出してしまうでしょう）。

このように、背景の塗りつぶしは、基本的にそのままメディアオブジェクトで使うことができます。ただし、ボーダーの指定はうまく機能しないので注意して下さい。

<ul>や<ol>によるリスト化

メディアオブジェクトは、多数のデータを表示するようなケースで用いられます。ここではその利用例として、<ul>や<ol>を使ったリストとしてメディアオブジェクトをリスト表示させてみましょう。

リスト6-21

```
<body>
<div class="container">
    <div class="row">
        <div class="col-sm-12">
            <h1>panel sample</h1>
        </div>
    </div>
    <div class="row m-3">
        <div class="col-sm-12">
            <ul class="list-unstyled">
                <li class="media m-2">
                    <img class="mr-3" src="./img/sample.jpg"
                        style="width:100px;">
                    <div class="media-body">
                        <h5 class="text-uppercase">Content No, 1</h5>
                        <p>this is media object content. this is media
```

```html
                        object content.</p>
                </div>
            </li>
            <li class="media m-2">
                <img class="mr-3" src="./img/sample.jpg"
                    style="width:100px;">
                <div class="media-body">
                    <h5 class="text-uppercase">Content No, 2</h5>
                    <p>this is media object content. this is media
                        object content.</p>
                </div>
            </li>
            <li class="media m-2">
                <img class="mr-3" src="./img/sample.jpg"
                    style="width:100px;">
                <div class="media-body">
                    <h5 class="text-uppercase">Content No, 3</h5>
                    <p>this is media object content. this is media
                        object content.</p>
                </div>
            </li>
        </ul>
      </div>
   </div>
</div>
</body>
```

図6-23：<ul>タグを使って、メディアオブジェクトをリスト表示する。

ここでは**<ul>**タグを使っています。**<ul>**には**class="list-unstyled"**と属性が用意されていますが、このlist-unstyledにより、リスト特有のスタイルが適用されないようにしています。

メディアオブジェクトを見ると、**<li class="media m-2">**というように、**<li>**タグにclass="media"を指定しています。こうすることで、**<li>**タグでメディアオブジェクトを作成しています。

メディアオブジェクトの階層化

メディアオブジェクトは、メディアオブジェクトのコンテンツとして、別のメディアオブジェクトを組み込むこともできます。こうすることで、階層的にメディアオブジェクトを組み込んでいくことが可能です。ただし、右端の位置は、内部に組み込んだものも同じであるため、あまり深い階層を作るとコンテンツの表示幅が足りなくなってしまうので注意して下さい。

ではメディアオブジェクトの階層例を挙げておきましょう。

リスト6-22

```html
<body>
<div class="container">
    <div class="row">
        <div class="col-sm-12">
            <h1>panel sample</h1>
        </div>
    </div>
    <div class="row m-3">
        <div class="col-sm-12">

            <!-- 外側のメディアオブジェクト -->
            <div class="media">
                <img class="mr-3" src="./img/sample.jpg"
                    style="width:100px;">
                <div class="media-body">
                    <h5 class="text-uppercase">Content No, 1</h5>
                    <p>this is media object content. this is media
                        object content.
                        this is media object content.</p>

                    <!-- 内側のメディアオブジェクト -->
                    <div class="media">
                        <img class="mr-3" src="./img/sample.jpg"
                            style="width:100px;">
                        <div class="media-body">
                            <h5 class="text-uppercase">Content
                                No, 2</h5>
```

```
                                <p>this is media object content. this
                                    is media object content.
                                    this is media object content.</p>
                            </div>
                        </div>
                    </div>
                </div>
            </div>
        </div>
    </div>
</body>
```

▌図6-24：メディアオブジェクトの内部にメディアオブジェクトを組み込んだ例。

アクセスすると、メディアオブジェクトの中に別のメディアオブジェクトが組み込まれた状態で表示されます。タグの構造を見ていくと、外側のメディアオブジェクトの**<div class="media-body">**内にコンテンツが記述されていますが、そこに内側のメディアオブジェクトの**<div class="media">**が置かれていることがわかるでしょう。メディアオブジェクトのタグそのものがコンテンツとして配置されているのです。こうすることで、内部に組み込まれたメディアオブジェクトが用意できます。

メディアの整列

イメージとテキストをまとめて表示する場合、テキストの量が多くなってくると、「**イメージをどこに配置するか**」を考えるようになります。メディアオブジェクトの上部に置くか、中央に置くか、それとも一番下に置くか。これは、<img>タグにクラスを配置することで指定できます。

align-self-start	コンテンツの一番上に揃えて配置する
align-self-center	コンテンツの中央に配置する
align-self-end	コンテンツの一番下に揃えて配置する

6-2 ジャンボトロン、スタティックポップオーバー、メディアオブジェクト

　これらを<img>のclass属性に追加することで、イメージをコンテンツのどの位置に配置するかが指定できます。では利用例を挙げましょう。

リスト6-23

```
<body>
<div class="container">
    <div class="row">
        <div class="col-sm-12">
            <h1>panel sample</h1>
        </div>
    </div>
    <div class="row m-3">
        <div class="col-sm-12">
            <div class="media p-3 bg-info">
                <img class="align-self-center mr-3"
                    src="./img/sample.jpg" style="width:100px;">
                <div class="media-body">
                    <h5 class="text-uppercase">Content No, 1</h5>
                    <p>this is media object content. <br>
                        this is media object content. <br>
                        this is media object content. <br>
                        this is media object content. <br>
                        this is media object content. <br>
                        this is media object content. <br>
                        this is media object content.
                    </p>
                </div>
            </div>
        </div>
    </div>
</div>
</body>
```

237

Chapter 6 複雑なコンテンツの構築

図6-25：イメージがコンテンツの中央に配置される。

ここでは、イメージがコンテンツの中央に配置されます。<img>タグを見てみると、**class="align-self-center mr-3"** というようにクラスが指定されています。これにより、イメージは**class="media-body"**のタグ内にあるコンテンツの中央に配置されます。

6-3 カルーセル

　カルーセルは、多数のイメージを1つにまとめ、順に表示するコンポーネントです。ちょっとしたスライドショーの効果が必要なときに役立つ、カルーセルの基本について説明します。

カルーセルとは？

　多数のコンテンツを表示するということは、必ずしも「**多数のページを用意する**」のとイコールではありません。場合によっては1つのページで多くのコンテンツを表示させたほうが便利なこともあります。

　例えば、たくさんのイメージを表示させるような場合、1つ1つを別々のページとして用意することはあまりないでしょう。それよりも多用されるのは、スライドショーなどの機能を使って1つのページで次々にイメージを表示させていく、というやり方です。

　こうした多数のイメージをスライド的に表示させるためにBootstrapに用意されているのが「**カルーセル**」(Carousel)というコンポーネントです。
　カルーセルは、あらかじめ<img>タグを使って複数のイメージ表示を用意しておき、これらを1枚ずつ表示していく機能を提供します。さまざまなオプションがあるのですが、もっとも基本的な使い方は「**スライドショー**」でしょう。あらかじめ用意しておいた複数のイメージを一定時間ごとに切り替え表示していくのです。

スライドショーの基本的なタグ構成は、以下のような形になります。

```
<div class="carousel slide" data-ride="carousel">
    <div class="carousel-inner">

        <div class="carousel-item active">
            <img src="イメージファイル">
        </div>

        ……必要なだけ<div>タグと<img>タグを用意……

    </div>
</div>
```

carousel タグ

まず、<div>タグを用意し、そのclass属性に「**carousel**」を指定します。これがカルーセルの土台となります。スライドショー表示をする場合は、更に「**slide**」というクラスを追加しておきます。

carousel-inner タグ

carouselタグの内側に、「**carousel-inner**」とclass属性に指定されたタグを用意します。これが、カルーセルの内部としてイメージなどをまとめていくタグになります。

carousel-item タグ

表示するイメージは、まず、**class="carousel-item"**を指定したタグとして用意されます。これがイメージを格納する「**箱**」の役割を果たします。

<img> タグ

このcarousel-itemタグの中に<img>タグを用意し、そのsrcタグに表示させたいイメージのパスを指定します。またイメージがきれいにエリア内に表示されるよう、classには「**w-100**」を指定しておくとよいでしょう。

イメージファイルの用意

では、サンプルを動かしてみましょう。が、その前に、サンプルで使うイメージファイルを用意しておきましょう。ここでは、以下の3点のイメージファイルを「**img**」フォルダ内に用意することにします。

```
sample.jpg
sample2.jpg
sample3.jpg
```

既にsample.jpgはフォルダ内にありますから、これをそのまま再利用すればいいでしょう。ほかの2点は、それぞれ同じようなサイズで追加しておきます。

図6-26：「img」フォルダ内に3つのイメージファイルを用意しておく。

イメージをスライドショーする

では、カルーセルを使ってみましょう。ここでは、「**img**」フォルダ内の3つのイメージファイルをスライドショーさせてみます。

リスト6-24

```
<body>
<div class="container">
    <div class="row">
         <div class="col-sm-12">
             <h1 class="h4 mb-4">navigation</h1>
         </div>
    </div>
    <div class="row">
        <div class="col-12">
            <div class="carousel slide" data-ride="carousel" data-interval="5000">
                <div class="carousel-inner">
                    <div class="carousel-item active">
                        <img class="d-block w-100" src="./img/sample.jpg">
                    </div>
                    <div class="carousel-item">
                        <img class="d-block w-100" src="./img/sample2.jpg">
                    </div>
```

```
                <div class="carousel-item">
                    <img class="d-block w-100" src="./img/sample3.jpg">
                </div>
            </div>
        </div>
    </div>
</div>
</body>
```

図6-27：アクセスすると、一定時間ごとにイメージが切り替わっていく。

　アクセスすると、最初のsample.jpgのイメージがウインドウ内に表示されます。一定時間が経過すると、次のsample2.jpgが右からスライドして現れます。また一定時間が経過するとsample3.jpgが現れ、また時間が経つと最初のsample.jpg……という具合に、3枚のイメージがエンドレスで次々に現れます。

　タグの構成は、先に説明したカルーセルの基本構成そのままですが、「**data-interval**」という属性を追加しておきました。これにより、スライドの間隔をミリ秒（1000分の1秒）単位で指定できます。
　<img>には、**class="d-block w-100"**とクラスを指定し、ブロック表示で幅100%に表示されるようにしてあります。
　まったくノンプログラミングでこのようなスライドショー機能を作成できてしまうというのは、何だか不思議な感じがしますね！

操作用コントローラを追加する

　スライドショーは、一定時間ごとにイメージが自動的に切り替わります。が、この種の複数イメージを表示する最近のWebサイトでは、スライドショーよりも、前後の移動

Chapter **6** 複雑なコンテンツの構築

アイコンをクリックして表示を切り替えるものも多いでしょう。利用者が自分で表示を操作できたほうが使い勝手は良さそうですね。

Bootstrapでは、カルーセルに操作用コントローラを追加することができます。これは、carouselクラスを指定してあるタグ（カルーセルの土台となるタグ）にIDを指定しておき、このIDを利用して<a>タグを追加します。それぞれのボタンの形を以下にまとめておきましょう。

■carouselタグ

```
<div id=" ID名 " class="carousel" data-ride="carousel">
```

■前に戻るボタン

```
<a class="carousel-control-prev" href=" #ID名 " role="button" data-slide="prev">
    <span class="carousel-control-prev-icon" aria-hidden="true"></span>
</a>
```

■次に進むボタン

```
<a class="carousel-control-next" href=" #ID名 " role="button" data-slide="next">
    <span class="carousel-control-next-icon" aria-hidden="true"></span>
</a>
```

ボタンは、**<a>**タグを使って用意できます。hrefには、carouselタグのIDを指定します。classとdata-slideは、前に戻るボタンと次に進むボタンでそれぞれ指定する値が違うので注意しましょう。

<a>タグは移動の機能を提供するもので、表示されるアイコンはその中の**<span>**タグで実装しています。ここでは「**carousel-control-prev-icon**」または「**carousel-control-next-icon**」とクラスを指定します。これらのクラスにより前後の移動用アイコンが表示されるようになります。

これらの<a>タグは、carouselタグの中に用意します。イメージをまとめるcarousel-innerタグの後に記述して下さい。

では、実際の利用例を挙げておきましょう。以下にcarouselタグの部分のみ掲載しておきます。

リスト6-25

```
<div id="controllers" class="carousel" data-ride="carousel">
    <div class="carousel-inner">
        <div class="carousel-item active">
            <img class="d-block w-100" src="./img/sample.jpg" alt="first">
        </div>
        <div class="carousel-item">
            <img class="d-block w-100" src="./img/sample2.jpg" alt="second">
        </div>
```

```
            <div class="carousel-item">
                <img class="d-block w-100" src="./img/sample3.jpg" alt="third">
            </div>
        </div>
        <a class="carousel-control-prev" href="#controllers" role="button"
            data-slide="prev">
            <span class="carousel-control-prev-icon" aria-hidden="true"></span>
        </a>
        <a class="carousel-control-next" href="#controllers" role="button"
            data-slide="next">
            <span class="carousel-control-next-icon" aria-hidden="true"></span>
        </a>
</div>
```

図6-28：イメージの右端と左端に、それぞれ＜ ＞アイコンが表示される。これをクリックして前後のイメージに移動できる。

　アクセスすると、イメージの右側と左側の中央付近に「＜」「＞」というアイコンが表示されます。この部分をクリックすると、前後のメージに移動できます。
　ここでは、追記した<a>タグに**href="#controllers"**とリンクを指定してあります。これにより、**<div id="controllers">**タグのカルーセルを操作するようになります。

インジケーターの表示

　いくつかのイメージがある場合は、前後の移動のほかに「**インジケーター**」を使って表示を変更することもできます。

Chapter **6** 複雑なコンテンツの構築

インジケーターは、イメージ中央下部に表示される小さなアイコンです。これを使うことで、直接指定のイメージに切り替えることができます。

インジケーターは、以下のような形をしています。

```
<ol または ul class="carousel-indicators">
    <li data-target="#ID名" data-slide-to="番号"></li>

    ……必要なだけ<li>を用意する……

</ol または ul>
```

インジケーターは、\<ul>または\<ol>タグを利用するのが基本です。タグには**class="carousel-indicators"**を指定しておきます。そして、\<li>タグを使ってインジケーターの表示を設定します。この\<li>タグには以下の2つの属性を用意しておきます。

data-target	操作の対象となるcarouselタグのIDを指定する
data-slide-to	表示するイメージの番号（何番目か）を指定する

これで、イメージの数だけ\<li>タグを用意すればインジケーターが用意できます。イメージが多い場合は、すべてのイメージの\<li>を用意する必要もありません。例えば、10枚目、20枚目、……というように一定数ごとにインジケーターを用意してもいいでしょう。

では、利用例を見てみましょう。

リスト6-26

```
<div id="controllers" class="carousel slide" data-ride="carousel">
    <div class="carousel-inner">
        <div class="carousel-item active">
            <img class="d-block w-100" src="./img/sample.jpg" alt="first">
        </div>
        <div class="carousel-item">
            <img class="d-block w-100" src="./img/sample2.jpg" alt="second">
        </div>
        <div class="carousel-item">
            <img class="d-block w-100" src="./img/sample3.jpg" alt="third">
        </div>
    </div>
    <a class="carousel-control-prev" href="#controllers" role="button"
        data-slide="prev">
        <span class="carousel-control-prev-icon" aria-hidden="true"></span>
    </a>
    <a class="carousel-control-next" href="#controllers" role="button"
        data-slide="next">
```

```
            <span class="carousel-control-next-icon" aria-hidden="true"></span>
        </a>
        <ol class="carousel-indicators">
            <li data-target="#controllers" data-slide-to="0" class="active"></li>
            <li data-target="#controllers" data-slide-to="1"></li>
            <li data-target="#controllers" data-slide-to="2"></li>
        </ol>
    </div>
```

図6-29：イメージの下部に、アンダーバー記号のようなインジケーターが表示される。

　ここでは、3つのイメージを切り替えるためのインジケーターを追加してあります。前後の移動ボタンの<a>タグの後に<ol>タグを使ってインジケーターを用意しています。**data-slide-to**属性には、**0 〜 2**の値を指定しています。スライドの番号は、ゼロから順に割り振られていくので間違えないようにしましょう。

イメージにキャプションを付ける

　イメージを表示する際、その説明などのキャプションを付けたい場合もあります。こうしたときは、**carousel-item**タグに<img>と並べてキャプションのためのタグを用意します。carousel-itemタグの構成を整理すると以下のようになります。

```
<div class="carousel-item">
    <img class="d-block w-100" src="イメージファイル">
     <div class="carousel-caption">
            ……ここにキャプションを用意する……
        </div>
</div>
```

Chapter 6 複雑なコンテンツの構築

　<div>タグ内に、表示する<img>タグと、キャプションとなる<div>タグを用意します。このタグには、**class="carousel-caption"**を用意しておきます。そしてこの中に、キャプションとして表示するコンテンツを配置しておきます。

　では、実例を見てみましょう。3つのイメージそれぞれに簡単なキャプションを配置してみます。

リスト6-27

```
<div id="controllers" class="carousel slide" data-ride="carousel">
    <div class="carousel-inner">
        <div class="carousel-item active">
            <img class="d-block w-100" src="./img/sample.jpg" alt="first">
            <div class="carousel-caption d-none d-sm-block text-primary">
                <h3 class="display-4">First Image</h3>
                <p>This Is First Image Caption.</p>
            </div>
        </div>
        <div class="carousel-item">
            <img class="d-block w-100" src="./img/sample2.jpg" alt="second">
            <div class="carousel-caption d-none d-sm-block text-danger">
                <h3 class="display-4">Second Image</h3>
                <p>this is second image caption.</p>
            </div>
        </div>
        <div class="carousel-item">
            <img class="d-block w-100" src="./img/sample3.jpg" alt="third">
            <div class="carousel-caption d-none d-sm-block text-light">
                <h3 class="display-4">Third Image</h3>
                <p>THIS IS THIRD IMAGE CAPTION.</p>
            </div>
        </div>
    </div>
    <a class="carousel-control-prev" href="#controllers" role="button"
        data-slide="prev">
        <span class="carousel-control-prev-icon" aria-hidden="true"></span>
    </a>
    <a class="carousel-control-next" href="#controllers" role="button"
        data-slide="next">
        <span class="carousel-control-next-icon" aria-hidden="true"></span>
    </a>
    <ol class="carousel-indicators">
        <li data-target="#controllers" data-slide-to="0" class="active"></li>
        <li data-target="#controllers" data-slide-to="1"></li>
        <li data-target="#controllers" data-slide-to="2"></li>
    </ol>
```

246

```
        </div>
```

図6-30：イメージにキャプションを表示したところ。

アクセスするとイメージが表示されますが、その中央やや下辺りにキャプションのテキストが表示されます。

表示されるコンテンツがどのようになっているか、最初のイメージのcarousel-itemタグを見てみましょう。すると、このように書かれています。

```
<div class="carousel-item active">
    <img class="d-block w-100" src="./img/sample.jpg" alt="first">
    <div class="carousel-caption d-none d-sm-block text-primary">
        <h3 class="display-4">First Image</h3>
        <p>This Is First Image Caption.</p>
    </div>
</div>
```

<img>タグで表示イメージを指定し、その後に<div>タグを用意して、その中に<h3>と<p>でキャプションとして表示する内容を指定していることがわかります。

注目してほしいのは、キャプションの<div>タグのclass属性です。ここでは**carousel-caption**と、テキストカラーの**text-primary**のほかに「**d-none d-sm-block**」という2つのクラスが用意されていることがわかるでしょう。

d-none d-sm-block

d-noneは、文字通り「**ない**」ということです。つまり、このタグを表示しないようにするためのクラスです。

d-sm-blockは、d-blockのsmサイズ指定をしたクラスです。

この2つを用意することで、「**smサイズまではブロックで表示し、それ以下になった**

ら表示しない」という設定が行えます。

　試しに、ブラウザのウインドウサイズを小さくしてみて下さい。表示されていたキャプションが消えてしまうのが確認できるでしょう。
　これは、キャプションに限らず、例えばインジケーターなどでも応用できるテクニックです。ただしインジケーターの場合は、例えば、

```
<li data-target="#controllers" data-slide-to="0" class="active d-none
    d-sm-inline"></li>
```

というように**d-none d-sm-inline**とクラス指定し、ブロックではなくインライン表示されるようにしておきましょう。

図6-31：ウインドウサイズを小さくするとキャプションは表示されなくなる。

Chapter **7**

ナビゲーション

多数のコンテンツを持つWebサイトにおいては、どのように
にして必要なコンテンツにたどり着くかが重要です。こうし
たナビゲーションに関する機能について説明をしましょう。

CSS フレームワーク　Bootstrap 入門

Chapter 7　ナビゲーション

7-1 Navコンポーネント

　ナビゲーションの基本は「Nav」と呼ばれるコンポーネントです。このNavを使ったナビゲーションの基本についてしっかり理解しましょう。

Navコンポーネントとは？

　Webサイトは、1枚のWebページで構成されるわけではありません。大きなサイトになると数十、数百といったページから構成されることも多いでしょう。こうしたとき、サイトのナビゲーション機能は重要になります。

　Bootstrapには、ナビゲーションに関係するコンポーネントがいくつも用意されています。これらを使いこなすことで、ナビゲーションも実装しやすくなるでしょう。この章では、これらナビゲーションに関する機能について説明します。

　まずは、「**Nav**」についてです。これは、Bootstrapに用意されている「**nav**」というクラスのことです。これを利用することで、ナビゲーション関係のリンクをきれいにまとめることができます。

　ナビゲーションのリンクというのは、一般に<nav>タグを使って記述することが多いでしょう。Navを利用する場合は、以下のような形でクラスを実装していきます。

■<nav>タグの基本構成

```
<nav class="nav">
    <a class="nav-link" href="#">リンク</a>
    ……必要なだけリンクを用意……
</nav>
```

　<a>タグを<nav>タグでまとめているだけですね。これでナビゲーションのためのリンク集のような体裁が整うのです。では実際にやってみましょう。HTMLファイルの<body>部分を以下のように修正して下さい。

リスト7-1

```
<body>
<div class="container">
    <div class="row">
        <div class="col-sm-12">
            <h1>navigation</h1>
        </div>
    </div>
    <div class="row m-3">
        <div class="col-sm-12">
```

250

```
            <nav class="nav">
                <a class="nav-link" href="#">Page A</a>
                <a class="nav-link" href="#">Page B</a>
                <a class="nav-link disabled" href="#">Page C</a>
            </nav>
        </div>
    </div>
</div>
</body>
```

図7-1：＜nav＞を使って作成されたナビゲーション。

アクセスすると、ページに横一列にリンクが並んで表示されます。一番右端のリンクだけは、使用不可を表す色で表示されています。

＜nav＞タグと、その中の＜a＞タグのclass属性をよく見てみましょう。基本構成の通りにクラスが用意されていることがわかるでしょう。唯一、最後の＜a＞タグ（一番右側に表示されるリンク）だけは、**class="nav-link disabled"** となっています。disabledクラスを追加したことで、リンクが利用不可状態の表示に変わっています。

リストを利用する

こうしたナビゲーションのリンクは、必ずしも＜nav＞を使うわけでなく、さまざまな書き方が用いられます。一例として、＜ul＞と＜li＞によるリスト表示を使ってナビゲーションを組み立てる例を挙げておきましょう。

リスト7-2
```
<body>
<div class="container">
    <div class="row">
        <div class="col-sm-12">
            <h1>navigation</h1>
        </div>
    </div>
    <div class="row m-3">
        <div class="col-sm-12">
            <ul class="nav">
                <li class="nav-item">
                    <a class="nav-link" href="#">Page A</a>
```

```
                </li>
                <li class="nav-item">
                    <a class="nav-link" href="#">Page B</a>
                </li>
                <li class="nav-item">
                    <a class="nav-link disabled" href="#">Page C</a>
                </li>
            </ul>
        </div>
    </div>
</div>
</body>
```

図7-2：<ul>タグを使って作成されたナビゲーション。見た目には<nav>利用と変わりない。

　ここでは、使用するクラスが一部変わっています。ナビゲーション全体をまとめるのに、**<ul>**タグを使い、これに**class="nav"**を用意しています。各リンクを入れている**<li>**タグには、**class="nav-item"**という属性を指定しています。そして、**<a>**タグには、**class="nav-link"**を用意します。

　整理すると、リストを利用したナビゲーションは以下のような形になっているといえるでしょう。

```
<ul または ol class="nav">
    <li class="nav-item">
        <a href="#" class="nav-link">リンク</a>
    </li>
    ……必要なだけ<li>を用意……
</ul または ol>
```

　単純に<a>タグを<nav>にまとめた場合と比べるとタグの構成が少しだけ複雑になっています。各リンクを「**<li>タグの中に<a>タグを用意する**」という形でまとめているためです。

　通常、<ul>などを使ったリンクは、項目が縦に階層化されて表示されます。が、navクラスを割り当てた場合、各項目は横一列に並べられます。通常のリスト表示とは異なる表示になるのです。

垂直リスト

デフォルトで作成されるナビゲーションは、基本的に横一列にリンクが表示されます。これを縦に並べたい場合、どうすればいいでしょうか。

<ul>などは縦に並ぶリストを作るのですが、**class="nav"** を指定することで横一列に変わっています。つまり、縦に並ぶようにタグの構成を考えても、class="nav"でNavコンポーネントを利用する段階で横一列に変わってしまうのです。

では、縦にはできないのか？　というと、そんなことはありません。Navに用意されている縦並びのためのクラスを追加すればいいのです。これは、ナビゲーションをまとめる<nav>タグや<ul>タグ（class="nav"を指定されているタグ）を以下のように書き換えます。

■<nav>タグの場合

```
<nav class="nav flex-column">
```

■<ul>タグの場合

```
<ul class="nav flex-column">
```

「**flex-column**」クラスを追加することで、リンクは縦に並べられるようになります。実に簡単ですね！

図7-3：flex-columnを使い、リンクを縦に並べる。

ナビゲーションメニューとコンテンツ

リンクだけではイメージがつかみにくいでしょうから、ナビゲーションのメニューとコンテンツが表示されたページの例を挙げておきましょう。

リスト7-3

```
<body>
<div class="container">
    <div class="row">
        <div class="col-sm-12">
            <h1 class="h4 mb-4">navigation</h1>
```

Chapter 7 ナビゲーション

```
            </div>
        </div>
        <div class="row">
            <div class="col-3">
                <nav class="nav flex-column border">
                    <a class="nav-link" href="#">Page A</a>
                    <a class="nav-link" href="#">Page B</a>
                    <a class="nav-link disabled" href="#">Page C</a>
                </nav>
            </div>
            <div class="col-9 border">
                <h2 class="display-3">Sample.</h2>
                <p class="lead">this is navigation sample page.
                    this is navigation sample page.
                    this is navigation sample page. <br><br>
                    this is navigation sample page.
                    this is navigation sample page. </p>
            </div>
        </div>
    </div>
</body>
```

図7-4：ナビゲーションメニューとコンテンツの例。

　ここでは、左側にナビゲーションのメニューを用意し、その右側にコンテンツを表示させています。これは、以下のようなタグの構成になっていることがわかるでしょう。

```
<div class="row">
    <div class="col-3">
        <nav class="nav flex-column border">
```

```
          ……ナビゲーションのリンク……
        </nav>
    </div>
    <div class="col-9 border">
        ……コンテンツの内容……
    </div>
</div>
```

class="row"のタグ内に2つの**<div>**タグを用意しています。

1つ目がナビゲーションメニュー用のタグで、**class="col-3"**として全体の4分の1の幅を割り当ててあります。2つ目がコンテンツ用のタグで、**class="col-9 border"**として全体の4分の3の幅を割り当てます。そしてそれぞれにナビゲーションのリンクとコンテンツを組み込みます。

これで、ナビゲーション関係とコンテンツをきれいに切り分けてレイアウトできます。こうした表示の際には、Bootstrapのグリッドレイアウトが役に立ちますね！

タブ表示について（nav-tabs）

ナビゲーションのリンクは、ただリンクを並べるだけでなく、もう少しわかりやすく目立つ形で表示できるようにしたいものです。

ナビゲーションのGUIとして比較的よく用いられるものに「**タブ**」があります。複数のタブを切り替えるようにして表示するページを移動していくのです。これも、クラスを追加するだけで簡単に作ることができます。

class="nav"を指定しているタグ（<nav>タグや<ul>タグなど）のclass属性に「**nav-tabs**」を追加するだけです。<nav>や<ul>の場合、以下のように修正するわけです。

■<nav>タグの場合

```
<nav class="nav nav-tabs">
```

■<ul>タグの場合

```
<ul class="nav nav-tabs">
```

これで、リンク類がそれぞれタブとして表示されるようになります。class属性に「**active**」を指定すると、そのタブが選択された形になります。

では、これも利用例を挙げておきましょう。

リスト7-4

```
<body>
<div class="container">
    <div class="row">
        <div class="col-sm-12">
            <h1 class="h4 mb-4">navigation</h1>
        </div>
    </div>
```

Chapter 7 ナビゲーション

```html
    <div class="row">
        <div class="col-12">
            <nav class="nav nav-tabs">
                <a class="nav-link active" href="#">Page A</a>
                <a class="nav-link" href="#">Page B</a>
                <a class="nav-link disabled" href="#">Page C</a>
            </nav>
        </div>
    </div>
    <div class="row">
        <div class="col-12">
            <h2 class="display-3">Sample.</h2>
            <p class="lead">this is navigation sample page.
                this is navigation sample page.
                this is navigation sample page. <br><br>
                this is navigation sample page.
                this is navigation sample page. </p>
        </div>
    </div>
</div>
</body>
```

図7-5：ナビゲーションリンクをタブとして表示する。一番左側のリンクはactiveを指定してある。

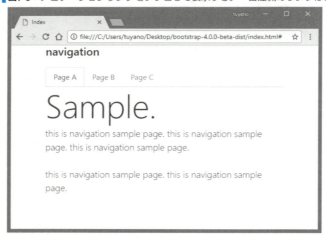

　アクセスすると、ページの上部にタブの形でリンクが表示されます。一番左側のリンクが選択された状態になっていますが、これは「**active**」がクラスに指定されているためです。このように、クラスを追加することでインターフェイスのデザインを変えてしまうことができるのです。

　リスト7-4のサンプルでは、タグの構造が**リスト7-3**とは異なっていて、横一列に表示

されるリンクの下にコンテンツが表示されるようにしています。したがって、まずナビ
ゲーションのrowタグがあり、その次にコンテンツのrowタグが置かれる形になってい
ます。整理すると以下のような形です。

```
<div class="row">
    <div class="col-12">
        <nav class="nav nav-tabs">
            ……ナビゲーションのリンク……
        </nav>
    </div>
</div>
<div class="row">
    <div class="col-12">
        ……コンテンツの内容……
    </div>
</div>
```

　横にナビゲーションを表示させたときは、1つのrowタグ内に2つのcolタグを置き、そ
れぞれにナビゲーションリンクとコンテンツを用意しました。が、ここでは2つのrowタ
グそれぞれにcolタグを置き、それらの中にナビゲーションリンクとコンテンツを配置し
ています。縦に2行のrowタグを置いてレイアウトするのが基本です。

ピル型ボタン（nav-pills）

　同様にナビゲーションリンクの表示を変えるものとして「**ピル型ボタン**」もあります。
わかりやすくいえば、現在選択されているリンクがボタンのように表示される仕組みで
す。**class="nav"**を指定されたタグを、以下のように修正します。

■<nav>タグの場合

```
<nav class="nav nav-pills">
```

■<ul>タグの場合

```
<ul class="nav nav-pills">
```

　class属性に「**nav-pills**」というクラスを追加します。これでナビゲーションの表示が変
わります。タブ表示のサンプルの<nav>タグを上記のように修正してみましょう。すると、
タブの代わりにリンクとボタンのような表示に変わります。選択されていないリンクは
普通のリンクのままですが、現在選択されているリンクはボタンのように塗りつぶされ
た表示に変わります。

図7-6：nav-pillsクラスを追加することで、リンクはピル型ボタンで表示されるようにった。

コンテンツの切り替えについて

　ここでは、タブ表示もピル型ボタンも、特にコンテンツは用意しておきませんでした。タブやボタンの部分には<a>タグを配置していますから、これで表示するWebページにリンクしておけば、クリックしてページを切り替えることができるようになります。あらかじめ複数のWebページを用意しておき、それぞれにタブやピル型ボタンを表示して、<a>タグのhrefで各ページを切り替えるようにすればいいのです。

　また、同一ページ内でコンテンツを切り替えることも可能です。
　第5章で、リストグループによるコンテンツの切り替え表示について説明をしました（**5-3　リストグループ**の「**コンテンツの切り替え表示**」の項、**リスト5-26**参照）。そこでは、class="tab-content"を指定したタグ内に、class="tab-pane" role="tabpanel"を指定したコンテンツを配置しておくことで、クリックして表示するコンテンツを切り替えることができました。

　タブ表示やピル型ボタンでも、これはまったく同様に使えます。
　例えばタブ表示ならば、**class="list-group"** を **class="nav nav-tabs"** に変更し、**class="list-group-item list-group-item-action"** を **class="nav-link"** に変更するだけです。これらの使い方も、併せて覚えておくとよいでしょう。

幅いっぱいに表示する（nav-fill）

　ここまでのタブやピル型ボタンの表示では、タブやボタンの幅は表示テキストに応じて自動調整されました。が、場合によっては、端から端まで均等にボタンが割り付けられた方がいい、ということもあるでしょう。
　このような場合に用いられるのが「**nav-fill**」というクラスです。

■<nav>タグの場合

```
<nav class="nav nav-fill">
```

■<ul>タグの場合

```
<ul class="nav nav-fill">
```

これを**class="nav"**に追加することで、リンクが幅全体に均等に割り当てられるようになります。では、利用例を見てみましょう。

リスト7-5

```html
<body>
<div class="container">
    <div class="row">
        <div class="col-sm-12">
            <h1 class="h4 mb-4">navigation</h1>
        </div>
    </div>
    <div class="row">
        <div class="col-12">
            <nav class="nav nav-tabs nav-fill">
                <a class="nav-item nav-link active" href="#">Page A</a>
                <a class="nav-item nav-link" href="#">Page B</a>
                <a class="nav-item nav-link disabled" href="#">Page C</a>
            </nav>
        </div>
    </div>
    <div class="row">
        <div class="col-12">
            <h2 class="display-3">Sample.</h2>
            <p class="lead">this is navigation sample page.
                this is navigation sample page.
                this is navigation sample page. </p>
        </div>
    </div>
</div>
</body>
```

図7-7：ページの幅を広げても、均等にナビゲーションのタブが表示される。

Chapter 7 ナビゲーション

ここでは、タブ表示のナビゲーションリンクで利用しています。ブラウザの幅を広げてみて、タブがどのように変化するか確認してみましょう。

リンクを用意する<nav>タグに、**class="nav nav-tabs nav-fill"**とクラスが指定されています。nav-fillは、このようにnav-tabsやnav-pillsなどと併用することもできます。

このnav-fillを利用するときに注意すべきは、「**中に入れるタグには、nav-itemクラスを割り当てておく**」という点です。<nav>と<a>を使ってリンクを組み立てるとき、内部の<a>タグは、例えばこんな感じで書いていましたね。

```
<a class="nav-link active" href="#">Page A</a>
```

が、ここでのサンプルでは、少しクラスの指定が変わっています。こうなっています。

```
<a class="nav-item nav-link active" href="#">Page A</a>
```

nav-itemとnav-linkの両方のクラスが指定されています。nav-fillは、内部に組み込まれているnav-itemクラスを指定されているタグを幅調整します。したがって、<a>タグにnav-itemが設定されていないと均等に幅調整されません。

<ul>利用の場合は、こうした心配は要りません。<ul>利用の場合、内部に配置するタグはこうなっています。

```
<li class="nav-item">
    <a class="nav-link" href="#">Page A</a>
</li>
```

<li>タグにnav-itemが指定されており、その内部の<a>タグにnav-linkが指定されています。nav-itemとnav-linkの両方が組み込まれていますので、問題はありません。<a>タグだけを<nav>内に組み込んで使っているような場合は、nav-itemとnav-linkの両方のクラスをもたせることを忘れないで、ということです。

フレックスによる整列調整

縦横の部品の整列は、以前にも説明をしています。そう、「**フレックス**」です（**第3章**）。フレックスを利用することで、状況に応じて整列方向を調整することができます。

リスト7-6
```
<body>
<div class="container">
    <div class="row">
        <div class="col-sm-12">
            <h1 class="h4 mb-4">navigation</h1>
        </div>
    </div>
    <div class="row">
        <div class="col-12">
```

```
                <nav class="nav nav-pills nav-fill flex-column flex-sm-row">
                    <a class="nav-item nav-link active" href="#">Page A</a>
                    <a class="nav-item nav-link" href="#">Page B</a>
                    <a class="nav-item nav-link disabled" href="#">Page C</a>
                </nav>
            </div>
        </div>
        <div class="row">
            <div class="col-12">
                <h2 class="display-3">Sample.</h2>
                <p class="lead">this is navigation sample page.
                    this is navigation sample page.
                    this is navigation sample page. </p>
            </div>
        </div>
    </div>
</body>
```

図7-8：幅が広いと横にリンクが並ぶが、狭くなると自動的に縦に並ぶようになる。

アクセスしたら、ブラウザの幅を広げたり狭めたりしてみて下さい。ある程度より狭くなると自動的にリンクが縦並びになります。また広げると横一列に変わります。幅に応じて、リンクの並びが変化することがわかります。

ここでは、<nav>のクラスに、**flex-column flex-sm-row**というフレックス関係のクラスが用意されています。これにより、幅がsmの際には縦にリンクが並び、それ以外のときは横に並ぶようになります。

Chapter 7 ナビゲーション

7-2 NavBar

NavBarは、Navの発展形ともいえるもので、一般的なナビゲーションバーを作成します。若干構造が複雑ですので、その仕組みからしっかりと理解していきましょう。

NavBarとは？

Navによるリンクの作成は、単純なナビゲーションに役立ちます。が、もう少しナビゲーションらしい形にまとめたい場合は、「**NavBar**」というコンポーネントがあります。これで、ナビゲーションバーを作成できるのです。

NavBarの使い方は、とても簡単です。前節のNavの<nav>タグに用意したnavクラスを「**navbar**」クラスに変更すればいいのです。

リスト7-7

```html
<body>
<div class="container">
    <div class="row">
        <div class="col-sm-12">
            <h1 class="h4 mb-4">navigation</h1>
        </div>
    </div>
    <div class="row">
        <div class="col-12">
            <nav class="navbar bg-light">
                <a class="nav-link active" href="#">Page A</a>
                <a class="nav-link" href="#">Page B</a>
                <a class="nav-link disabled" href="#">Page C</a>
            </nav>
        </div>
    </div>
    <div class="row">
        <div class="col-12">
            <h2 class="display-3">Sample.</h2>
            <p class="lead">this is navigation sample page.
                this is navigation sample page.
                this is navigation sample page. </p>
        </div>
    </div>
</div>
</body>
```

262

図7-9：ナビゲーションバーの利用例。

　これが、ごくシンプルなNavBarの利用例です。前節で学んだナビゲーションリンクをそのままに、<nav>タグに用意するclass属性を「**navbar**」に変更しただけです。なお、ここではナビゲーションバーが見やすいように、bg-lightも付けてグレー表示にしてあります。

項目を折りたたむ

　ただリンクを一列に並べるだけなら、NavもNavBarも大した違いはありません。NavBarには、NavBarにしかできない機能というのがいろいろと用意されているのです。

　まず、もっとも重要なのが「**折りたたみ**」機能でしょう。これは、いくつか用意されているリンクを、必要に応じて折りたたみ、クリックして現れるようにする機能です。例えば、幅がある程度広いときはすべてのリンクを一列に表示し、狭くなったらボタンだけを表示して、ボタンをクリックするとリンクの一覧が現れる、というようにできるのです。

　これには、いろいろと仕掛けが必要です。ざっとタグの構造を整理しておきましょう。

```
<nav class="navbar navbar-expand-sm bg-light">
    <button class="navbar-toggler" type="button"
        data-toggle="collapse" data-target="#ID名">ボタン</button>
    <div class="collapse navbar-collapse" id="collapse-items">
        <ul class="navbar-nav">
            ……リンクを用意する……
        </ul>
    </div>
</nav>
```

<nav>のクラス

　ナビゲーションバーのベースとなる<nav>タグには、navbarのほか、「**navbar-expand-大きさ**」というクラスを用意します。これが、折りたたみに必要となるクラスです。折りたたみ表示にするサイズごとに用意されています。例えば、**navbar-expand-sm**とすれば、幅がsmサイズ（576px）より小さくなると折りたたみ表示にします。

Chapter 7 ナビゲーション

■ <button> タグ

折りたたみを使うには、「**折りたたみをON/OFFするボタン**」を用意する必要があります。このボタンは、折りたたみ表示の際にのみ現れ、リンクが展開表示されているときは表示されません。

このボタンには、**class="navbar-toggler"**とクラスを指定します。また、**data-target**属性に、展開表示するリンクをまとめたタグ(この後に説明します)のIDを指定しておきます。

■ collapse タグ

ボタンの後に、折りたたむリンクをまとめておく**<div>**タグを用意します。これには、**class="collapse navbar-collapse"**とクラスを指定しておきます。**collapse**は、折りたたみの基本クラスで、**navbar-collapse**がNavBar用の折りたたみクラスです。この2つをセットで指定しておきます。

また、このタグのIDを、<button>のdata-targetに指定しておきます。

■ navbar-nav タグ

collapseタグの中に、ナビゲーションバーのベースとなるタグを用意します。これには、**class="navbar-nav"**とクラスを指定しておきます。そしてこのタグの中に、リンク関係を用意していきます。

■ リンクタグ

navbar-navクラスのタグ内にリンクを用意していきますが、このリンクは、**nav-item**と**nav-link**の両方を指定する必要があります。

■ <ul> による折りたたみ NavBar

では、実際に折りたたみ表示を使ってみましょう。ここでは、<ul>タグを使って折りたたむリンク部分を実装してみます。

リスト7-8

```
<body>
<div class="container">
    <div class="row">
        <div class="col-sm-12">
            <h1 class="h4 mb-4">navigation</h1>
        </div>
    </div>
    <div class="row">
        <div class="col-12">
            <nav class="navbar navbar-expand-sm bg-light">
                <button class="navbar-toggler" type="button"
                    data-toggle="collapse" data-target="#collapse-items">
                    LINK</button>
                <div class="collapse navbar-collapse" id="collapse-items">
                    <ul class="navbar-nav">
                        <li class="nav-item active">
```

264

```html
                    <a class="nav-link" href="#">Page A</a>
                </li>
                <li class="nav-item">
                    <a class="nav-link" href="#">Page B</a>
                </li>
                <li class="nav-item">
                    <a class="nav-link disabled" href="#">Page C</a>
                </li>
            </ul>
        </div>
    </nav>
</div>
</div>
<div class="row">
    <div class="col-12">

    ……中略。コンテンツを記述……

    </div>
</div>
</div>
</body>
```

図7-10：ブラウザの幅を狭くすると、リンクが消え、代わりに「LINK」というボタンが現れる。これをクリックするとリンクが現れる。

Chapter 7 ナビゲーション

アクセスすると、ブラウザのウインドウサイズが広ければ、これまでと同様にリンクがナビゲーションバーに横一列に表示されます。が、ウインドウの幅が狭くなると、リンクが消え、代わりに「**LINK**」という表示だけが現れます。これはボタンで、このボタンをクリックすると、リンクが展開表示されます。再度クリックするとリンクを閉じます。

◼ <div> タグによる実装

ナビゲーションバーはタグの階層構造がやや複雑なので、自分なりに作成しようとすると途端に構造がわからなくなってしまうところがあります。<ul>タグ以外のナビゲーションバー作成として、<div>タグを基本として作成する場合についても見てみましょう。

リスト7-8で作成したナビゲーションバーをそのまま<div>タグで書き直してみます。すると、<nav>タグ部分は以下のような形になるでしょう。

リスト7-9

```
<nav class="navbar navbar-expand-sm bg-light">
    <button class="navbar-toggler" type="button"
        data-toggle="collapse" data-target="#collapse-items">
        LINK</button>
    <div class="collapse navbar-collapse" id="collapse-items">
        <div class="navbar-nav">
            <a href="#" class="nav-item nav-link" href="#">Page A</a>
            <a href="#" class="nav-item nav-link" href="#">Page B</a>
            <a href="#" class="nav-item nav-link disabled" href="#">Page C</a>
        </div>
    </div>
</nav>
```

書き換わったのは、**リンクをまとめるcollapseタグ**の部分です。<div>タグを使ってcollapseタグを用意し、更にその内側に**<div>**タグで**class="navbar-nav"**を指定したタグを用意します。

この中に、リンクの<a>タグを並べます。<a>タグには、**nav-item**と**nav-link**の両方のクラスを指定しておきます。あるいは、<div class="nav-item">タグを用意し、その中に<a class="nav-link">としてリンクを用意してもいいでしょう。

インラインフォーム

ナビゲーションバーには、リンク以外のものも用意しておくことができます。もっとも多いのは、簡単なフォームを組み込むことです。

例えば、多くのサイトではナビゲーションバーの右端に検索のフィールドなどが用意されています。こうしたものを作成する場合、ナビゲーションバーの中に**インラインフォーム**（パラグラフの中に組み込めるフォーム）を置きます。

ナビゲーションバー内に配置するインラインフォームは、**class="form-inline"**というクラスを指定して作成されます。内部に配置する入力フィールドやボタンなどは普通の

266

フォームと同様に作成して構いません。ただしデザインに統一感があるよう、Bootstrapのフォーム用クラスを指定しておくのが基本でしょう。

では、実際の利用例を挙げておきましょう。ナビゲーションバーにいくつかのリンクと検索フォームを配置してみます。

リスト7-10

```html
<body>
<div class="container justify-content-between">
    <div class="row">
        <div class="col-sm-12">
            <h1 class="h4 mb-4">navigation</h1>
        </div>
    </div>
    <div class="row">
        <div class="col-12">
            <nav class="navbar bg-light">
                <a href="#" class="nav-item nav-link">Page A</a>
                <a href="#" class="nav-item nav-link">Page B</a>
                <a href="#" class="nav-item nav-link">Page C</a>
                <form class="form-inline">
                    <input class="form-control mr-2" type="text"
                        placeholder="Find">
                    <button class="btn btn-outline-primary">
                        Find</button>
                </form>
            </nav>
        </div>
    </div>

    ……中略……

</div>
</body>
```

図7-11：ナビゲーションバーの右側に検索フィールドが追加された。

Chapter **7** ナビゲーション

アクセスすると、ナビゲーションバーの右端に入力フィールドとボタンが表示されます。ここではフォームの組み込みを行っているだけなので、送信処理などは一切用意してありません。

<nav>タグの部分を見ると、<a class="nav-item nav-link">によるリンクがいくつか並んだ後に、**<form class="form-inline">**でフォームが追加されています。フォーム内の**<input>**タグや**<button>**タグは、form-controlクラスやbtnクラスを追加しているだけで、特別なクラスなどは特に用意していません。class="form-inline"だけでナビゲーションバーへの組み込みがうまく行えていることがわかるでしょう。

なお、class="form-inline"は、単に「**フォームをインラインにする**」のであり、ナビゲーションバーのためのものではありません。配置したコントロール類を横一列に並べて表示するクラスです。

バーを固定する

ナビゲーションバーは、ページの上部に表示するのが一般的です。が、場合によっては一番上に固定し、スクロールしても常に表示し続けるようにすることもあります。
このように「**バーをウインドウに固定する**」ことも、Bootstrapならば簡単に行えます。ナビゲーションバーの**<nav>タグのclass属性**に以下のようにクラスを指定します。

fixed-top	ウインドウ上部に固定する
fixed-bottom	ウインドウ下部に固定する

ウインドウの一番上に、メニューバーのように固定したければ、<nav>タグのclass属性に「**fixed-top**」というクラスを追加するだけでいいのです。これだけで、ナビゲーションバーが常にウインドウ上部に固定表示されます。
ただし、固定表示されるということは、スクロールして表示されるページのコンテンツとは明らかに違う扱いになるわけですから、同じようなデザインではわかりにくくなります。背景色を目立つようにするなど、表示を考える必要があるでしょう。では、実際の例を見てみましょう。

リスト7-11

```
<body>
<div class="container justify-content-between">
    <div class="row">
        <div class="col-sm-12">
            <h1 class="h4 mb-4">navigation</h1>
        </div>
    </div>
    <div class="row">
        <div class="col-12">
            <nav class="navbar fixed-top navbar-light bg-danger">
```

```
                <a href="#" class="nav-item nav-link text-light">Page A</a>
                <a href="#" class="nav-item nav-link text-light">Page B</a>
                <a href="#" class="nav-item nav-link text-light">Page C</a>
                <form class="form-inline">
                    <input class="form-control mr-2" type="text"
                        placeholder="Find">
                    <button class="btn btn-outline-light">Find</button>
                </form>
            </nav>
        </div>
    </div>

            ……中略……

</div>
</body>
```

図7-12：バーを上部に固定する。長いコンテンツを表示させスクロールしてみると、ナビゲーションバーは常に上部に固定表示されるのがわかる。

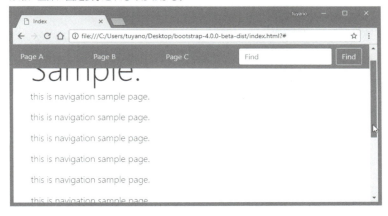

コンテンツとして、「……中略……」の部分に、スクロール表示するほど長いコンテンツを用意しておきましょう。アクセスしてコンテンツをスクロールし、表示がどうなるか確かめて下さい。

このサンプルでは、dangerカラーのナビゲーションバーが上部に表示されます。テキストは白抜きで表示されるようになっています。

　<nav>タグのclass属性を見てみると、「**fixed-top**」でタグを上部に固定しているのがわかります。またこのクラスのほかに、「**navbar-light bg-danger**」でlightテキスト色とdanger背景色を設定してあります。これによりナビゲーションバーの表示色が設定されています。またフォームの<button>タグでは、class属性に「**btn-outline-light**」を指定し、ボタンの輪郭線が表示されるようにしてあります。ナビゲーションバーがdanger背景の濃い色にしてあるので、輪郭線だけでもはっきりとボタンがわかります。

Chapter 7 ナビゲーション

このように、上部に固定したときは、はっきりしたカラーで表示したほうが、わかりやすいインターフェイスになるでしょう。その場合は、表示するテキストカラーについても見やすいものを考えましょう。

エクスターナルコンテンツ

ナビゲーションバーに、リンク以外のコンテンツを組み入れたい場合もあります。ただし、ナビゲーションバーは、ナビゲーションのためのものですから、余計なコンテンツなどは極力排除したいところです。

そこでBootstrapでは、「**エクスターナルコンテンツ**」を組み込める仕組みを導入しました。これはナビゲーションバーに組み込むコンテンツで、初期状態では画面には現れません。クリックで、そのコンテンツを呼び出して表示することができます。
エクスターナルコンテンツは、以下のような形で実装します。

```
<nav class="navbar text-white bg-info">
    <button class="navbar-toggler" data-toggle="collapse" data-target="#ID名">
    ……ナビゲーションリンク……
</nav>
<div class="collapse" id="ID名">
    ……エクスターナルコンテンツ……
</div>
```

エクスターナルコンテンツは、その名の通り、ナビゲーションバーである**<nav>タグの外側**に用意できます。**class="collapse"** を属性に指定したタグの中に、コンテンツを記述します。
collapseタグのIDを、<nav>内の<button>タグの「**data-target**」属性に指定することで、collapseタグのコンテンツを表示できるようになります。
では、利用例を挙げておきましょう。

リスト7-12
```
<body>
<div class="container justify-content-between">
    <div class="row">
        <div class="col-sm-12">
            <h1 class="h4 mb-4">navigation</h1>
        </div>
    </div>
    <div class="row">
        <div class="col-12">
            <nav class="navbar bg-info">
                <button class="navbar-dark navbar-toggler"
                    data-toggle="collapse"
                    data-target="#ex-content">
```

270

```
            <span class="navbar-toggler-icon"></span></button>
            <a href="#" class="nav-item nav-link text-light">Page A</a>
            <a href="#" class="nav-item nav-link text-light">Page B</a>
            <a href="#" class="nav-item nav-link text-light">Page C</a>
        </nav>
        <div class="collapse" id="ex-content">
            <div class="bg-info text-white p-4">
                <h4>Description</h4>
                <p>this is description</p>
            </div>
        </div>
      </div>
    </div>

    ……中略……

</div>
</body>
```

図7-13：ナビゲーションバーの左側に見える「≡」をクリックすると、エクスターナルコンテンツが表示される。

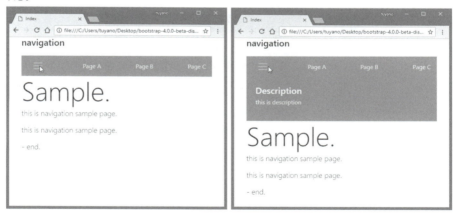

アクセスすると、ナビゲーションバーの左端に「≡」というマークが表示されるようになります。この部分はボタンになっており、クリックするとナビゲーションバーが展開表示され、エクスターナルコンテンツが表示されます。再度クリックすると非表示に戻ります。

ここでは、<nav>内の<button>タグで、**data-target="#ex-content"** と属性を指定してあります。そして、<nav>タグの後に、<div>タグで**id="ex-content"** と指定しています。これがエクスターナルコンテンツです。<button>のボタンをクリックすると、これが展開表示されます。

Chapter **7** ナビゲーション

■「≡」ボタンについて

　ナビゲーションバーに表示される「≡」ボタンは、<button>タグ内に用意されている以下のタグによって表示されます。

```
<span class="navbar-toggler-icon"></span></button>
```

　「**navbar-toggler-icon**」というクラスを指定することで、「≡」というアイコンが表示されるようになります。
　また、<span>が組み込まれている<button>タグのclass属性を見ると、「**navbar-dark**」というクラスが追加されているのに気がつくでしょう。これにより、「≡」アイコンの色が設定されています。このアイコン設定のクラスには以下のようなものがあります。

navbar-dark	ナビゲーションバーが暗い色合いのときに設定する
navbar-light	ナビゲーションバーが明るい色合いの時に設定する

　これらは、navbar-toggler-iconによるアイコン専用というわけではありません。これらによって、ナビゲーションバーが暗い色か明るい色かが設定されます。navbar-toggler-iconのアイコンなどは、これらの設定されたクラスを元に表示の色を調整するようになっている、というわけです。

> **Column** ナビゲーションバーで隠れて見えない！
>
> 　NavBarでは、簡単にバーをウインドウ上部に固定して表示できます。これは大変便利なのですが、実際に使ってみると、固定されたバーにドキュメントの上部が隠れて見えなくなってしまうことに気がつきます。
> 　fixed-topによる上部固定は、ただバーを固定するだけで、コンテンツの位置を自動調整してくれるわけではありません。従って、固定されたバーの幅だけコンテンツの表示位置を下にずらすなどの調整が必要となるでしょう。これは、例えば<body>タグに**padding-top:50px;**などのスタイルを設定しておくことで可能になります。

7-3 パンくずリストとページネーション

ナビゲーションにはさまざまなインターフェイスがあります。ここでは階層的なサイトの移動に用いられる「パンくずリスト」と、多数のデータを表示する「ページネーション」について説明しましょう。

パンくずリストとは？

ナビゲーションバーは、移動するページなどがどのようになっているかはっきりわかっており、それほど多くない場合に役立ちます。が、たくさんのページが階層的に詰まっているような場合には、もう少し別のナビゲーションを考える必要があります。

階層的なページ構造のナビゲーションには「**パンくずリスト**」(Breadcrumb)が多用されます。これは、ページを移動していくに従い、その移動したページへのリンクが順に表示されていく、という方式です。

例えば、トップページ(Home)から「**Section A**」というジャンルのページに進み、そこから更に「**Page A**」というページに進んだ、というような場合、

```
Home / Section A / Page A
```

このような感じでナビゲーションのリンクが表示されるのです。そして、Section AやHomeの部分をクリックすれば、そのページに戻る、というわけです。おそらくどこかのWebサイトで、こうしたナビゲーションを見たことがあるでしょう。リンクの区切りは、スラッシュ(/)だけでなく、＞記号や｜記号など、いろいろなものが用いられています。

breadcrumb について

パンくずリストは、「**breadcrumb**」というクラスとして用意されています。これを設定したタグの中にリンクを組み込んでいくことで、パンくずリストが作成されます。整理するとこのようになります。

■＜ul＞または＜ol＞タグ利用の場合

```
<ol または ul class="breadcrumb">
    <li class="breadcrumb-item">……リンクを用意……</li>

    ……必要なだけ<li>を用意……

</ol または ul>
```

■＜div＞タグ利用の場合

```
<div class="breadcrumb">
    <a class="breadcrumb-item" href="#">……リンク……</a>
```

273

```
        ……必要なだけリンクを用意……

</div>
```

パンくずリストは、まずベースとして**class="breadcrumb"**を属性に指定されたタグを用意します。そしてこの中に、**class="breadcrumb-item"**を属性に持つタグを用意していきます。これが、1つ1つのリンクとなります。

では、実際の利用例を見てみましょう。

リスト7-13

```
<body>
<div class="container justify-content-between">
    <div class="row">
        <div class="col-sm-12">
            <h1 class="h4 mb-4">navigation</h1>
        </div>
    </div>
    <div class="row">
        <div class="col-12">
            <ol class="breadcrumb">
                <li class="breadcrumb-item"><a href="#">Home</a></li>
                <li class="breadcrumb-item"><a href="#">Section A</a></li>
                <li class="breadcrumb-item active">Page A</li>
            </ol>
        </div>
    </div>
        <div class="row">
            <div class="col-12">
                <h2 class="display-3">Sample.</h2>
                <p class="lead">this is navigation sample page. </p>
                <p class="lead">this is navigation sample page. </p>
                <p class="lead">- end.</p>
            </div>
        </div>
    </div>
</div>
</body>
```

図7-14：パンくずリストの利用例。

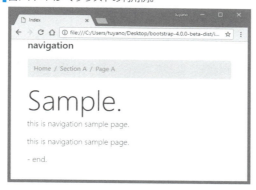

アクセスすると、ウインドウの上部に、「**Home / Section A / Page A**」というリンクが表示されているのがわかるでしょう。これが、パンくずリストです。これで「**Home**」をクリックすればトップページに戻り、「**Section A**」をクリックすればPage Aが含まれているSection Aという階層に移動する、というわけですね（実際にはこれらのページは用意されていません。どのようにリンクが並べられているかというイメージです）。

ここでは、<ol>タグを使ってパンくずリストを作成しています。<ol>には、**class="breadcrumb"**とclass属性が設定されています。そしてその中には、以下のような形でリンクが組み込まれています。

```
<li class="breadcrumb-item"><a href="#">Home</a></li>
```

<li>タグには**class="breadcrumb-item"**が指定されており、その中に<a>タグでリンクが用意されていることがわかります。

<div>によるパンくずリスト

リスト7-13は<ol>タグを使っていますが、<ol>ではなく、ほかのタグでパンくずリストを作成する場合はどうなるのでしょう。例として、<div>によるパンくずリストがどうなるか見てみましょう。

リスト7-14

```
<div class="breadcrumb">
    <a class="breadcrumb-item" href="#">Home</a>
    <a class="breadcrumb-item" href="#">Section A</a>
    <span class="breadcrumb-item active">Page A</span>
</div>
```

パンくずリストの部分だけを掲載しておきます。ここでは、class="breadcrumb"を指定した<div>タグを用意し、その中に<a>タグを記述しています。<a>タグには、**class="breadcrumb-item"**を用意しています。これで、<ol>タグを使ったサンプルと同じように、パンくずリストが作成できます。

Chapter 7 ナビゲーション

カラーと上下の固定表示

　パンくずリストの場合も、ナビゲーションバーで利用したクラスの多くが使えます。例えば、背景色やテキストカラーは「**bg-**」「**text-**」クラスを指定することで設定できますし、「**fixed-top**」「**fixed-bottom**」を使うことでウインドウの上下に固定することもできます。

　では、利用例を挙げましょう。ここでは、<div>タグによるパンくずリストのサンプルを挙げておきます。

リスト7-15
```
<div class="breadcrumb fixed-bottom bg-dark">
    <a class="breadcrumb-item text-light" href="#">Home</a>
    <a class="breadcrumb-item text-light" href="#">Section A</a>
    <span class="breadcrumb-item active">Page A</span>
</div>
```

図7-15：黒い色でウインドウ下部に固定表示させたパンくずリスト。

　アクセスすると、ウインドウの下部に黒いパンくずリストが表示されます。これはページのコンテンツをスクロールしても常にウインドウ下部に固定して表示されます。
　ここでは、<div>タグに**class="breadcrumb fixed-bottom bg-dark"**とクラスが設定されています。これで背景と下部固定が実装できます。パンくずリストといっても、このように利用するクラスの多くは既に覚えたものなのです。

ページネーション

　多量のデータなどを表示するページの場合、データを一定数ごとに切り分け、複数ページに表示することがあります。このとき、ページの移動などのナビゲーションを行う仕組みが「**ページネーション**」です。
　ページネーションは、ページ移動のためのリンクをひとまとめにしたようなものです。これも、これまでのナビゲーションバーやパンくずリストなどと同様、<ul>や<ol>を利用して作成するやり方と、<div>などでリンクをまとめるやり方があります。

276

7-3 パンくずリストとページネーション

■ <ul>または<ol>の利用

```
<ul または ol class="pagination">
    <li class="page-item"><a class="page-link" href="#">リンク</a></li>

    ……必要なだけ<li>を用意……

</ul または ol>
```

■ <div>タグの利用

```
<div または ol class="pagination">
    <a class="page-item page-link" href="#">リンク</a>

    ……必要なだけ<a>を用意……

</div>
```

ページネーションを使う

　では、実際にページネーションを利用してみましょう。以下に簡単な例を挙げておきます。

リスト7-16

```
<body>
<div class="container justify-content-between">
    <div class="row">
        <div class="col-sm-12">
            <h1 class="h4 mb-4">navigation</h1>
        </div>
    </div>
    <div class="row">
        <div class="col-12">
            <h2 class="display-3">Sample.</h2>
            <p class="lead">this is navigation sample page. </p>
            <p class="lead">this is navigation sample page. </p>
            <p class="lead">- end.</p>
        </div>
    </div>
    <div class="row">
        <div class="col-12">
            <nav>
                <ul class="pagination">
                    <li class="page-item"><a class="page-link" href="#">
                        &laquo; Prev</a></li>
```

277

Chapter 7 ナビゲーション

```
                    <li class="page-item"><a class="page-link" href="#">
                        1</a></li>
                    <li class="page-item"><a class="page-link" href="#">
                        2</a></li>
                    <li class="page-item"><a class="page-link" href="#">
                        3</a></li>
                    <li class="page-item"><a class="page-link" href="#">
                        Next &raquo;</a></li>
                </ul>
            </nav>
        </div>
    </div>
</div>
</body>
```

図7-16：ページネーションの例。コンテンツの下に、ページ移動のリンクがまとめられている。

　アクセスすると、コンテンツの下に「**<< Prev**」「**1**」「**2**」「**3**」「**Next >>**」というリンクがグループ化されて表示されます。これが、ページネーションです。

　ここでは、<nav>タグの中に**<ul class="pagination">**<ul>タグを用意してあります。そしてその中に、以下のような形でリンクを記述します。

```
<li class="page-item"><a class="page-link" href="#">&lt;&lt; Prev</a></li>
```

　<li>タグに「**page-item**」のクラスが指定され、その中に「**page-link**」クラスを指定した<a>タグが用意されています。基本的なタグの構造はナビゲーションバーなどとそっくりなことがわかりますね。

<nav> と <a> で作成する

　では、<ul>を使わない例も挙げておきましょう。**リスト7-16**のページネーション部分を以下のように書き換えます。わかりやすいように、rowタグの部分から掲載しておきましょう。

278

リスト7-17

```
<div class="row">
    <div class="col-12">
        <nav>
            <div class="pagination">
                <a class="page-item page-link" href="#">&laquo; Prev</a>
                <a class="page-item page-link" href="#">1</a>
                <a class="page-item page-link" href="#">2</a>
                <a class="page-item page-link" href="#">3</a>
                <a class="page-item page-link" href="#">Next &raquo;</a>
            </div>
        </nav>
    </div>
</div>
```

図7-17：<div>タグと<a>タグを使った例。

　これで、**リスト7-16**と同じようにページネーションが表示されます。よく見ると、**リスト7-16**のサンプルではナビゲーションの四隅がわずかに丸みがかかっているのですが、このサンプルでは、はっきりとした角になっている、という違いがありますが、まぁほぼ同じといってよいでしょう。

アクティブとディスエーブル

　ページの表示は、すべて同じであればいいというわけではありません。例えば、一番前のページを表示しているときは、それより前のページに移動する「**Prev**」ボタンは使えない状態になっているべきです。また3ページ目を表示していたら、「**3**」のボタンは現在選択されているページとして表示を変えたいところですね。
　これらは、リンクのpage-itemクラスが指定されているタグに、以下のクラスを追加することで簡単に設定できます。

disabled	使用不可にする
active	選択状態にする

Chapter 7 ナビゲーション

いずれも、既に今まで何度か登場したクラスですね。これらを指定することで、リンクを使用不可にしたり、選択状態にしたりすることができます。では、利用例を挙げましょう。

リスト7-18
```html
<ul class="pagination">
    <li class="page-item disabled"><a class="page-link" href="#">
        &laquo; Prev</a></li>
    <li class="page-item"><a class="page-link" href="#">1</a></li>
    <li class="page-item active"><span class="page-link">2</span></li>
    <li class="page-item"><a class="page-link" href="#">3</a></li>
    <li class="page-item"><a class="page-link" href="#">Next &raquo;</a></li>
</ul>
```

図7-18：「≪ Prev」ボタンは使用不可に、「2」が選択状態になっている。

アクセスすると、「≪ Prev」ボタンは利用不可になり、リンクとしてクリックできなくなっています。また、「2」のボタンは背景色がPrimaryに変わり、選択されていることを示します。

ページネーションのサイズ

ページネーションのボタンサイズは自動的に調整されますが、もう少し小さくしたい、あるいは大きくしたいということもあります。このようなときは、サイズ設定のクラスを利用します。

pagination-lg	大きなページネーション
pagination-sm	小さなページネーション

これらを、class="pagination"のタグにクラスとして追加することで、ボタンの大きさが変化します。では例を見てみましょう。

7-3 パンくずリストとページネーション

リスト7-19
```
<ul class="pagination pagination-lg">
    <li class="page-item"><a class="page-link" href="#">&laquo; Prev</a></li>
    <li class="page-item"><a class="page-link" href="#">1</a></li>
    <li class="page-item"><a class="page-link" href="#">2</a></li>
    <li class="page-item"><a class="page-link" href="#">3</a></li>
    <li class="page-item"><a class="page-link" href="#">Next &raquo;</a></li>
</ul>
<ul class="pagination pagination-sm">
    <li class="page-item"><a class="page-link" href="#">&laquo; Prev</a></li>
    <li class="page-item"><a class="page-link" href="#">1</a></li>
    <li class="page-item"><a class="page-link" href="#">2</a></li>
    <li class="page-item"><a class="page-link" href="#">3</a></li>
    <li class="page-item"><a class="page-link" href="#">Next &raquo;</a></li>
</ul>
```

図7-19：大きいページネーションと小さいページネーション。

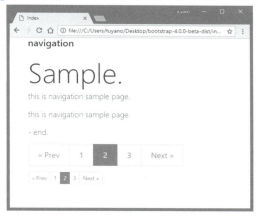

　ここでは2つのページネーションを用意してあります。1つ目が通常より大きなもの、2つ目が通常より小さなものです。それぞれ、<ul>タグに「**pagination-lg**」あるいは「**pagination-sm**」を指定しています。これだけでボタンのサイズがまとめて変更されます。

位置揃えについて

　続いて、ページネーションの位置揃えについてです。デフォルトでは、ページネーションのボタングループはウインドウの左側に表示されます。これを中央揃えにしたり、右揃えにしたい場合は、以下のクラスを利用します。

justify-content-center	中央揃えにする
justify-content-end	右揃えにする

281

これらを、class="pagination"を用意したタグにクラスとして追記します。実際の例を挙げましょう。

リスト7-20
```html
<ul class="pagination justify-content-end">
    <li class="page-item"><a class="page-link" href="#">&laquo; Prev</a></li>
    <li class="page-item"><a class="page-link" href="#">1</a></li>
    <li class="page-item"><a class="page-link" href="#">2</a></li>
    <li class="page-item"><a class="page-link" href="#">3</a></li>
    <li class="page-item"><a class="page-link" href="#">Next &raquo;</a></li>
</ul>
<ul class="pagination justify-content-center">
    <li class="page-item"><a class="page-link" href="#">&laquo; Prev</a></li>
    <li class="page-item"><a class="page-link" href="#">1</a></li>
    <li class="page-item"><a class="page-link" href="#">2</a></li>
    <li class="page-item"><a class="page-link" href="#">3</a></li>
    <li class="page-item"><a class="page-link" href="#">Next &raquo;</a></li>
</ul>
<ul class="pagination">
    <li class="page-item"><a class="page-link" href="#">&laquo; Prev</a></li>
    <li class="page-item"><a class="page-link" href="#">1</a></li>
    <li class="page-item"><a class="page-link" href="#">2</a></li>
    <li class="page-item"><a class="page-link" href="#">3</a></li>
    <li class="page-item"><a class="page-link" href="#">Next &raquo;</a></li>
</ul>
```

図7-20：ページネーションの位置を右・中央・左に配置する。

アクセスすると3つのページネーションが、それぞれ右・中央・左に配置されます。それぞれの<ul>タグのclass属性を見てみましょう。クラスを追記するだけで位置が変更されることがよくわかるでしょう。

7-4 スクロールスパイ

　ページ内に多量のコンテンツを配置する際、スクロール移動のためのインターフェイスが重要になります。そのための専用コンポーネントである「スクロールスパイ」の使い方について説明しましょう。

スクロールスパイとは？

　コンテンツを決まったエリア内にはめ込んで表示するようなとき、コンテンツが長いとスクロール表示をすることになります。が、スクロール表示というのは意外にわかりにくいものです。

　このため、スクロール表示するコンテンツにリンクを付け、ナビゲーションバーのボタンクリックでその場所にスクロール移動する、というような仕組みを用意しているサイトを見ることがあるでしょう。これを実装するのが、Bootstrapの「**スクロールスパイ**」です。

　スクロールスパイは、ナビゲーションバーでスクロール移動する、というものではありません。移動そのものは、リンクを用意すれば簡単に行えます。スクロールバーは、「**スクロール位置に応じてナビゲーションバーの最適なボタンを選択状態にする**」のです。

　例えば、ナビゲーションバーに「**A**」「**B**」「**C**」といったリンクがあったとしましょう。これらをクリックすると、スクロール表示されるコンテンツに組み込んであるA、B、Cの地点にジャンプするようになっています。これは特別な機能などなく実装できます。

　が、これだけだと、リンクを使わず普通にスクロールしていったとき、「**どこまで読んだか**」がわかりません。スクロールしてBのリンク地点まで来たら、自動的にナビゲーションバーの「**B**」リンクが選択状態になれば、「**あ、今、ここまで読んだんだな**」とわかります。

　こうした「**スクロールの位置とナビゲーションバーのボタンの選択状態をシンクロする**」のがスクロールスパイです。

　次ページの**図7-21**で、スクロールスパイのイメージを確認して下さい。

283

Chapter 7 ナビゲーション

図7-21：スクロールスパイの働き。ナビゲーションバーのボタンとスクロール表示されるコンテンツの位置がシンクロしており、スクロールした位置に応じてナビゲーションバーのボタンの選択状態が変化する。

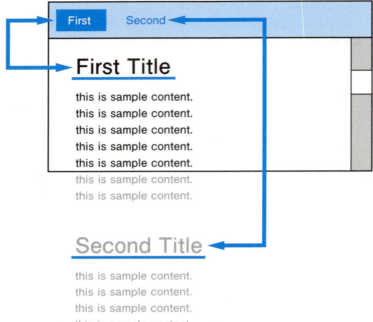

スクロールスパイの適用条件

　このスクロールスパイは、どんなコンテンツにも機能するというわけではありません。スクロールスパイを利用するためには条件があります。

- 「**position: relative;**」が設定されたタグ内にコンテンツ類が置かれている。
- コンテンツ類が置かれているタグのheightがスクロールできる範囲に調整されている。

　スクロールスパイは、コンテンツがスクロール表示されるときでなければ機能しません。これは、Webページのスクロールではなく、Webページの中にコンテンツの領域があり、その中でスクロール表示される、という状態でなければいけません。
　そのためには、コンテンツを配置するタグを用意し、それに**position**と**height**を設定してやります。そしてそのタグの中に、スクロールスパイのためのタグ類を構築していきます。

7-4 スクロールスパイ

コンテナ用スタイルを用意する

ここでは、スクロールスパイ用のクラスを定義しておくことにしましょう。**style. scss**（あるいは**style.css**）に以下のようにクラスを追記して下さい。

リスト7-21

```scss
.scrollspy-frame {
    position: relative;
    height: 200px;
    margin-top: 10px;
    overflow: auto;
}
```

scssを利用する場合は、コマンドプロンプトまたはターミナルからsassコマンドを実行してcssファイルを生成しておいて下さい。やり方は覚えていますか？　アプリケーションの「**css**」フォルダにカレントディレクトリを移動し、以下のように実行するんでしたね。

```
>sass style.scss:style.css
```

これで、style.scssがstyle.cssにコンパイルされます。「**いちいちコンパイルするのは面倒！**」という人は、style.cssに直接記述してしまっても構いません。

スクロールスパイを利用する

では、実際にスクロールスパイを使ってみましょう。**リスト7-22**に簡単なサンプルを掲載しておきます。ただし、スクロールスパイは、コンテンツがスクロール表示されなければ機能しません。そこで、リストの「**……適当にコンテンツを追加……**」の部分に長いコンテンツを記述して利用して下さい。

リスト7-22

```html
<body>
<div class="container">
    <div class="row">
        <div class="col-sm-12">
            <h1 class="h4 mb-4">navigation</h1>
        </div>
    </div>
    <div class="row">
        <div class="col-12">
            <div class="border border-info p-1">
                <nav id="navbar-1" class="navbar navbar-light bg-light">
                    <ul class="nav nav-pills">
                        <li class="nav-item">
```

285

Chapter 7 ナビゲーション

```html
                    <a class="nav-link active" href="#start">Start</a>
                </li>
                <li class="nav-item">
                    <a class="nav-link" href="#middle">Middle</a>
                </li>
                <li class="nav-item">
                    <a class="nav-link" href="#end">End</a>
                </li>
            </ul>
        </nav>
        <div data-spy="scroll" data-target="#navbar-1"
            data-offset="0" class="scrollspy-frame">
            <h4 id="start" class="display-4">Start Title</h4>
                ……適当にコンテンツを追加……
            <h4 id="middle" class="display-4">Middle Title</h4>
                ……適当にコンテンツを追加……
            <h4 id="end" class="display-4">End Title</h4>
                ……適当にコンテンツを追加……
        </div>
      </div>
    </div>
  </div>
</div>
</body>
```

図7-22：スクロールバーでスクロールしていくと、ナビゲーションバーのボタンの選択が自動的に切り替わっていく。

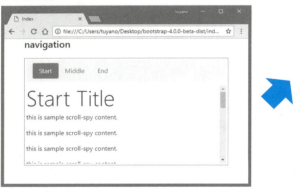

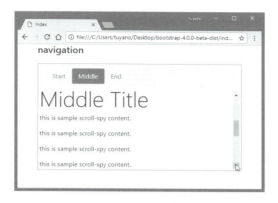

アクセスすると、ナビゲーションバーの下にスクロール表示されるコンテンツが現れます。ナビゲーションバーのリンクをクリックすれば、指定の位置にスクロール位置が移動します。

では、スクロールバーをスクロールしていくと？　今度は、スクロールの位置に応じて、ナビゲーションバーのリンクの選択状態が変化していくのです。スクロール位置と、ナビゲーションバーのリンクの選択状態がシンクロしているのがよくわかるでしょう。

ナビゲーションバーの設定

では、タグの内容を見てみましょう。ここでは、<div>タグの中に、ナビゲーションバーのタグと、コンテンツ関係のタグが置かれていることがわかります。

この内、ナビゲーションバーの部分は、既に説明したナビゲーションバーのタグ構成そのものであることがわかるでしょう。注意すべき点は、「**リンクをまとめるタグ部分にnav-pillsクラスを追加し、ピル型ボタンにしておく**」ということでしょう。スクロールスパイで使うナビゲーションバーは、**nav-pills**か**nav-tabs**を設定しておいて下さい。

スクロール部分の設定

では、スクロール表示されるコンテンツの部分を見てみましょう。コンテンツは、以下のようなタグの中にまとめられています。用意されている属性について説明をしておきます。

```
<div data-spy="scroll" data-target="#navbar-1" data-offset="0"
    class="scrollspy-frame">
```

data-spy="scroll"	スクロール部分を示すためのもの
data-target="#navbar-1"	ナビゲーションバーのID
data-offset="0"	データの表示位置
class="scrollspy-frame"	割り当てるスタイルのクラス

classは、**リスト7-21**で作成しておいた**scrollspy-frame**クラスを割り当てています。これにより、このタグがフレームとなり、この中のコンテンツ類がスクロール表示されるようになります。

<div>タグ内に書かれているコンテンツは、だいたい以下のような形になっています。

```
<h4 id="start" class="display-4">Start Title</h4>
……適当にコンテンツを追加……
```

<h4>にid属性が指定されていますね。このid属性によって、スクロール表示位置が指定されます。例えば、ここでは**id="start"**となっています。ナビゲーションバーを見ると、このようなリンクが用意されているのがわかります。

```
<a class="nav-link active" href="#start">Start</a>
```

hrefに**"#start"**と指定されています。通常ならば、この<a>タグをクリックすると、**<h4 id="start">**タグがスクロールのトップ位置に移動するわけですが、スクロールスパイでは逆に、<h4 id="start">がスクロールエリアの一番上に移動したとき、href="#start"の<a>タグが選択状態になる（activeクラスがclassに追加される）というわけです。

横にリストを配置する

ナビゲーションバーのように横長のものは、コンテンツの上に配置するだけですが、リストのように縦長のものをナビゲーションに利用する場合はコンテンツの右か左に配置する必要があるでしょう。このような場合は、rowタグとcolタグの構成をよく考えないといけません。

実際に、リストを使ったスクロールスパイの利用例を見てみましょう。

リスト7-23

```
<body>
<div class="container">
    <div class="row">
        <div class="col-sm-12">
            <h1 class="h4 mb-4">navigation</h1>
        </div>
    </div>

    <div class="border border-info p-1">

        <div class="row">

            <div class="col-4">
                <div id="list-1" class="list-group d-flex flex-column">
                    <a class="list-group-item list-group-item-action"
                        href="#start">Start</a>
```

```html
            <a class="list-group-item list-group-item-action"
                href="#middle">Middle</a>
            <a class="list-group-item list-group-item-action"
                href="#end">End</a>
        </div>
    </div>

    <div class="col-8">
        <div data-spy="scroll" data-target="#list-1" data-offset="0"
            class="scrollspy-frame">
            <h4 id="start" class="display-4">Start Title</h4>
                ……適当にコンテンツを追加……
            <h4 id="middle" class="display-4">Middle Title</h4>
                ……適当にコンテンツを追加……
            <h4 id="end" class="display-4">End Title</h4>
                ……適当にコンテンツを追加……
        </div>
    </div>

    </div>
</div>

</div>
</body>
```

図7-23：左側にリストを配置した例。スクロールすると、リストが選択されていく。

　これは、コンテンツの左側にリストを表示させた例です。スクロールさせていくと、スクロール位置に応じて左側のリストが選択されていきます。

　ここでのタグの構成を見ると、以下のような形になっていることがわかるでしょう。

```html
<div class="border border-info p-1">
    <div class="row">
        <div class="col-4">
```

```
             ‥‥‥リストグループ‥‥‥
         </div>

         <div class="col-8">
             ‥‥‥コンテンツ‥‥‥
         </div>
      </div>
</div>
```

rowタグの外側に、コンテンツ全体を格納する<div>タグを配置していることがわかります。そしてその中にrowタグを配置し、更にcolタグを2つ配置して、それぞれの中にリストグループとコンテンツが配置されています。このように、**rowタグそのものを全体の<div>タグの中に組み込んでしまうことで、内部をグリッドレイアウトでレイアウトできる**ようになります。

階層ナビゲーションの利用

長いコンテンツになると、見出しの中に更に小見出しが組み込まれている場合もあります。こうしたコンテンツでは、ナビゲーションのリンクも階層的に構築することになります。

<nav>タグの中に更に<nav>を組み込むことで階層化されたナビゲーションバーを作成できますが、こうした階層化ナビゲーションも、そのままスクロールスパイで利用することができます。

では、利用例を見てみましょう。ナビゲーションバーがかなり長くなるので、コンテンツの表示エリアを少し広げる必要があります。**リスト7-21**で作成したscrollspy-frameクラスのheightの値を「**300px**」ぐらいに変更して、高さを調整しておきましょう。

リスト7-24

```
<body>
<div class="container">
    <div class="row">
        <div class="col-sm-12">
            <h1 class="h4 mb-4">navigation</h1>
        </div>
    </div>
    <div class="border border-info p-1">
        <div class="row">
            <div class="col-4">
                <nav id="nav-1" class="nav nav-pills flex-column
                    navbar-light bg-light">
                    <a class="nav-link" href="#start">Start</a>
                    <nav class="nav nav-pills flex-column ml-3 bg-light">
```

```html
                    <a class="nav-link" href="#start-A">Start A</a>
                    <a class="nav-link" href="#start-B">Start B</a>
                </nav>
                <a class="nav-link" href="#middle">Middle</a>
                <nav class="nav nav-pills flex-column ml-3 bg-light">
                    <a class="nav-link" href="#middle-A">Middle A</a>
                    <a class="nav-link" href="#middle-B">Middle B</a>
                </nav>
                <a class="nav-link" href="#end">End</a>
            </nav>
        </div>
        <div class="col-8">
            <div data-spy="scroll" data-target="#nav-1" data-offset="0"
            class="scrollspy-frame">
                <h4 id="start" class="display-4">Start Title</h4>
                ……略……
                <p id="start-A">this is sample scroll-spy content.</p>
                ……略……
                <p id="start-B">this is sample scroll-spy content.</p>
                ……略……
                <h4 id="middle" class="display-4">Middle Title</h4>
                ……略……
                <p id="middle-A">this is sample scroll-spy content.</p>
                ……略……
                <p id="middle-B">this is sample scroll-spy content.</p>
                ……略……
                <p id="end" class="display-4">End Title</p>
                ……略……
            </div>
        </div>
    </div>
    </div>
</div>
</body>
```

Chapter 7 ナビゲーション

▍図7-24：スクロールすると、階層化されたナビゲーションバーがスクロールに合わせて選択されていく。

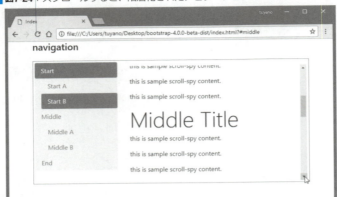

コンテンツの左側に、階層化されたナビゲーションバーを表示させてあります。スクロールさせると、階層化されたナビゲーションがきれいに選択されていきます。

<nav>タグの中に<a>タグでリンクを用意し、そこに更に<nav>タグを置いて階層化されたリンクを作っています。このように階層的に<nav>を組み入れていくことで、階層化されたナビゲーションバーが作れます。

実際に操作してみると、ベースとなっている<nav>と、その中に組み入れている<nav>が、必要に応じて両方表示されることがわかるでしょう。
例えば**<p id="middle-A">**までスクロールすると、「**Middle A**」と、この<nav>が組み入れられている「**Middle**」の2つの項目が選択状態となります。「**Middle内のMiddle Aが表示されている**」ということがわかるようになっているのです。

これは、<nav>内に直接<a>タグを並べる構造である場合に機能します。NavBarを作成するときのように、<nav>内に<ul>を使ってリンクを構築したりするとうまく機能しない（この例ならば、表示されている「**Middle A**」だけが選択され、それがある「**Middle**」は選択されない）場合があるので注意して下さい。

Chapter 8

アラートと
モーダルダイアログ

必要に応じて情報を表示するためのインターフェイスに
「アラート」と「ダイアログ」があります。Bootstrapには、こ
うした役割のためのコンポーネントがほかにもいろいろと用
意されています。それらの使い方をまとめて説明しましょう。

CSS フレームワーク　Bootstrap 入門

Chapter 8 アラートとモーダルダイアログ

8-1 アラートとモーダルの基本

アラートとモーダルダイアログは、コンテンツを呼び出して表示するためのコンポーネントです。その基本的な利用の仕方について説明しましょう。

アラートの表示

ユーザーに何らかの注意喚起をしたり、必要な入力などを求めるとき、パソコンの一般的なアプリケーションでは「**アラート**」や「**ダイアログ**」といったインターフェイスが用いられます。

Webページを記述するためのHTMLには、こうした機能のためのタグはありません（JavaScriptで簡単なアラートやダイアログを呼び出すことは可能です）が、Bootstrapの機能を利用することで、Webページ内にアラートやダイアログのような表示を作成することが可能です。

まずは、シンプルな「**アラート**」の表示から行ってみましょう。アラートは、メッセージを画面に表示するだけの単純なインターフェイスです。「**alert**」というクラスをタグに追加するだけで作成できます。

ただし、これだけではアラートの部分の表示がはっきりとわからないため、alertクラスと併せて、アラートの色を指定する以下のクラスを指定します。

```
alert-primary
alert-secondary
alert-info
alert-warning
alert-danger
alert-light
alert-dark
```

これらは背景色とテキストカラー、更にボーダーの設定をまとめて行います。したがって、このほかに色関係のクラスを追加する必要はないでしょう。

では、実際にアラートを表示する例を見てみましょう。Webページの<body>タグの部分を以下に掲載します。

リスト8-1

```
<body>
<div class="container">
    <div class="row">
        <div class="col-sm-12">
            <h1 class="h4 mb-4">Alert/Dialog</h1>
        </div>
    </div>
```

294

```html
        <div class="row">
            <div class="col-12">
                <div class="alert alert-primary" role="alert">
                    This is an Alert Sample Content.
                </div>
                <div class="alert alert-secondary" role="alert">
                    This is an Alert Sample Content.
                </div>
                <div class="alert alert-info" role="alert">
                    This is an Alert Sample Content.
                </div>
                <div class="alert alert-warning" role="alert">
                    This is an Alert Sample Content.
                </div>
                <div class="alert alert-danger" role="alert">
                    This is an Alert Sample Content.
                </div>
            </div>
        </div>
    </div>
</body>
```

図8-1：アラートの表示例。簡単なメッセージを表示するだけのシンプルなものだ（口絵参照）。

　アクセスすると、5種類のアラートが表示されます。それぞれにカラー設定をしているので、色による表示の違いがよくわかるでしょう。
　アラートは、基本的に特定の色で塗りつぶされた長方形の形をしています。ボーダーは、背景より少しだけ濃い程度の色で表示されており、それほど目立つわけではありませんが、ほかのコンテンツとは切り離されたメッセージであることは感じられるでしょう。

アラートコンテンツ用のクラス

アラートには、プレーンなテキストだけしか表示できないわけではありません。スタイルを設定してマルチフォントなメッセージも作れます。

Bootstrapでは、あらかじめアラート関係のテキストのスタイルに関するクラスがいくつか用意されています。それらを使うことで、アラートのスタイルに合わせたスタイル設定が行えます。

alert-heading	ヘッダー（タイトルなど）用のクラス
alert-link	リンク用のクラス

これらのクラスは、単にテキストのタグのclassに指定するだけです。では利用例を挙げましょう。**リスト8-1**のサンプルのアラート部分（classに"alert"指定された<div>タグ）だけ抜き出して修正し、掲載しておきましょう。

リスト8-2
```
<div class="alert alert-primary" role="alert">
    <h3 class="alert-heading">Message</h3>
    <p>This is an Alert Sample Content.
        This is an Alert Sample Content.
        This is an Alert Sample Content.</p>
    <hr>
    <p>web site is
    <a class="alert-link" href="#">here.</a>
    </p>
</div>
```

図8-2：アラートの例。タイトルとなるヘッダーとリンクの表示を追加した。

このサンプルでは、冒頭にタイトルとなるヘッダー部分のテキストを表示させています。また、<a>タグを使ったリンクも用意しました。これらは以下のようにクラスを設定してあります。

■ヘッダー用のタグ

```
<h3 class="alert-heading">
```

■リンクのタグ

```
<a class="alert-link" href="#">
```

　非常に単純ですね。classにそれぞれアラート用のクラスを指定しているだけです。これで、タイトルとリンクをスタイル設定できるようになりました。これだけでも、だいぶアラートの表現力はアップします。

アラートを閉じる

　アラートは、一般に「**画面に新しいウインドウとして現れて、ボタンを押して閉じる**」ものです。ところがBootstrapのアラートは、Webページのコンテンツ内に埋め込まれていて、最初から表示されています。これはこれでいいのですが、せめて「**見たものは閉じる**」ぐらいはしたいところですね。これには、クローズボックスのアイコンを表示させて処理を行わせる方法が用意されています。

```
<button type="button" class="close" data-dismiss="alert">
    <span">&times;</span>
</button>
```

　<button>タグには、「**close**」というclass属性が追加されています。また、「**data-dismiss**」という属性に「**alert**」という値が設定されています。

　<button>内には<span>タグが用意されており、この中で「**&times**」というテキストが設定されています。これは「×」を表示させるためのもので、これがクローズボックスとして利用されます。

　では、利用例を見てみましょう。alertクラス指定のタグ部分だけ掲載しておきます。

リスト8-3

```
<div class="alert alert-warning alert-dismissible fade show" role="alert">
    <button type="button" class="close" data-dismiss="alert">
        <span aria-hidden="true">&times;</span>
    </button>
    <h3 class="alert-heading">Message</h3>
    <p>……表示するテキスト……</p>
</div>
```

図8-3：アラートの右上に「×」マークが見える。これをクリックすると、アラートが消える。

アクセスしてアラートを表示したら、アラートの右上にある「×」アイコンをクリックしてみましょう。するとアラートが消えます。

このように、クローズボックスのタグを追加するだけで、そのタグがクローズボックスとして機能するようになります。表示は「×」である必要はありませんが、なるべくわかりやすいものにしておくべきでしょう。例えば、「×」の代わりに「**CLOSE**」とテキストにする、などはありそうですね。

モーダルダイアログの表示

アラートはメッセージを表示するだけのものですが、もう少し複雑な操作が必要になった場合に用いられるのが「**モーダルダイアログ**」です。モーダルダイアログは、ダイアログ内にボタンやフィールドなどを表示することができ、ユーザーに入力をしてもらうなどの操作が行えます。

普通のダイアログとモーダルダイアログは違うのか？　というと、実は違いはありません。「**モーダル**」というのは、それが表示されている間、ほかの処理を停止することを示します。ダイアログが現れると、閉じるまでほかの操作ができなくなるタイプのダイアログが「**モーダルダイアログ**」です。

モーダルダイアログの利用については、2つの部分に分けて考えるとよいでしょう。

1つは、「**モーダルダイアログのデザイン作成**」の部分。そしてもう1つが「**モーダルダイアログの表示・非表示**」の部分です。

モーダルダイアログは、アラートのようにただテキストを表示しただけというのではなく、「**タイトル**」「**コンテンツ**」「**操作ボタン**」といった領域を組み合わせたような形になっています。ですから、モーダルダイアログを作成するのにも、けっこう複雑なタグを書かなければいけません。

また、モーダルダイアログは必要に応じて画面に呼び出すような使い方をしますから、その処理法も理解しておく必要があるでしょう。

ダイアログの基本設計

まずは、表示するダイアログをどのように作成するかです。これは以下のような構造になっています。

```
<div class="modal-dialog" role="document">
    <div class="modal-content">
        <div class="modal-header">
            ……タイトル……
        </div>
        <div class="modal-body">
            ……コンテンツ……
        </div>
        <div class="modal-footer">
            ……ボタンなどのフッター表示……
        </div>
    </div>
</div>
```

▌modal-dialog クラスのタグ

一番外側には、**class="modal-dialog"**を指定したタグを用意します。これがダイアログのベースとなるコンテナ部分になります。

▌modal-content クラスのタグ

その内側には、**class="modal-content"**を指定したタグが用意されます。これは、ダイアログに表示するコンテンツを格納するタグです。この中に、表示関係のタグ（下の3つ）をまとめます。

▌modal-header クラスのタグ

ヘッダー（タイトルなど）を表示します。この中にタイトルのタグなどを記述します。

▌modal-body クラスのタグ

これが、ダイアログのコンテンツとなる部分です。ここに表示する内容をすべて記述します。

▌modal-footer クラスのタグ

フッター部分です。コンテンツの下に表示されるもので、一般にプッシュボタンなどを表示するのに使います。

このタグの構造をもとに、必要なコンテンツ関係のタグなどを追記していけば、ダイアログの表示は完成します。では、簡単なサンプルを作成してみましょう。

Chapter 8 アラートとモーダルダイアログ

リスト8-4

```html
<body>
<div class="container">
    <div class="row">
        <div class="col-sm-12">
            <h1 class="h4 mb-4">Alert/Dialog</h1>
        </div>
    </div>
    <div class="row">
        <div class="col-12">

            <div class="modal-dialog" role="document">
                <div class="modal-content">
                    <div class="modal-header">
                        <h5 class="modal-title">Modal Dialog Title</h5>
                    </div>
                    <div class="modal-body">
                        <p>this is modal dialog sample. this is modal dialog
                            sample. </p>
                    </div>
                    <div class="modal-footer">
                        <button type="button" class="btn btn-primary">
                            Click me</button>
                    </div>
                </div>
            </div>

        </div>
    </div>
</div>
</body>
```

図8-4：ダイアログを表示したところ。

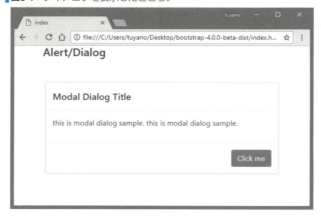

アクセスすると、ウインドウ内にダイアログが表示されます。これはダイアログのデザインだけなので、ボタンをクリックしても何も起こりません。

ダイアログは、ウインドウの中央に表示されるのがわかるでしょう。またタイトルのテキストがボールド体で表示されるなど、基本的なスタイルは設定済みであることがわかります。

プッシュボタンでダイアログを呼び出す

では、このようなダイアログをボタンで呼び出し、表示させるにはどうすればいいのでしょう。また表示されたダイアログを消す方法も知っておきたいものですね。

ダイアログの表示

ダイアログの呼び出しは、<button>タグを使って簡単に行えます。これは、以下のような形で記述します。

```
<button class="btn" data-toggle="modal" data-target="#ID名">
```

<button>タグには、**data-toggle="modal"**という属性を用意します。これで、モーダルダイアログを呼び出す働きが設定されます。また、**data-target**には、操作するモーダルダイアログのIDの値(この後に説明)を指定します。これで、指定のIDのモーダルダイアログを表示するボタンができます。

ダイアログのモーダル化

これだけでは、実は**リスト8-4**のダイアログを表示したりすることはできません。そのためには、作成したダイアログを「**モーダル**」に対応させる必要があります。これは、以下のようなタグの中にダイアログを記述します。

```
<div class="modal" id="ID名">
    ……ダイアログのタグを記述……
</div>
```

class="modal"を指定したタグが、モーダル設定のタグです。このタグ内にダイアログの内容を記述すると、それがモーダルとして機能するようになります。このタグのid属性に指定した値が、<button>タグの**data-target**属性に設定されます。

閉じるボタンの用意

呼び出したダイアログには、ダイアログを閉じるボタンを用意しておきたいところですね。これは、<button>タグを使って作成できます。以下のように記述します。

```
<button class="btn" data-dismiss="modal">
```

<button>タグ内に、**data-dismiss="modal"**という属性を用意します。これで、このボ

タンにダイアログを閉じる働きが組み込まれます。なお、閉じるダイアログのIDなどを指定する必要はありません。この<button>タグが組み込まれているモーダルダイアログが自動的に閉じられるようになっています。

ダイアログを呼び出す

では、実際にサンプルを作って動かしてみましょう。今回は、コンテンツを配置している<div class="row">タグの部分から掲載をしておきます。

リスト8-5

```
<div class="row">
    <div class="col-12">

        <button type="button" class="btn btn-primary"
            data-toggle="modal" data-target="#dialog1">
            Show Modal Dialog
        </button>

        <div class="modal fade" id="dialog1">
            <div class="modal-dialog" role="document">
                <div class="modal-content">
                    <div class="modal-header">
                        <h5 class="modal-title">Modal Dialog Title</h5>
                    </div>
                    <div class="modal-body">
                        <p>this is modal dialog sample.
                            this is modal dialog sample.</p>
                    </div>
                    <div class="modal-footer">
                        <button type="button" class="btn btn-primary"
                            data-dismiss="modal">Click me</button>
                    </div>
                </div>
            </div>
        </div>
    </div>
</div>
```

図8-5：ボタンを押すとダイアログが現れる。ダイアログのボタンを押すと閉じる。

では、アクセスしてみて下さい。Webページには、プッシュボタンが1つ表示されています。これをクリックすると、モーダルダイアログが表示されます。ダイアログにある「**Click me**」ボタンをクリックすると、ダイアログは閉じられます。なお、ダイアログ以外の部分をクリックしてもダイアログを消すことができます。

ここでは、ダイアログを呼び出す<button>タグに、**data-target="#dialog1"**と属性を指定しています。そしてダイアログは、**<div class="modal fade" id="dialog1">**というタグの中に記述されています。これで、**id="dialog1"**で作成されるモーダルダイアログがボタンクリックにより表示されるようになります。

なお、modalのタグには、「**fade**」というクラスも追加されていて、ダイアログをフェードイン・フェードアウトというエフェクトを使って表示・非表示させます。これがないと、画面の表示・非表示はエフェクトを使わず、突然ダイアログが表示されたり消えたりするようになります。

アラートをモーダル表示する

このダイアログの表示・非表示機能は、実は「**modalタグの中身を表示・非表示にする**」というものであり、そこにあるのがダイアログである必要はありません。

例えば、ダイアログのタグ内にアラートタグを設置すれば、「**ボタンクリックでアラートを表示する**」ということもできます。やってみましょう。<div class="row">タグの部分を書き換えて下さい。

リスト8-6
```
<div class="row">
    <div class="col-12">
        <button type="button" class="btn btn-primary"
            data-toggle="modal" data-target="#alert1">
            Show Alert
        </button>

        <div class="modal fade" id="alert1">
            <div class="modal-dialog" role="document">
                <div class="alert alert-warning" role="alert">
                    <h3 class="alert-heading">Alert Message</h3>
                    <p>this is alert content. this is alert content.</p>
                </div>
            </div>
        </div>
    </div>
</div>
```

図8-6：ボタンをクリックするとアラートが表示される。

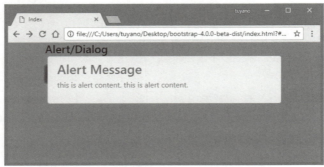

プッシュボタンをクリックすると、Warningカラーのアラートが表示されます。アラート以外の適当なところをクリックすると消えます。

ここでは、modalタグの中に**modal-dialog**を用意し、この中にダイアログ関係のタグではなく、**alert**クラスを設定したタグ（アラート表示のタグ）を記述してあります。こうすることで、モーダルダイアログの表示の仕組みをそのまま使い、アラートをコンテンツとして表示させていたのです。

ポップオーバーをモーダル表示する

モーダルダイアログの仕組みを利用すれば、アラートに限らず、さまざまなものを「**ボタンクリックで表示・非表示**」させることができるようになります。もう一つの例として、ポップオーバーの表示をモーダルで呼び出してみましょう。

リスト8-7

```
<div class="row">
    <div class="col-12">
        <button type="button" class="btn btn-primary"
            data-toggle="modal" data-target="#alert1">
            Show Alert
        </button>

        <div class="modal fade" id="alert1">
            <div class="modal-dialog" role="document">
                <div class="popover">
                    <h3 class="popover-header">Popover!</h3>
                    <div class="popover-body">
                        <p>this is popover content. this is popover content.
                            </p>
                    </div>
                </div>
            </div>
        </div>
    </div>
</div>
```

図8-7：ボタンをクリックするとポップオーバーが現れる。

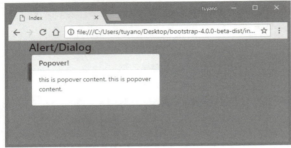

ボタンをクリックしてみると、ポップオーバーが画面にモーダルとして現れます。
リスト8-7をよく見ればわかりますが、**リスト8-6**のアラート関係のタグをスタティックポップオーバーのタグに書き換えただけです。**class="modal-dialog"** のタグの中に、**<div class="popover">** とポップオーバーのタグがあり、その中に表示するコンテンツが書かれていますね。これで、ポップオーバーがモーダルで表示されるようになります。

ほかにもさまざまなコンテンツをモーダルで表示させることができます。自分なりにタグをカスタマイズして表示を確かめてみると面白いでしょう。

8-2 ツールチップ、ポップオーバー、コラプス

アラートやダイアログ以外にも、コンテンツを必要に応じて呼び出して表示するコンポーネントはあります。それらについてまとめて説明をしましょう。

消えるインターフェイス

ダイアログやアラートのように、一時的に情報を画面に表示し、消えるインターフェイスというのは、ほかにもあります。例えば、以下のようなものが思い浮かぶでしょう。

ツールチップ	マウスポインタをボタンなどの上に移動するとポップアップして現れる説明テキスト
コラプス	アラートのようにメッセージなどのテキストを必要に応じて展開表示する
ポップオーバー	スタティックポップオーバーがボタンクリックでポップアップして現れるインターフェイス
アコーディオン	いくつかの説明が重なっており、クリックするとその項目が開いて説明テキストが現れる

　こうしたインターフェイスもBootstrapには用意されています。ただし、これらはタグを書くだけで動かすことはできません。少しだけですが、JavaScriptのスクリプトを書いてやる必要があります。動作のためのスクリプトとタグを、併せて説明していくことにしましょう。

ツールチップを表示する

　最初に登場するのは「**ツールチップ**」です。ツールチップは、インターフェイスに関する短い情報をポップアップして表示します。例えばボタンやフィールドなどの上にマウスポインタを載せると、そこに小さな吹き出しのようなものが現れることがあるでしょう。あれが、ツールチップです。

　ツールチップは、パソコンのアプリケーションやOSの機能などで、GUIの簡単な説明を表示するのに多用されています。Webページでも、ツールチップを用意することでずいぶんとインターフェイスがわかりやすくなります。

図8-8：ツールチップの利用例。これはGoogleドキュメントで、ツールバーのアイコンにつけられているツールチップ。このようにマウスポインタを上に移動すると現れる。

ツールチップの表示

　ツールチップの実装法は、ちょっと変わっています。ツールチップは、今までのアラートやダイアログなどのように、表示内容のタグを記述して作っていくわけではありません。

　ではどうするのかというと、表示させたいタグの中に**属性**として組み込むのです。例えば、ボタン（<button>タグ）にツールチップを実装する場合を考えてみましょう。

Chapter 8 アラートとモーダルダイアログ

```
<button class="btn" data-toggle="tooltip" data-placement=" 位置 "
    title=" テキスト " >
```

data-toggle	この属性に "tooltip" と指定することでツールチップが設定される
data-placement	ツールチップが表示される方向を指定する。"top"、"bottom"、"right"、"left"のいずれかを指定する
title	ツールチップに表示されるテキスト

　上記の3つの属性を用意することで、そのタグにツールチップが設定されます。ただし！　これだけではツールチップは動きません。

■ツールチップの初期化処理

　これまで説明してきたコンポーネント類と違い、ツールチップは、自動的にタグを初期化して動作してくれません。ツールチップを使うときは、明示的にツールチップを初期化し、動かすための処理を実行してやる必要があります。そこで、ツールチップを設定したタグを読み込んだ後に、以下のような処理を実行します。

リスト8-8
```
$('[data-toggle="tooltip"]').tooltip();
```

　これで、ツールチップが初期化され、動作するようになります。ここではjQueryを使い、**data-toggle="tooltip"**であるすべてのオブジェクトに対して**tooltip**メソッドを呼び出しています。これで、ページ内にあるツールチップがすべて使えるようになります。

ボタンにツールチップを表示する

　では、実際にツールチップを使ってみましょう。例として、プッシュボタンにツールチップを設定してみます。<body>タグから掲載をしておきます。

リスト8-9
```
<body>
<div class="container">
    <div class="row">
        <div class="col-sm-12">
            <h1 class="h4 mb-4">Alert/Dialog</h1>
        </div>
    </div>
    <div class="row">
        <div class="col-12">
            <div class="row m-3">
                <button type="button" class="btn btn-primary"
                    data-toggle="tooltip"
                    data-placement="left" title="This is Tooltip!" >
```

308

```
                    Show Tooltip!
                </button>
            </div>
        </div>
    </div>
    <script>
        $('[data-toggle="tooltip"]').tooltip();
    </script>
</div>
</body>
```

図8-9：マウスポインタをボタンの上に移動すると、その右側に黒いツールチップが表示される。

アクセスしたら、画面に表示されるプッシュボタンの上にマウスポインタを移動しましょう。するとボタンの右側に「**This is Tooltip!**」と黒い背景のテキストが現れます。これがツールチップです。

テキストの一部にツールチップを割り当てる

プッシュボタンのようにはっきりとしたコンポーネントでなくとも、どんなものにもツールチップは割り当てることができます。

例えば、テキストの一部分にツールチップを設定してみましょう。以下に<div class="row">タグからのコードを掲載しておきます（その後の<script>タグは消さないように注意して下さい）。

リスト8-10

```
<div class="row">
    <div class="col-12">
        <p class="text-dark lead">This is <u class="text-danger">
            <span class="text-danger" data-toggle="tooltip"
            data-placement="bottom" title="This is Tooltip help.">tooltip
            </span></u> sample <u class="text-primary">
            <span class="text-primary" data-toggle="tooltip"
            data-placement="top" title="This is Message Help.">message
            </span></u>!
        </p>
    </div>
```

```
</div>
```

図8-10：下線が表示されているテキスト部分にマウスポインタを持っていくとツールチップが表示される。

テキストの途中2箇所にツールチップを設定してあります。赤い文字と青い文字の部分(それぞれ下線が引いてあります)にマウスポインタを移動すると、ツールチップが表示されます。

ここでは、<p>タグ内のツールチップを割り当てたいテキスト部分に**<span>**タグを挿入してあります。この<span>タグでは、例えばこんな具合にタグを設定してあります。

```
<span class="text-danger" data-toggle="tooltip"
    data-placement="bottom" title="This is Tooltip help.">tooltip</span>
```

data-toggle、**data-placement**、**title**をそれぞれ用意することで、このタグ部分にツールチップが割り当てられます。ここでは目立つようにテキストカラーと下線(<u>タグ利用)を設定してありますが、スタイルを変更していなくともツールチップを設定することは可能です。

ポップオーバーを表示する

続いて、ポップオーバーです。先に「**スタティックポップオーバー**」について説明をしました。Webページに静的コンテンツとして表示させるものでした。

が、ポップオーバーというのは本来、「**最初は見えなくて、ボタンなどをクリックすると画面に現れるもの**」です。静的にWebページ内に表示されているのではなく、必要に応じてボタンをクリックすると現れる、そういうものです。

ポップオーバーも、ツールチップと同様、タグを使って表示内容を構築していったりはしません。ボタンなどのタグに属性を追加して作成します。例えば、<button>タグに実装する場合を考えるなら、以下のような形になるでしょう。

8-2 ツールチップ、ポップオーバー、コラプス

```
<button class="btn" data-toggle="popover" data-placement="方向"
    title=" タイトル " data-content=" コンテンツ ">
```

data-toggle	"popover" を指定することでポップオーバーになる
data-placement	ポップオーバーを表示する方向。"top"、"bottom"、"right"、"left"のどれか
title	ポップオーバーのタイトルを指定する
data-content	ポップオーバーのコンテンツを指定する

　基本的なやり方は、ツールチップとほとんど同じですね。data-toggleにpopoverと指定し、titleとdata-contentにタイトルとコンテンツのテキストをそれぞれ指定します。

ポップオーバーの初期化処理

　ポップオーバーも、ツールチップ同様、手動で初期化処理を実行してやらなければ動作しません。ポップオーバーのタグを読み込んだ後、以下のスクリプトを実行します。

リスト8-11
```
$('[data-toggle="popover"]').popover();
```

　これで、data-toggleの値に"popover"を指定したすべてのタグにポップオーバーが設定されます。popoverが、ポップオーバーを設定するメソッドです。

ボタンにポップオーバーを設定する

　では、実際にサンプルを動かしてみましょう。プッシュボタンをクリックしてポップオーバーを表示する例を考えてみます。<body>タグ部分から掲載しておきましょう。

リスト8-12
```
<body>
<div class="container">
    <div class="row">
        <div class="col-sm-12">
            <h1 class="h4 mb-4">Alert/Dialog</h1>
        </div>
    </div>
    <div class="row">
        <div class="col-12">
            <div class="row m-3">
                <div class="col-sm-12">
                    <button type="button" class="btn btn-primary"
                        data-placement="left" data-toggle="popover"
                        data-placement="left" title="Popover title"
```

311

```
                        data-content="This is popover content!. ">Click me!
                </button>
            </div>
        </div>
    </div>
</div>
<script>
    $('[data-toggle="popover"]').popover();
</script>
</div>
</body>
```

図8-11：プッシュボタンをクリックするとポップオーバーが表示される。再度クリックすると消える。

　アクセスすると、「**Click me!**」というプッシュボタンが表示されます。これをクリックすると、ボタンの右側にアラートのようなものが現れます。これが、ポップオーバーです。プッシュボタンをもう一度クリックするとポップオーバーは消えます。アラートなどのように、ポップオーバー以外の部分をクリックすると消える、といった機能は用意されていません。

フォーカスによる非表示

　実際に試してみると、ポップオーバーは、組み込まれたプッシュボタンを使ってON/OFFすることがわかります。これは、まぁわかりやすいのは確かですが、ちょっと面倒でもあります。

　アラートなどは、アラート以外の適当なところをクリックすれば消えました。同じようなことはポップオーバーではできないのでしょうか。

　これには、「**data-trigger**」という属性を使います。**リスト8-12**の例で、<button>タグ内に、「**data-trigger="focus"**」という属性を追加してみて下さい。そして、同様にプッシュボタンをクリックしてポップオーバーを呼び出してみましょう。ポップオーバー以外の適当な場所をクリックすると、ポップオーバーが消えます。このほうが、インターフェイスとしては使いやすいですね。

図8-12：ポップオーバー以外のところをクリックすると、ポップオーバーが消える。

コラプスについて

「**コラプス**」は、ポップオーバーと同じように、テキストなどのメッセージを必要に応じて画面に表示するインターフェイスです。ただし、こちらはポップアップして現れるわけではありません。コンテンツの中に追加表示される形になります。

コラプスは、「**コンテンツが現れる**」というより、「**折りたためるコンテンツ**」と考えたほうがいいかもしれません。不要なコンテンツを折りたたんで非表示にしたりするときに用いられます。

コラプスは、ボタンなどとコンテンツを関連付けて使います。コラプスの基本的なタグの構成は以下のようになります。

■コンテンツの構成

```
<div class="collapse" id="ID名">
    ……コンテンツの内容……
</div>
```

■表示用ボタン

```
<button class="btn" data-toggle="collapse" data-target="#ID名">
```

コラプス自体は、非常にシンプルな構成です。**class="collapse"**を指定したタグを用意し、その中にコンテンツを記述するだけです。ボタン側の操作に必要となるため、必ず**id属性**を指定しておきます。

コラプスを操作するボタンでは、**data-toggle="collapse"**を指定し、**data-target**にコンテンツとして用意したタグのIDを指定します。これにより、そのボタンをクリックすることで、指定したIDのタグが表示・非表示するようになります。

313

コラプスを使う

では、実際にコラプスを使ってみましょう。<body>部分を以下のように修正して下さい。

リスト8-13
```html
<body>
<div class="container">
    <div class="row">
        <div class="col-sm-12">
            <h1 class="h4 mb-4">Alert/Dialog</h1>
        </div>
    </div>
    <div class="row">
        <div class="col-12">
            <p>
                <button class="btn btn-primary" type="button"
                    data-toggle="collapse"
                    data-target="#collapse1">Hide Collapse</button>
            </p>
            <div class="collapse show" id="collapse1">
                <div class="card card-body">
                    <h4>What is Collapse?</h4>
                    <p>Do you know collapse? Yes, this is collapse!</p>
                </div>
            </div>
            <p class="mt-3">this is sample content. this is sample content.
                this is sample content. this is sample content. </p>
        </div>
    </div>
</div>
</body>
```

図8-13：ボタンをクリックすると、コラプスのコンテンツが消える。再度クリックすれば現れる。

8-2 ツールチップ、ポップオーバー、コラプス

アクセスすると、青いプッシュボタンと、その下に四角い枠線で囲まれたコンテンツが表示されます。この枠線の部分がコラプスのコンテンツです。プッシュボタンをクリックすると、このコラプス部分のコンテンツが非表示になります。再度クリックするとまた現れます。

コラプス部分の下にあるテキストがどのように移動するかを見てみると、コラプスが折りたたまれたり展開されたりしている動きがよくわかるでしょう。またコラプスのコンテンツが、ドキュメントの一部として組み込まれ、表示されていることもわかります。

ダイアログやポップオーバーなどは、Webページの本文コンテンツの表示には影響を与えない形で表示を行いました。表示しても、メインコンテンツの表示には何ら影響を与えませんでした。
　が、コラプスは、メインコンテンツの中に組み込まれ表示されます。例えばコンテンツ内に表示するコラムやチップスなど、読み終わったら隠しておきたいものに使われるインターフェイスと考えておくとよいでしょう。

複数コンテンツの表示

コラプスで注意すべきは、「**消えた後**」でしょう。例えば、複数のコラプスを並べて表示したとき、コラプスを消していくと下のコンテンツはどうなるのでしょうか。実際に試してみましょう。
　以下のようにindex.htmlファイルの内容を書き換えて下さい。<body>タグから掲載しておきます。

リスト8-14
```
<body>
<div class="container">
    <div class="row">
        <div class="col-sm-12">
            <h1 class="h4 mb-4">Alert/Dialog</h1>
        </div>
```

```html
            </div>
        <div class="row">
            <div class="col-6">
                <div class="collapse show" id="c1"
                    data-toggle="collapse" data-target="#c1">
                    <div class="card card-body">
                        <h4>Collapse A-1</h4>
                        <p>This is first collapse content.</p>
                    </div>
                </div>
            </div>
            <div class="col-6">
                <div class="collapse show" id="c2"
                    data-toggle="collapse" data-target="#c2">
                    <div class="card card-body">
                        <h4>Collapse A-2</h4>
                        <p>This is second collapse content.</p>
                    </div>
                </div>
            </div>
        </div>
        <div class="row">
            <div class="col-6">
                <div class="collapse show" id="c3"
                    data-toggle="collapse" data-target="#c3">
                    <div class="card card-body">
                        <h4>Collapse B-1</h4>
                        <p>This is third collapse content</p>
                    </div>
                </div>
            </div>
            <div class="col-6">
                <div class="collapse show" id="c4"
                    data-toggle="collapse" data-target="#c4">
                    <div class="card card-body">
                        <h4>Collapse B-2</h4>
                        <p>This is fourth collapse content</p>
                    </div>
                </div>
            </div>
        </div>
    </div>
</body>
```

図8-14：コラプスを1つずつ消していく。上の2つが消えると、下のコラプスが上に移動する。

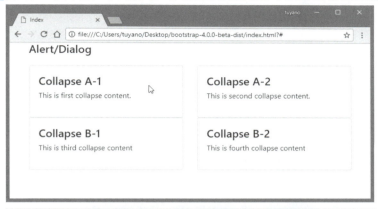

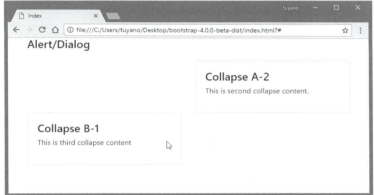

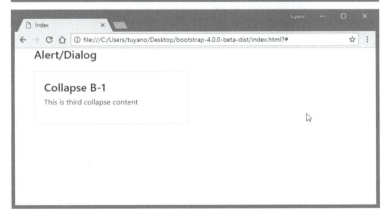

　ここでは、2×2のコラプスを表示しています。クリックするとコラプスは消えます。実際に消していくと、横一列が全て消えた段階で、下の行のコンテンツが上に移動します（つまり、上の行が完全に消える）。横一列単位で、「**すべて消えるとスペースが詰められる**」ようになっているのですね。

Chapter 8 アラートとモーダルダイアログ

アコーディオン

このコラプスによるコンテンツの表示・非表示を更に発展させたのが、「**アコーディ
オン**」と呼ばれるインターフェイスです。

これは、複数のコラプスがつながったような形をしています。デフォルトで最初の項
目だけが展開表示されており、ほかのコラプスのリンクをクリックすると、現在のコラ
プスが閉じられ、クリックしたコラプスが表示されます。

アコーディオンは、非常に複雑な形をしています。少しずつ整理しながら説明をして
いきましょう。

■アコーディオンの構成

```
<div role="tablist">
    ……必要なだけカードを用意……
</div>
```

アコーディオンは、**role="tablist"**が指定されたタグとして構成します。この中に置く
のは、「**カード**」です。覚えていますか、カード？　そう、複数のコンテンツをまとめる
ときの基本となるコンポーネントでしたね。

■カードの構成

```
<div class="card">
    <div class="card-header" role="tab">
        ……ヘッダーの内容……
    </div>
    <div class="collapse">
        <div class="card-body">
            ……コンテンツの内容……
        </div>
    </div>
</div>
```

アコーディオンに用意するカードは、ヘッダーとボディを用意します。そしてヘッダー
には**role="tab"**を指定します。ボディは、**class="collapse"**を指定したタグを用意し、
その中に**class="card-body"**指定のタグを用意します。つまり、カードのコンテンツ部
分をcollapseのタグで囲んだ形にするのです。

■ヘッダーのリンクタグ

```
<a data-toggle="collapse" href="#コラプスID">
```

ヘッダーには、コラプスを展開表示するためのリンクを指定します。このリンクには
以下のような属性を用意します。

data-toggle	"collapse"を指定する
href	展開するコラプスのIDを指定する

318

8-2 ツールチップ、ポップオーバー、コラプス

■コラプスのタグ

```
<div id="ID名" class="collapse" role="tabpanel" data-parent="#アコーディオンID">
```

コンテンツを囲むコラプスのタグには、いくつかの属性を用意する必要があります。

id	\<a>タグで利用するので必ずIDを指定する
class	コラプスにするため"collapse"を追加する
role	"tabpanel"を指定する
data-parent	コラプスが組み込まれているアコーディオンのID

――以上、基本的なタグの構成を整理しました。アコーディオンは、アコーディオンタグの中にカードを複数用意し、それぞれのカード内にヘッダーとコラプス＋ボディが用意されるため、階層も非常に深くなります。また必要な属性もいろいろとあるため、覚えるのはかなり大変かもしれません。

カードの基本構成さえしっかりわかっていれば、それを少し応用するだけです。構成が頭に入らない人は、カードについてもう一度復習しておくとよいでしょう。

アコーディオンを使ってみる

では、実際にアコーディオンの例を見てみましょう。\<body>タグから掲載しておきます。階層が深くなりリストも長くなるので、適宜改行しておきましょう。

リスト8-15

```html
<body>
<div class="container">
    <div class="row">
        <div class="col-sm-12">
            <h1 class="h4 mb-4">Alert/Dialog</h1>
        </div>
    </div>
    <div class="row">
        <div class="col-6">
            <!-- ここからアコーディオン -->
            <div id="accordion-1" role="tablist">
                <!-- 1つ目のカード -->
                <div class="card">
                    <!-- ヘッダー -->
                    <div class="card-header" role="tab">
                        <h5 class="mb-0">
                            <a data-toggle="collapse" href="#collapse-1">
                                First item
```

319

Chapter 8 アラートとモーダルダイアログ

```html
                    </a>
                </h5>
            </div>
            <!-- ここからボディ -->
            <div id="collapse-1" class="collapse show" role="tabpanel"
                data-parent="#accordion-1">
                <div class="card-body">
                    <p>this is first collapse content. this is first
                        collapse content.
                        this is first collapse content. this is first
                        collapse content.
                    </p>
                </div>
            </div>
        </div>
        <!-- 2つ目のカード -->
        <div class="card">
            <!-- ヘッダー -->
            <div class="card-header" role="tab">
                <h5 class="mb-0">
                    <a data-toggle="collapse" href="#collapse-2">
                        Second item
                    </a>
                </h5>
            </div>
            <!-- ここからボディ -->
            <div id="collapse-2" class="collapse" role="tabpanel"
                data-parent="#accordion-1">
                <div class="card-body">
                    <p>this is second collapse content.
                        this is second collapse content.
                        this is second collapse content.
                        this is second collapse content.
                    </p>
                </div>
            </div>
        </div>
        <!-- 3つ目のカード -->
        <div class="card">
            <!-- ヘッダー -->
            <div class="card-header" role="tab">
                <h5 class="mb-0">
                    <a data-toggle="collapse" href="#collapse-3">
                        Third item
```

```
                </a>
            </h5>
        </div>
        <!-- ここからボディ -->
        <div id="collapse-3" class="collapse" role="tabpanel"
            data-parent="#accordion-1">
            <div class="card-body">
                <p>this is third collapse content.
                    this is third collapse content.
                    this is third collapse content.
                    this is third collapse content.
                </p>
            </div>
        </div>
      </div>
     </div>
    </div>
   </div>
  </body>
```

▌図8-15：アコーディオン。表示されていない項目のリンクをクリックすると、現在の項目が閉じられ、クリックした項目が開かれる。

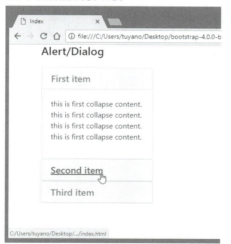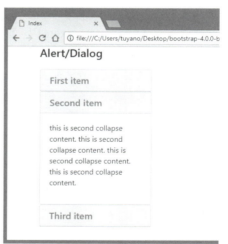

　アクセスすると、3つの項目からなるアコーディオンが表示されます。項目のリンクをクリックすると、現在表示されているコンテンツが閉じられ、クリックしたリンクのコンテンツが展開表示されます。

タグのID関係を確認する

基本的なタグ構成は、既に説明した基本形をそのまま踏襲しています。ここで注意しておきたいのは、IDの指定です。ここでは3つのタグでそれぞれIDを指定しています。

■アコーディオンのタグ

```
<div id="accordion-1" role="tablist">
```

まず、アコーディオンのベースとなるタグに、アコーディオンのIDを指定します。ここでは、**id="accordion-1"**としてあります。

■ヘッダーのリンクタグ

```
<a data-toggle="collapse" href="#collapse-1">
```

ヘッダーには、項目を開くためのリンクが用意されています。この<a>タグには、**href="#collapse-1"**という形でリンク先を指定してあります。この「**#collapse-1**」が、次のコラプスのIDになります。

■コラプスのタグ

```
<div id="collapse-1" class="collapse show" role="tabpanel"
    data-parent="#accordion-1">
```

ボディ部分となるコラプスのタグには、**id="collapse-1"**とIDを指定しています。このIDが、上の<a>タグのhrefに指定されます。

また、**data-parent**という属性には「**#accordion-1**」と指定されています。ここにアコーディオンのIDを指定しておきます。

——以上のように、それぞれのタグの属性とIDを正しく設定することでアコーディオンが機能するようになります。それぞれのタグの働きと、関連するタグ（IDの指定先）の関係をよく理解しておきましょう。

Chapter **9**

スクリプトによる操作①

Bootstrapのコンポーネント類は、JavaScriptの中から
アクセスして操作することができます。ここでは基本的な
GUIコンポーネントについて、JavaScriptからの利用を考
えていきましょう。

CSS フレームワーク　Bootstrap 入門

Chapter 9 スクリプトによる操作①

9-1 基本フォームのスクリプト利用

　フォームで使われる基本的なコントロールは、もっとも頻繁に使われるGUIです。これらのスクリプトからの利用について説明しましょう。

プッシュボタンの利用

　まずは、プッシュボタンからです。プッシュボタンは、一般的には「**クリックすると何かの処理を実行する**」という使い方をします。この点は、Bootstrapを利用する場合もまったく同じでしょう。

　Bootstrapでは、ボタンの表示がかなり変わりますが、これはスタイルの変更によって行われるため、ボタンそのものの機能には何も影響はありません。ごく普通のプッシュボタンと同じ感覚で使うことができます。

リスト9-1

```html
<body>
<div class="container">
    <div class="row">
        <div class="col-sm-12">
            <h1 class="h4 mb-4">Script</h1>
        </div>
    </div>
    <div class="row">
        <div class="col-12">
            <div>
                <h5 id="msg" class="mb-4">type any text...</h5>
            <div>
                <button id="btn1" type="button" class="btn btn-primary"
                    onclick="doAction();">button</button>
            </div>
        </div>
    </div>
</div>
</body>
<script>
var counter = 0;
function doAction(){
    $('#msg').text("clicked: " + ++counter);
}
</script>
```

324

図9-1：プッシュボタンのonclickイベントに処理を割り当て、クリックするごとに数字をカウントしていく。

これは、プッシュボタンをクリックするごとに数字をカウントしていくサンプルです。アクセスして現れたボタンをクリックして下さい。「**clicked: ○○**」というようにクリックした回数が表示されます。

ここでは、<button>タグ内に**onclick="doAction();"**というようにしてスクリプトを割り当ててあります。そしてその後の<script>タグでdoAction関数を用意し、そこで処理を行っています。ごく一般的なクリック処理なので改めて説明する必要もないでしょう。

BootstrapはjQueryが基本

中には、「**$('#msg').text**というのが何だかよくわからない」という人もいたことでしょう。これは、素のJavaScriptの機能ではありません。jQueryの機能です。

jQueryは、JavaScriptのライブラリです。JavaScriptの基本的な機能を簡略化してくれるものとして広く普及しており、Webのフロントエンド（HTMLのやJavaScript、スタイルシートなどを使って作成する部分）に関するソフトウェアのほとんどが、内部でjQueryの機能を使って開発しています。

Bootstrapも、内部でjQueryを利用して動いています。ですから、Bootstrap利用の処理にjQueryの機能を使うのはごく自然な流れといえます。本書でも、JavaScriptのスクリプトは、jQueryの基本的な機能を利用して作成しています。BootstrapをJavaScriptから利用したい場合は、併せてjQueryの使い方も学んでおくようにしましょう。

ボタンカラーを操作する

プッシュボタンは、btnクラスを利用して独自の表示を行います。これは、btn-○○という名前のクラスを併用することでカラー指定が行えました。

Bootstrapは、このように「**クラスを組み込む**」ことで独自の表示を作り上げています。このクラスを操作すれば、表示を変えることも可能です。では簡単な例として、プッシュボタンのカラーを操作するサンプルを挙げておきましょう。

リスト9-2
```
<script>
var counter = 0;
```

```
function doAction(){
    if (counter++ % 2 == 0){
        $('#btn1').addClass("btn-warning");
        $('#btn1').removeClass("btn-primary");
    } else {
        $('#btn1').addClass("btn-primary");
        $('#btn1').removeClass("btn-warning");
    }
    $('#msg').text('clicked: ' + counter);
}
</script>
```

図9-2：プッシュボタンをクリックするとwarningカラーに変わる。再度クリックするとprimaryカラーに戻る（口絵参照）。

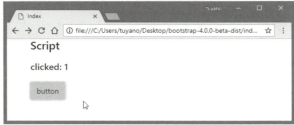

　ボタンをクリックするたびに、ボタンの色がprimaryとwarningで交互に切り替わります。ここでは、jQueryのメソッドを使い、btn-primaryとbtn-warningのクラスを入れ替えています。

```
if (counter++ % 2 == 0){
    $('#btn1').addClass("btn-warning");
    $('#btn1').removeClass("btn-primary");
```

　doActionでは、counterを2で割った余りを計算し、ゼロならば、btn-warningクラスを追加し、btn-primaryクラスを削除しています。これでprimaryカラーからwarningカラーに変わります。elseでは反対に、btn-primaryクラスを追加し、btn-warningクラスを削除すれば、元の色に戻るというわけです。
　クラスの追加・削除は、このようにjQueryの「**addClass**」「**removeClass**」メソッドを使って簡単に行えます。ここではプッシュボタンのカラー操作に使っていますが、Bootstrap

は全般的にクラスの設定で表示を行っていますので、「**クラス操作**」の基本がわかれば一通りの操作が可能になるでしょう。

コントロールをダイナミックに生成する

　JavaScriptを利用すると、HTMLの要素をスクリプト内から新たに作成し、組み込むことができます。このとき、Bootstrapのクラスを追加することで、Bootstrapによるルック＆フィールド備えたコントロール類を生成することもできます。実際にやってみましょう。

リスト9-3
```
<body>
<div class="container">
    <div class="row">
        <div class="col-sm-12">
            <h1 class="h4 mb-4">Script</h1>
        </div>
    </div>
    <div class="row">
        <div id="btn_container"></div>
    </div>
</div>
</body>
<script>
$(function(){
    const c_arr = ['primary', 'secondary', 'info', 'warning', 'danger'];
    for(var i = 0;i < 10;i++){
        $('#btn_container').append($('<button>')
            .attr('class','btn m-1 btn-' + c_arr[i % 5])
            .text('Button No,' + (i + 1)));
    }
});
</script>
```

図9-3：アクセスすると10個のプッシュボタンが生成され、表示される（口絵参照）。

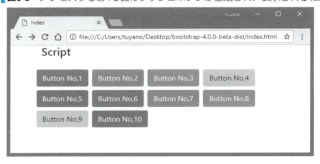

アクセスすると、ページ内に10個のプッシュボタンが表示されます。それぞれのボタンには順番に色が割り当てられています。

ここでは繰り返しを使い、<button>のオブジェクトを生成して**id="btn_container"**タグに組み込んでいます。ボタンの生成は、以下のような形で行っています。

```
$('<button>').attr(……).text(……);
```

$('<button>')で、新しい<button>オブジェクトを用意します。そして、attrで属性を、textで<button> 〜 </button>に設定するテキストをそれぞれ設定しています。

作成したオブジェクトは、以下のようにしてid="btn_container"タグに組み込んでいます。

```
$('#btn_container').append( オブジェクト );
```

この**append**により、指定したタグ内にオブジェクトが組み込まれます。**リスト9-3**では、この2つの処理を1つにまとめて実行していました。「**オブジェクトの生成**」「**属性の設定**」「**テキスト設定**」といった基本的な操作が行えるようになると、かなり自由にHTML要素をスクリプトから作成できるようになります。

activeとdisabled

プッシュボタンには、選択された状態を示す「**active**」と、利用不可な状態を示す「**disabled**」というクラスが用意されていました。これらのクラスを設定することで、ボタンを選択状態にしたり利用不可にしたりすることができました。

これらもクラスとして用意されており、クラスを追加することで状態が変更されます。これまでのクラス操作とまったく同じ考え方で設定が行えるのです。

リスト9-4

```
<body>
<div class="container">
    <div class="row">
        <div class="col-sm-12">
            <h1 class="h4 mb-4">Script</h1>
        </div>
    </div>
    <div class="row">
        <div id="btn_container"></div>
    </div>
</div>
</body>
<script>
$(function(){
    for(var i = 0;i < 10;i++){
        var obj = $('<button>')
```

```
        .attr('class','btn m-1 btn-info')
        .text('Button No,' + (i + 1));
    if (i % 3 == 1){
        obj.addClass('active');
    } else if (i % 3 == 2){
        obj.addClass('disabled');
    }
    $('#btn_container').append(obj);
  }
});
</script>
```

図9-4：10個のボタンが作成され、1つ目から順番にデフォルト状態、選択状態、利用不可状態……を繰り返していく。

アクセスすると10個のボタンが作成されますが、1つずつ状態が変化しています。1つ目はデフォルトのままの状態、2つ目は選択された状態、3つ目は利用不可な状態。そして4つ目はまたデフォルトの状態……というように、3つの状態を繰り返していきます。

ここでは、先ほど説明した方法で<button>タグを作成した後、以下のような処理を行っています。

```
if (i % 3 == 1){
    obj.addClass('active');
} else if (i % 3 == 2){
    obj.addClass('disabled');
}
```

繰り返し回数の変数iを3で割り、余りが1ならactiveを追加、2ならdisabledを追加しています（ゼロなら、何もしません）。これにより、作成されたボタンに「**何もしない、active追加、disabled追加**」といった処理が順番に適用されていきます。

disabled属性は？

通常、HTMLの<button>などでは、disabledは属性として追加されています。<button disabled>というように指定することで利用不可な状態になります。が、Bootstrapでは、disabled属性は扱っていません。ただ、**disabledクラス**を追加しているだけです。

Chapter **9**　スクリプトによる操作①

disabled属性は操作していませんが、実際にボタンは利用不可になり、使えません。onclick属性などで処理を設定していた場合も、クリックして処理を呼び出せなくなります。完全に、disabled属性と同じ働きをしてくれます。

バリデーションについて

フォームを利用する場合、考えておきたいのが「**値の検証**」です。HTML 5では、値の**バリデーション**（検証）の機能が備わっており、基本的な値のチェックは行えるようになっています。が、それとは別に、JavaScriptとBootstrapを使って値のチェックを行わせることもできます。

▌HTML 5 のバリデーション

まず、HTML 5標準の検証機能を使ってみましょう。以下のようにフォームを用意して下さい。

リスト9-5

```html
<body>
<div class="container">
    <div class="row">
        <div class="col-sm-12">
            <h1 class="h4 mb-4">Script</h1>
        </div>
    </div>
    <div class="row">
        <div class="col-sm-12">

            <form class="container" id="form1" onsubmit="doForm(event);">
                <div class="mt-2">
                    <label for="name">Name</label>
                    <input type="text" class="form-control" id="name"
                        placeholder="name" required>
                </div>
                <div class="mt-2">
                    <label for="address">City</label>
                    <input type="text" class="form-control" id="address"
                        placeholder="address">
                </div>
                <div class="mt-2">
                    <label for="email">Mail</label>
                    <input type="email" class="form-control" id="email"
                        placeholder="email" required>
                </div>
                <div class="mt-2">
                    <button class="btn btn-primary" type="submit">Submit
                        </button>
```

330

```
                </div>
            </form>
        </div>
    </div>
</div>
</body>
```

図9-5：フィールドに何も入力しないで送信すると、このような警告が表示される。

アクセスしたら、何も記入しないでフォームを送信してみましょう。すると、フォームの入力フィールドに警告のようなものが表示されます。これが、HTML 5に標準のバリデーション機能です。

> **Note**
> この表示は、ブラウザによって実装されているもので、使っているブラウザにより表示などは異なります。

<form>内に用意された<input>タグを見ると、**required**という属性が追加されているのがわかります。これが入力を必須項目として設定する属性です。ここではid="address"のフィールドだけrequiredを指定していないので、未入力でも警告は現れません。

また、<input type="email">タグでは、メールアドレスの形式で値を入力しないとエラー扱いされますが、これは**type="email"**で自動的に適用されるバリデーション機能です。

JavaScript + Bootstrap を利用する

では、HTML 5標準のバリデーション機能をOFFにして、JavaScriptの中から明示的にバリデーションさせることにしましょう。以下のように**リスト9-5**を修正して下さい。

リスト9-6
```
<body>
<div class="container">
    <div class="row">
        <div class="col-sm-12">
```

```
                <h1 class="h4 mb-4">Script</h1>
            </div>
        </div>
        <div class="row">
            <div class="col-sm-12">

            <form class="container" id="form1" onsubmit="doForm(event);"
                novalidate>
                <div class="mt-2">
                    <label for="name">Name</label>
                    <input type="text" class="form-control" id="name"
                        placeholder="name" required>
                        <div class="invalid-feedback">
                            type your name.
                        </div>
                </div>
                <div class="mt-2">
                    <label for="address">City</label>
                    <input type="text" class="form-control" id="address"
                        placeholder="address">
                    <div class="invalid-feedback">
                        type your address.
                    </div>
                </div>
                <div class="mt-2">
                    <label for="email">Mail</label>
                    <input type="email" class="form-control" id="email"
                        placeholder="email" required>
                    <div class="invalid-feedback">
                        type your e-mail.
                    </div>
                </div>
                <div class="mt-2">
                    <button class="btn btn-primary" type="submit">Submit
                        </button>
                </div>
            </form>
        </div>
    </div>
</div>
</body>
<script>
function doForm(e){
    if (!e.target.checkValidity()){
```

```
            event.preventDefault();
            event.stopPropagation();
        } else {
            alert("ok!");
        }
        $('#form1').addClass('was-validated');
    }
</script>
```

図9-6：送信すると、HTML 5標準とは異なる表示が現れる。

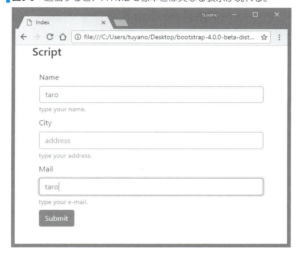

　先ほどと同じようにフォームを見入力のまま送信してみましょう。id="name"とid="email"のフィールドでは、未入力だと赤い輪郭で表示されます。id="address"フィールドや、正しく値を記入してあるフィールドは、輪郭は緑色になります。すべてのフィールドが緑色の輪郭に変わると、送信できるようになります。
　また、一度送信してバリデーションエラーになると、各フィールドの下に入力する内容の説明が表示されるようになります。

スクリプトによるバリデーションチェック

　では、どのようにしてバリデーションのチェックを行っているのでしょうか。まず、<form>タグを見ると、ここに「**novalidate**」という属性が追加されていることがわかります。これが、HTML 5のバリデーション機能をOFFにするのです。JavaScriptでバリデーションチェックを行いたい場合は、<form>にこの属性を追加してHTML 5の機能を使わないようにしておきます。

　ここではフォーム送信時に**doForm**という関数を呼び出し、そこで必要な処理をさせています。ターゲットである<form>タグのオブジェクトのメソッドを呼び出して、バリデーションのチェックを行っています。

```
if (!e.target.checkValidity()){
```

　<form>で送信時に実行される**onsubmit="doForm(event);"**で、イベント情報のオブジェクトがeventとしてdoForm関数に送られます。このeventオブジェクトが、doFormの引数**e**に渡されます。e.targetには、イベント発生源である<form>タグのDOMオブジェクト（DOM = Document Object Model、HTMLの各タグを操作するために生成されるオブジェクト）が渡されます。その「**checkValidity**」というメソッドが、バリデーションチェックを行うのです。HTML 5で送信時に自動的にチェックされるものを、このcheckValidityで実行させていた、というわけです。

　この結果がtrueであればバリデーションは問題ないと判断できます。falseならば、何らかのエラーが発生しているわけです。エラー発生時には、フォームの送信処理をキャンセルしておきます。

```
event.preventDefault();
event.stopPropagation();
```

　これが、そのための部分ですね。**preventDefault**によりイベントをキャンセルし、**stopPropagation**でイベントの伝達を停止します。この2つで、発生した送信イベントを取り消し、送信をキャンセルできます。
　そして最後に、<form>タグに「**was-validated**」というクラスを追加します。この部分です。

```
$('#form1').addClass('was-validated');
```

　これにより、バリデーションチェック後の表示に変わります。具体的には、フィールドの赤や緑の枠線表示、各フィールドの下にある説明テキストの表示などが行われます。フィールドの下に表示される説明テキストは、以下のようなタグで作られています。

```
<div class="invalid-feedback">
```

　invalid-feedbackというクラスを追加したことで、バリデーション後にこのタグ部分が表示されるようになります。最初にアクセスしたときは、このタグ部分は非表示になっています。invalid-feedbackクラスは、バリデーション実行後にのみ現れる表示を作るのに利用されます。

チェックボックスの選択状態（prop）

　チェックボックスやラジオボタンでは、スクリプト内から選択状態の操作を行うことが多いでしょう。これはjQueryの**prop**という属性を設定するメソッドを使って行えます。

リスト9-7
```
<body>
<div class="container">
```

9-1 基本フォームのスクリプト利用

```html
                <div class="row">
                    <div class="col-sm-12">
                        <h1 class="h4 mb-4">Script</h1>
                    </div>
                </div>
                <div class="row">
                    <div class="col-sm-12">

                        <form class="container" id="form1" onsubmit="doForm(event);"
                            novalidate>
                            <div class="mt-2">
                                <div class="custom-control custom-checkbox">
                                    <input type="checkbox" id="ck1"
                                        class="custom-control-input">
                                    <label class="custom-control-label" for="ck1">
                                        checkbox 1</label>
                                </div>
                            </div>
                            <div class="mt-2">
                                <div class="custom-control custom-checkbox">
                                    <input type="checkbox" id="ck2"
                                        class="custom-control-input">
                                    <label class="custom-control-label" for="ck2">
                                        checkbox 2</label>
                                </div>
                            </div>
                            <div class="mt-2">
                                <button class="btn btn-primary" type="submit">Submit
                                    </button>
                            </div>
                        </form>
                    </div>
                </div>
            </div>
</body>
<script>
(function(){
    $('#ck1').prop('checked', true);
    $('#ck2').prop('indeterminate', true);
})();
</script>
```

335

図9-7：アクセスすると、2つのチェックボックスが選択状態と中間状態で表示される。

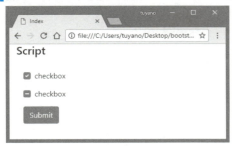

アクセスすると、2つのチェックボックスが表示されます。1つ目は選択された状態となっていますが、2つ目は「**中間状態**」（選択と未選択の間）になっています。チェック部分に「**ー**」と表示された状態が中間状態です。

チェックボックスの選択は、jQueryの「**prop**」メソッドを使って行えます。ここで実行している処理を見ると、このようになっていますね。

```
$('#ck1').prop('checked', true);
$('#ck2').prop('indeterminate', true);
```

propは属性を設定するメソッドです。チェック状態にするには、「**checked**」という属性をtrueにします。また中間状態は、「**indeterminate**」という属性をtrueにします。これはONでもOFFでもない状態を示すのに用いられます。

プログレスバーの操作

独自に用意したGUIも、JavaScriptから利用することは多々あります。Bootstrapのプログレスバーは、HTML 5にある<progress>タグを使わず、<div>タグを使った独自GUIとして用意されています。

独自のGUIということは、HTMLの<input>タグのように「**valueをやり取りすればなんとかなる**」というわけにはいきません。独自に処理を考える必要があります。

では、実際に使ってみましょう。

リスト9-8
```
<body>
<div class="container">
    <div class="row">
        <div class="col-sm-12">
            <h1 class="h4 mb-4">Script</h1>
        </div>
    </div>
    <div class="row">
        <div class="col-sm-12">
            <div class="progress mt-3">
```

9-1 基本フォームのスクリプト利用

```html
                    <div id="progress1" class="progress-bar" role="progressbar"
                        style="width: 0%;"
                        aria-valuenow="0" aria-valuemin="0"
                        aria-valuemax="100">0%
                    </div>
                </div>
                <div class="mt-3">
                    <button class="btn btn-primary" type="button"
                        onclick="reset();">Reset</button>
                </div>
            </div>
        </div>
</div>
</body>
<script>
(function(){
    var progress_value = 0;

    var timer = setInterval(function(){
        progress_value += 10;
        setProgressValue(progress_value);
        if (progress_value == 100){
            clearInterval(timer);
        }
    },1000);
})();

function setProgressValue(n){
    $('#progress1')
        .css('width', n + '%')
        .prop('aria-valuenow' , n)
        .text(n + '%');
}

function reset(){
    setProgressValue(0);
}
</script>
```

337

図9-8：アクセスすると、プログレスバーが0%から10%ずつ増えていき、100%で停止する。ボタンを押すと0%に戻る。

アクセスすると、プログレスバーの値が10%ずつ伸びていきます。100%に達すると停止します。またプッシュボタンをクリックすると、どの状態でもゼロ%に一時的に戻ります。

プログレスバーの値

では、どのようにしてBootstrapのプログレスバーの値にアクセスしているのでしょうか。プログレスバーは、以下のように定義されています。

```
<div class="progress-bar" role="progressbar" style="width: 0%;"
    aria-valuenow="0" aria-valuemin="0" aria-valuemax="100">0%</div>
```

バーの長さ（幅）はstyleでwidthを使って調整します。そして、現在の値は「**aria-valuenow**」という属性に設定されています。この2つの値を設定することで、プログレスバーの値が変更されます。

また、表示テキストは、ここでは「○○%」と表示しているため、これも新たに設定し直す必要があるでしょう。

値を取り出したい場合は、例えばこのようにしておきます。

```
var v = $('#progress1').prop('aria-valuenow');
```

propで'aria-valuenow'属性の値を取り出します。これで現在の値が得られます。ただし、このようにして値を取り出すためには、prop('aria-valuenow')でaria-valuenow属性に値が設定されていなければいけません。初期化する際に、aria-valuenowに値を設定しておくと確実でしょう。

ツールチップの設定

ツールチップは、タグに簡単な説明などを設定するのに多用されます。これは、最初からタグ内に属性として書いておくこともできますが、スクリプトからダイナミックに設定できれば、ずいぶんと使い勝手も良くなるでしょう。

ツールチップは、属性として表示するテキストなどを設定した上で、「**tooltip**」という

メソッドを呼び出して使えるようにしました。このtooltipメソッドを呼び出す際に、表示するテキストや表示位置などの設定も行えるのです。ということは、あらかじめツールチップの属性などをタグに用意していなくとも、tooltipメソッドだけですべて用意することができるのです。

リスト9-9

```html
<body>
<div class="container">
    <div class="row">
        <div class="col-12">
            <h1 class="h4 mb-4">Script</h1>
        </div>
    </div>
    <div class="row">
        <div class="col-12">
            <button type="button" class="btn btn-secondary">
                Tooltip button
            </button>
            <button type="button" class="btn btn-secondary">
                Tooltip button
            </button>
            <button type="button" class="btn btn-secondary">
                Tooltip button
            </button>
            <button type="button" class="btn btn-secondary">
                Tooltip button
            </button>
        </div>
    </div>
</div>
</body>
<script>
(function(){
    $('[type="button"]')
        .tooltip({'placement': 'bottom', 'title':'Tooltip is here!'});
})();
</script>
```

図9-9：4つのプッシュボタンにJavaScriptを使ってツールチップを組み込む。

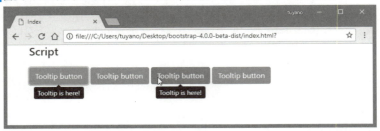

これは、ツールチップをJavaScriptで組み込む例です。画面に表示される4つのプッシュボタンすべてにツールチップを組み込んでいます。ボタンのタグを見ると、

```
<button type="button" class="btn btn-secondary">
```

このように、typeとclass属性が用意されているだけです。ツールチップ関係の属性は何も用意されていません。

これにツールチップを設定するtooltipメソッドでは、以下のように実行しています。

```
tooltip({'placement': 'bottom', 'title':'Tooltip is here!'})
```

引数にオブジェクトが指定されていますね。その中で、「**placement**」と「**title**」という値が用意されています。これらは、tooltip実行時に設定されるオプション情報です。これにより、**placement**属性と**title**属性に相当する値（表示位置と表示テキストの情報）がtooltipメソッドに渡され、これらの値を元にツールチップが生成されていたのです。

このように、tooltipメソッドでは、必要な情報をメソッド呼び出し時に渡すことができます。

9-2 ポップオーバー、アラート、モーダルダイアログ

9-2 ポップオーバー、アラート、モーダルダイアログ

　フォームでは使われないけれど、さまざまな表示に利用されるGUIとして、ポップオーバー、アラート、モーダルダイアログがあります。こうした、フォームで使う入力関係のGUI以外にも、Bootstrapには多くのGUIが用意されています。それらについても、JavaScriptから利用する例を見ていくことにしましょう。

ポップオーバー

　まずは、ポップオーバーからです。ポップオーバーは、**popover**メソッドを使って設定されます。このpopoverメソッドも、前節で説明したツールチップと同様、呼び出し時に必要な情報をオプションとして渡すことができます。

リスト9-10

```
<body>
<div class="container">
    <div class="row">
        <div class="col-12">
            <h1 class="h4 mb-4">Script</h1>
        </div>
    </div>
    <div class="row">
        <div class="col-12">
            <button type="button" class="btn btn-secondary">
                Popover button
            </button>
            <button type="button" class="btn btn-secondary">
                Popover button
            </button>
            <button type="button" class="btn btn-secondary">
                Popover button
            </button>
            <button type="button" class="btn btn-secondary">
                Popover button
            </button>
        </div>
    </div>
</div>
</body>
<script>
(function(){
    $('[type="button"]')
```

341

```
        .popover({'placement': 'bottom', 'title':'This is Popover!',
            'content':"This is popover sample content. Isn't it nice?"})
})();
</script>
```

図9-10：ポップオーバーを組み込んだところ。クリックすると現れる。

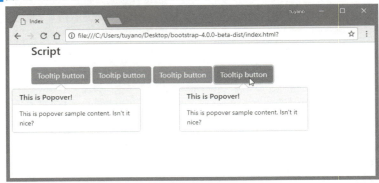

アクセスし、ボタンをクリックすると、ポップオーバーが現れます。再度クリックすれば消えます。ここでの<button>タグは、ツールチップと同様、typeとclass属性しか用意されてはいません。

popoverメソッドの部分を見てみると、以下のように呼び出していることがわかります。

```
popover({'placement': 'bottom', 'title':'This is Popover!',
    'content':"This is popover sample content. Isn't it nice?"})
```

■引数に用意されている値

'placement'	表示場所の指定。'bottom'で下に表示させる
'title'	ポップオーバーのタイトルテキスト
'content'	ポップオーバーのコンテンツ

このように、ポップオーバーに必要な値をオブジェクトにまとめたものを引数に指定して、ポップオーバーを生成できます。使い方はtooltipメソッドとほとんど同じですから、だいたいわかるでしょう。

フォーカスによる非表示

ポップオーバーは、ボタンをクリックすると表示され、再度クリックすると消えます。これは、実際に使ってみると少しうるさい感じがします。こうした一時的にポップアップ表示されるものというのは、どこでもいいからほかの場所をクリックすれば消える、というのが一般的です。

8-2節でポップオーバーの説明をした際に、「**data-trigger**」という属性を設定することで、ほかの場所をクリックして消せるようにできました。これをJavaScriptでやってみましょう。ポップオーバーのスクリプトを少し書き換える必要があります。

では、**リスト9-10**のサンプルにあった<script>タグ内のスクリプトを、以下のように書き換えてみて下さい。

リスト9-11

```
(function(){
    $('[type="button"]')
        .popover({'placement': 'bottom', trigger: 'focus',
            'title':'This is Popover!',
            'content':"This is popover sample content. Isn't it nice?"})
})();
```

図9-11：ポップオーバー以外の場所をクリックすると、ポップオーバーが消える。

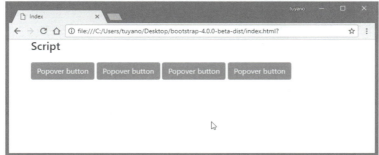

アクセスし、ボタンをクリックしてポップオーバーを表示して下さい。そして、ポップオーバー以外のどこかをクリックしてみましょう。これでポップオーバーが消えます。

ここでは、popoverメソッドの引数に「**trigger: 'focus'**」という値を追加しています。こうすることで、フォーカスによってON/OFF状態が変更されるようになります。**trigger**というのは、ON/OFF状態を切り替えるきっかけとなるイベントです。ここではfocusを指定し、フォーカスがある（そのボタンが選択されている）と表示され、フォーカスを失うと消えるようにしていたのです。

343

HTMLを利用したポップオーバーの表示

ポップオーバーはタイトルとコンテンツを表示できますが、基本的にはテキストです。が、実はHTMLをタイトルやコンテンツに使うことも可能です。やってみましょう。

サンプルの<script>タグに記述したスクリプトを以下のように書き換えてみて下さい。

リスト9-12
```
(function(){
    var img = '<img src="./img/sample.jpg" style="width:75px;">';
    var title = '<div class="display-4">This is Popover!</div>';
    var content = "This is <b>popover</b> sample content. Isn't it nice?";
    var html = '<div class="row"><div class="col-4">' + img + '</div>' +
        '<div class="col-8 lead">' + content + '</div></div>';
    $('[type="button"]')
        .popover({'placement': 'bottom', trigger: 'focus',
            'title':title, 'html':true,
            'content':html})
})();
```

図9-12：HTMLを使ったポップオーバー。

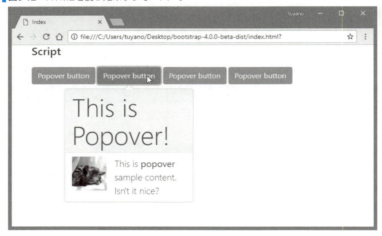

ボタンをクリックすると、タイトルテキストが大きく変わり、コンテンツ部分にはイメージが挿入されて表示されるようになります。ここでは、popoverメソッドを呼び出す際、「**'html':true**」というオプションを引数に追加しています。これにより、titleやcontentにHTMLのコードを設定できるようになります。

'html':trueを忘れると、HTMLのコードは、タグがそのままテキストとして表示されてしまいます。忘れずに用意して下さい。

<div>タグをアラートにする

アラートは、<div>タグにクラスを追加することで作成します。ということは、<div>などを使って画面に表示しているコンテンツを、後からスクリプトでアラート表示にすることも簡単に行える、ということになります。アラート関係のクラスを追加すればいいのですから。

では、実際にやってみましょう。

リスト9-13

```
<body>
<div class="container">
    <div class="row">
        <div class="col-12">
            <h1 class="h4 mb-4">Script</h1>
        </div>
    </div>
    <div class="row">
        <div class="col-12">
            <div id="alert1" class="lead">this is info alert message.</div>
            <div id="alert2" class="lead">this is warning alert message.</div>
            <div id="alert3" class="lead">this is danger alert message.</div>
        </div>
    </div>
</div>
</body>
<script>
(function(){
    $('#alert1').addClass('alert alert-info');
    $('#alert2').addClass('alert alert-warning');
    $('#alert3').addClass('alert alert-danger');
})();
</script>
```

図9-13：アクセスすると、3つの<div>タグがアラートとして表示される。

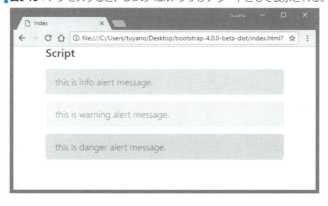

Chapter **9**　スクリプトによる操作①

　アクセスしてみると、アラートが3つ表示されます。リストの<div>タグを見ると、ア
ラート表示のための設定などは全くされていないことがわかります。ここでは<script>
タグ部分で、

```
$('#alert1').addClass('alert alert-info');
```

このように**addClass**でalertクラスとalert-色名のクラスを追加しているだけです。これ
だけでアラートの表示に変わります。
　この基本がわかれば、例えばHTMLでコンテンツだけ用意しておき、必要に応じてス
クリプトでアラート化する、といったやり方も行えるようになりますね。

アラートを閉じる

　アラートは、クローズボックスのボタンを用意することで閉じることができます。が、
スクリプトの中から閉じる処理を実行できれば、さまざまな処理の中でアラートを閉じ
て消すこともできるようになります。
　これは、「**alert**」というメソッドを呼び出すだけで簡単に行えます。

リスト9-14
```
<body>
<div class="container">
    <div class="row">
        <div class="col-12">
            <h1 class="h4 mb-4">Script</h1>
        </div>
    </div>
    <div class="row">
        <div class="col-12">
            <div id="alert1" class="alert alert-info">1. Alert message!</div>
            <div id="alert2" class="alert alert-warning">2. Alert message!</div>
            <div id="alert3" class="alert alert-danger">3. Alert message!</div>
            <div>
                <button class="btn btn-primary" onclick="doAction();">Close
                </button>
            </div>
        </div>
    </div>
</div>
</body>
<script>
var counter = 0;

function doAction(){
    counter++;
    $('#alert' + counter).alert('close');
```

346

```
}
</script>
```

図9-14：ボタンをクリックするごとにアラートが消えていく。

　ボタンをクリックすると上から順にアラートが消えていきます。ここでは、ボタンクリックで実行されるdoAction関数の中で以下のように実行しています。

```
$('#alert' + counter).alert('close');
```

alertメソッドを呼び出していますが、引数に「close」と値を指定してあります。これでアラートのタグがHTML内から削除され、アラートの表示が消えます。

アラートを生成する

アラートというのは、あらかじめHTMLのタグで用意しておくもの、というより、必要に応じて画面に表示されるもの、という感じで考えている人のほうが多いのではないでしょうか。

Bootstrapのアラートは、基本的にはあらかじめタグとして記述しておくものですが、タグそのものをスクリプトで生成することで、新しくアラートを作って表示させることもできます。実際にやってみましょう。

リスト9-15

```html
<body>
<div class="container">
    <div class="row">
        <div class="col-12">
            <h1 class="h4 mb-4">Script</h1>
        </div>
    </div>
    <div class="row">
        <div class="col-12">
            <div id="alert1">Alert will appear here!</div>
            <button type="button" class="btn btn-secondary"
                onclick="doAction();">
                Popover button
            </button>
        </div>
    </div>
</div>
</body>
<script>
var counter = 0;

function doAction(){
    $('#alert1').append(
        $('<div>').attr('role', 'alert')
            .addClass('alert alert-primary alert-dismissable')
            .text('No,' + ++counter + '. This is alert!')
            .append(
                $('<button>')

                    .addClass('close')
                    .attr('data-dismiss', 'alert')
```

```
                    .append(
                        $('<span>')
                            .attr('area-hidden', true)
                            .text('×')
                    )
                )
            );
        }
    </script>
```

図9-15：ボタンをクリックするとアラートが追加されていく。

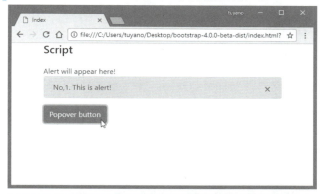

アクセスしたら、ボタンをクリックしてみて下さい。ボタンの上にアラートが新たに追加されます。ボタンをクリックするたびに、新しいアラートが次々と追加されていきます。アラートの右端にはクローズボタン（×ボタン）がついているので、クリックすれば消すことができます。

クローズボタン付きのアラートは、**\<div\>**タグ、**\<button\>**タグ、**\<span\>**タグの3つのタグで構成されます。これらのタグを生成し、設定し、組み込んでいけば、アラートは作ることができます。

ここではスクリプトでこれらの作業を行っていますが、何をやっているのか簡単に整

理してみましょう。

❶ <div>タグを作る
 ・alert alert-primary alert-dismissableといったクラスを追加
 ・表示テキストを設定
 ・表示するタグ内に追加

❷ <button>タグを作る
 ・closeクラスを追加
 ・data-dissmiss属性を追加
 ・<div>タグに追加

❸ <span>タグを作る
 ・area-hidden属性を追加
 ・テキストを「×」に設定
 ・<button>タグに追加

　こうした作業を行うことで、アラートを新しく作成して表示することができるようになります。jQueryを使ったサンプルでは、関数の中にまた関数が組み込まれたりしていてわかりにくいかもしれません。

　以下に、わかりやすく書き直したスクリプトを挙げておきます。<script>タグの部分をこのように書き換えてみましょう。先ほどと同じようにアラートを生成して表示します。

リスト9-16

```
<script>
var counter = 0;

function doAction(){
    var div = $('<div>').attr('role', 'alert')
        .addClass('alert alert-primary alert-dismissable')
        .text('No,' + ++counter + '. This is alert!');
    var btn = $('<button>')
        .addClass('close')
        .attr('data-dismiss', 'alert');
    var span = $('<span>')
        .attr('area-hidden', true)
        .text('×');
    $('#alert1').append(div);
    div.append(btn);
    btn.append(span);
}
</script>
```

モーダルダイアログの表示

　続いて、モーダルダイアログです。モーダルダイアログは、アラートのように最初から表示されているわけではなく、あらかじめ隠れた状態で用意されます。そして必要に応じて画面に表示されるのでしたね。

　これは、HTMLのタグに属性を用意して行わせることもできましたが、スクリプト内から実行させることも可能です。

リスト9-17

```
<body>
<div class="container">
    <div class="row">
        <div class="col-12">
            <h1 class="h4 mb-4">Script</h1>
        </div>
    </div>
    <div class="row">
        <div class="col-12">
            <div class="modal fade" id="dialog1">
                <div class="modal-dialog" role="document">
                    <div class="modal-content">
                        <div class="modal-header">
                            <h5 class="modal-title">Modal Dialog!</h5>
                        </div>
                        <div class="modal-body">
                            <p>this is modal dialog sample.</p>
                        </div>
                        <div class="modal-footer">
                            <button type="button" class="btn btn-primary"
                                data-dismiss="modal">Click me</button>
                        </div>
                    </div>
                </div>
            </div>
            <div>
                <button class="btn btn-primary" onclick="doAction();">Click
                    </button>
            </div>
        </div>
    </div>
</div>
</body>
<script>
function doAction(){
```

351

```
        $('#dialog1').modal();
    }
</script>
```

図9-16：ボタンをクリックすると、画面にダイアログが現れる。

　第8章でモーダルダイアログを表示するサンプルを作りましたが、あれを少し改良したものです。プッシュボタンをクリックするとモーダルダイアログが現れます。ここでは、ボタンからdoActionという関数を呼び出し、この関数の中でモーダルダイアログを表示しています。

```
$('#dialog1').modal()
```

　これが、モーダルダイアログを呼び出している部分です。**class="modal"**を指定してあるタグのDOMオブジェクトから「**modal**」というメソッドを呼び出すと、そのタグをモーダルダイアログとして画面に表示します。引数も特になく、非常にシンプルですね。

ダイアログの入力値を利用する

　ダイアログは、単にメッセージを表示するだけでなく、何らかの入力を行ってもらうのに利用されます。ダイアログといっても、基本的にはHTMLタグで構成されていますから、JavaScriptから利用するのは簡単です。また、ダイアログのボタンをクリックし

9-2　ポップオーバー、アラート、モーダルダイアログ

たときの処理なども、普通にボタンのonclickイベントを利用すればいいだけです。
　Bootstrapのモーダルダイアログ独自の機能としては、「**表示・非表示のイベント**」があります。ダイアログが表示されるとき、消えるときに何かの処理を行わせたい場合に役立ちます。用意されているのは以下のようなイベントです。

show.bs.modal	画面に表示しようとしたとき
shown.bs.modal	画面に表示されたあと
hide.bs.modal	非表示にしようとしたとき
hidden.bs.modal	非表示にしたあと

　表示と非表示でそれぞれ2種類のイベントが用意されていますが、違いは「**表示・非表示の処理を開始したとき**」と「**表示・非表示し終わったとき**」です。モーダルダイアログは、アニメーションを使って表示・非表示を行うので、表示のON/OFFは瞬時に行われるわけではありません。
　では、これらのイベントも利用して、ダイアログの入力を処理するサンプルを考えてみましょう。

リスト9-18

```
<body>
<div class="container">
    <div class="row">
        <div class="col-12">
            <h1 class="h4 mb-4">Script</h1>
        </div>
    </div>
    <div class="row">
        <div class="col-12">
            <p id="msg">please click button...</p>
            <div class="modal fade" id="dialog1">
                <div class="modal-dialog" role="document">
                    <div class="modal-content">
                        <div class="modal-header">
                            <h5 class="modal-title">Modal Dialog!</h5>
                        </div>
                        <div class="modal-body">
                            <p>this is modal dialog sample.</p>
                            <input type="text" id="input1"
                                class="form-control">
                        </div>
                        <div class="modal-footer">
                            <button type="button"
                                class="btn btn-primary" data-dismiss="modal"
                                onclick="doOK();">OK!</button>
```

353

```html
                </div>
              </div>
            </div>
          </div>
          <div>
            <button class="btn btn-primary" onclick="doAction();">
              Click</button>
          </div>
        </div>
      </div>
    </div>
  </body>
  <script>
  (function(){
      $('#dialog1').on('show.bs.modal', function(){
          $('#msg').text('please click button...');
      });
      $('#dialog1').on('hide.bs.modal', function(){
          $('#input1').val('');
      });
  })();
  function doAction(){
      $('#dialog1').modal();
  }
  function doOK(){
      var input = $('#input1').val();
      $('#msg').text('you typed: "' + input + '".');
  }
  </script>
```

図9-17：ダイアログにあるフィールドにテキストを書いてOKすると、プッシュボタンの上に「you typed: ○○」というように入力したテキストが表示される。

　ボタンを押すと、入力フィールドのあるモーダルダイアログが現れます。テキストを記入してボタンを押すと、ダイアログが消え、入力したテキストが表示されます。
　ボタンを押すと**doOK**という関数が呼び出されます。ここで、入力されたテキストを取り出し、メッセージ表示用のタグにテキストを表示しています。

```
function doOK(){
    var input = $('#input1').val();
    $('#msg').text('you typed: "' + input + '".');
}
```

　id="input1"のタグのvalueを取り出し、**id="msg"**タグにテキストを設定しています。ダイアログだからと言って特別なことはなく、ただ単に指定したIDのタグを操作しているだけです。DOMオブジェクトの基本的な操作がわかれば、特に難しいことはありません。

　そのほかに、モーダルダイアログのイベントを利用した処理も使っています。起動時に実行する処理として以下のようなものが用意されていますね。

```
(function(){
    $('#dialog1').on('show.bs.modal', function(){
        $('#msg').text('please click button...');
    });
    $('#dialog1').on('hide.bs.modal', function(){
        $('#input1').val('');
    });
})();
```

　ここでは、**show.bs.modal**と**hide.bs.modal**のイベントに関数を設定しています。これらの中で、**id="msg"**タグのテキストや**id="input1"**の入力フィールドの値をクリアしています。このように、表示するダイアログや結果表示のタグを初期化したり、必要な設定やデータを用意したりするような作業をモーダルダイアログの表示・非表示時に行わせることができます。

完全なモーダルにするには？

ここまで、「**モーダルダイアログ**」と呼んできましたが、「**モーダル**」というのは一般に、「**そのダイアログが消えるまでほかへのアクセスがシャットアウトされる**」というインターフェイスです。ダイアログが出ている間は、ダイアログ以外の場所をクリックしたりウインドウを切り替えたりすることができないのです。

ところがBootstrapのモーダルダイアログは、ダイアログ以外の場所をクリックするとダイアログが消えてしまいます。そこで、モーダルダイアログの動作も「**モーダル**」に設定してみましょう。これは、modalメソッドを呼び出す際に、引数にダイアログの設定情報を用意して指定します。このオプションには以下のようなものがあります。

backdrop	モーダルダイアログの背景部分の挙動。trueならデフォルト、falseなら背景をグレーにしない。また、'static'にすると背景をクリックしても消えなくなる
keyboard	trueにすると、Escキーでダイアログを消せる。ダイアログのフィールドが入力状態になっているときに機能する
focus	trueにすると、モーダルダイアログにフォーカスを移動させる
show	trueにすると、modal時にダイアログを表示。falseだと非表示

ダイアログ以外の場所をクリックしても消えないようにしたいならば、**backdrop:'static'**をオプションとして追加すればいいわけです。例えば、**リスト9-18**のサンプルで、doActionを以下のように書き換えてみて下さい。

リスト9-19
```
function doAction(){
    $('#dialog1').modal({'backdrop':'static', 'keyboard':true});
}
```

▌**図9-18**：ダイアログが現れると、ほかの場所をクリックしても消えない。フィールドを選択して入力できる状態にし、Escキーを押すと消える。

これでダイアログを呼び出すと、ダイアログ外をクリックしてもダイアログが消えなくなります。また入力フィールドにフォーカスがある状態でEscキーを押すとダイアログを消すことができます。

Chapter **10**

スクリプトによる操作②

Bootstrapには、独自に作成されたGUIがいろいろと用意されています。これらも、もちろんJavaScriptから操作できます。こうした独自GUIの利用についてまとめて説明しましょう。

CSS フレームワーク　Bootstrap 入門

Chapter **10** スクリプトによる操作②

10-1 独自GUIのスクリプト利用

　Bootstrapに用意されている独自のGUIコンポーネントから、カルーセル、コラプス、ジャンボトロン、リストグループといったものについて、JavaScriptのスクリプトによる利用の基本を説明していきましょう。

カルーセル

　カルーセルは、複数のイメージをスライド表示するためのコンポーネントです。これは、タグだけで構築し、スライドさせることができました。単純にスライド表示するだけなら、スクリプトを組む必要はありません。

　ただし、例えば必要に応じてスライドを停止したり再開したりするには、スクリプトの力を借りる必要があります。あるいは、スライド時間を変更したり、必要に応じてイメージを追加したりするにも、スクリプトを組む必要があります。

　まずは、カルーセルの実行についてです。カルーセルは、タグを組むだけで実行できます。carouselクラスを実装したタグに、**data-ride="carousel"**という属性を用意しておくことで初期化されます。data-ride="carousel"がなければ、初期化はされず、スライドも実行されません。

　では、スクリプト内からスライドを実行させるにはどうするか。それには「**carousel**」メソッドを呼び出します。

```
《carouselタグのDOM》.carousel();
```

　これでカルーセルが初期化されます。このcarouselメソッドにもオプションがいろいろと用意されており、それらをオブジェクトにまとめて引数に指定することで、カルーセルの設定を行うことができます。

　用意されているオプションには、以下のようなものがあります。

interval	スライドショーの間隔（ミリ秒数）を指定する
keyboard	trueなら、キーボード関係のイベントに対応させる
pause	trueならば一時停止、falseなら解除。また、'hover'とするとマウスポインタがスライド上にあるときは一時停止し、外に出ると解除される
ride	'carousel'と指定するとカルーセル開始
wrap	trueならば、最後まで表示して最初に戻り、エンドレスで表示

　これらを利用することで、スクリプト内からスライドを開始・停止できるようになります。

358

カルーセルをスクリプトで操作する

では、実際の利用例を見てみましょう。<body>タグ部分を以下に掲載しておきます。

リスト10-1

```html
<body>
<div class="container">
    <div class="row">
        <div class="col-12">
            <h1 class="h4 mb-4">Script</h1>
        </div>
    </div>
    <div class="row">
        <div class="col-12">
            <div class="carousel slide" id="carousel1" onclick="doStop();">
                <div class="carousel-inner">
                    <div class="carousel-item active">
                        <img class="d-block w-100" src="./img/sample.jpg">
                    </div>
                    <div class="carousel-item">
                        <img class="d-block w-100" src="./img/sample2.jpg">
                    </div>
                    <div class="carousel-item">
                        <img class="d-block w-100" src="./img/sample3.jpg">
                    </div>
                </div>
            </div>
            <div>
                <button class="btn btn-primary" onclick="doAction();">Click
                    </button>
            </div>
        </div>
    </div>
</div>
</body>
<script>
function doAction(){
    $('#carousel1').carousel({'ride':'carousel', 'interval':1000});
}
function doStop(){
    $('#carousel1').carousel('pause');
}
</script>
```

▍**図10-1**：カルーセルの表示。プッシュボタンをクリックするとスライドを開始する。スライドのイメージ部分をクリックすると停止する。

アクセスすると、イメージを表示したカルーセルとプッシュボタンが表示されます。プッシュボタンをクリックすると、1秒間隔で次々にスライドを表示していきます。スライドのイメージ部分をクリックすると停止します。

ここでは、プッシュボタンにdoAction関数を、またcarouselタグにdoStop関数をそれぞれ割り当ててあります。まず、プッシュボタンに割り当てているdoActionを見てみましょう。

```
function doAction(){
    $('#carousel1').carousel({'ride':'carousel', 'interval':1000});
}
```

carouselクラスを設定しているタグには、data-ride="carousel"属性が用意されていません。これを取り除いておくことで、カルーセルが初期化されないようにしています。

プッシュボタンを押すと、carouselメソッドで、**ride**と**interval**という2つの値をオプションとして設定しています。rideは、**date-ride**属性に相当するもので、これを**'carousel'**にすることでカルーセルとして初期化され、使えるようになります。また、intervalにより、1000ミリ秒（1秒）でスライド間隔を指定しています。

カルーセルのタグに割り当てるdoStopでは、一時停止の処理を設定してあります。

```
function doStop(){
    $('#carousel1').carousel('pause');
}
```

引数に**'pause'**を指定することで、一時停止します。一時停止したカルーセルは、再度carouselメソッドを呼び出して再開できます。ここではdoActionを実行することで再開できますし、あるいは以下のようにcarouselを呼び出して一時停止を解除することもできます。

10-1 独自 GUI のスクリプト利用

```
$('#carousel1').carousel({'pause':false});
```

このように、カルーセルの開始・停止に関する処理は、carouselメソッドで行うことができます。

手動で移動する

カルーセルは、初期化してアニメーションを開始しなければスライドが使えない、というわけではありません。data-ride="carousel"を用意していなくとも、カルーセルのスライド表示そのものはちゃんと機能します。carouselメソッドを使うことで、前後にスライドさせたり、指定の番号のイメージを表示させることもできます。やってみましょう。

リスト10-2

```
<body>
<div class="container">
    <div class="row">
        <div class="col-12">
            <h1 class="h4 mb-4">Script</h1>
        </div>
    </div>
    <div class="row">
        <div class="col-12">
            <div class="carousel slide" id="carousel1">
                <div class="carousel-inner" id="crousel_inner1">
                    <div class="carousel-item active">
                        <img class="d-block w-100" src="./img/sample.jpg">
                    </div>
                    <div class="carousel-item">
                        <img class="d-block w-100" src="./img/sample2.jpg">
                    </div>
                    <div class="carousel-item">
                        <img class="d-block w-100" src="./img/sample3.jpg">
                    </div>
                </div>
            </div>
            <div>
                <button class="btn btn-primary" onclick="doPrev();">≪Prev
                </button>
                <button class="btn btn-primary" onclick="doNext();">Next≫
                </button>
            </div>
        </div>
    </div>
```

361

```
</div>
</body>
<script>
function doPrev(){
    $('#carousel1').carousel('prev');
    $('#carousel1').carousel('pause');
}
function doNext(){
    $('#carousel1').carousel('next');
    $('#carousel1').carousel('pause');
}
</script>
```

図10-2：「≪Prev」「Next≫」ボタンで前後のイメージに移動する。

　ここでは、2つのプッシュボタンを用意しておきました。これらをクリックすることで、前後のイメージに移動できます。は以下のようにして移動を行っています。

■前に戻る

```
$('#carousel1').carousel('prev');
```

■次に進む

```
$('#carousel1').carousel('next');
```

　このほか、特定の番号のイメージに移動するのに、以下のようなオプションも用意されています。

10-1 独自 GUI のスクリプト利用

■指定の番号のイメージに移動する

```
$('#carousel1').carousel( 番号 );
```

この3つを覚えていれば、イメージの移動は自由に行えるでしょう。なお、これらの carouselメソッドを呼び出すと、その際にカルーセルが初期化され、スライドが始まります。ここではスライドは停止したままにしておきたいので、**carousel('pause')**を呼び出してスライドを停止させています。

スライドイベントについて

カルーセルには、スライドでイメージが切り替わる際に発生するイベントが用意されています。

slide.bs.carousel	スライドによる表示の切り替えが開始された
slid.bs.carousel	スライドによる表示の切り替えが完了した

スライドは、表示が切り替わるのに多少の時間がかかります。その開始時と終了時にそれぞれイベントが用意されているわけです。これらのイベントで呼び出される関数では、ほかのイベント関係の関数と同様に**Event**オブジェクトが渡されますが、以下のような独自のプロパティも追加されています。

direction	スライドの方向を示し、'right'、'left'のいずれかの値
relatedTarget	現在、アクティブになっているタグのDOMオブジェクト
from	移動前に表示されていたイメージのインデックス番号
to	移動後に表示するイメージのインデックス番号

これらの値をEventから取り出すことで、発生したイベントの状態を調べることができます。では、利用例を挙げましょう。

リスト10-3

```
<body>
<div class="container">
    <div class="row">
        <div class="col-12">
            <h1 class="h4 mb-4">Script</h1>
        </div>
    </div>
    <div class="row">
        <div class="col-12">
            <p class="lead" id="msg">Slide!</p>
            <div class="carousel slide" data-ride="carousel" interval="3000"
```

363

```
                        id="carousel1">
                        <div class="carousel-inner" id="crousel_inner1">
                            <div id="image_1" class="carousel-item active">
                                <img class="d-block w-100" src="./img/sample.jpg">
                            </div>
                            <div id="image_2" class="carousel-item">
                                <img class="d-block w-100" src="./img/sample2.jpg">
                            </div>
                            <div id="image_3" class="carousel-item">
                                <img class="d-block w-100" src="./img/sample3.jpg">
                            </div>
                        </div>
                    </div>
                </div>
            </div>
</div>
</body>
<script>
(function(){
    var num = 0;
    $('#carousel1').on('slide.bs.carousel', function (event) {
        var msg = event.from + ' → ' + event.to;
        $('#msg').text(msg);
    })
    $('#carousel1').on('slid.bs.carousel', function (event) {
        $('#msg').text('count: ' + ++num + ' (' + event.relatedTarget.id + ')');
    })
})();
</script>
```

図10-3：スライドが開始されると切り替わるイメージの番号が表示され、スライド後にカウントされた数とイメージの名前が表示される。

　これは、スライドの開始時と終了時にメッセージを表示する例です。スライドで表示が切り替わるとき、切り替わりがスタートした時に「**0 → 1**」というように切り替わるイメージの番号が表示され、切り替わり完了後に、スライド表示した回数と現在のイメージの名前が上部に表示されます。
　ここでは、ロード時に**jQueryのonメソッド**を使って、イベントへの関数組み込みを行っています。

```
$('#carousel1').on('slide.bs.carousel', function (event) {……})
```

　このようにして**slide.bs.carousel**イベントに処理を割り当てています。関数内では、**event.from**と**event.to**でインデックス番号を取得しています。
　同様にして、**slid.bs.carousel**イベントでは**event.relatedTarget**でターゲットとなるDOMを取得し、そのidを表示しています。
　HTML標準のイベントと異なり、これらのイベントはBootstrap独自のものであるため、onclickなどのようにタグの属性としては用意されていません。jQueryのonメソッドなどを使って組み込むようにして下さい。

Chapter 10　スクリプトによる操作②

コラプス

　　ちょっとした説明文などをクリックして表示・非表示するのに用いられるのが**コラプ
ス**です。コラプスは、ボタンなどのタグに必要な属性を用意しておくだけで表示・非表
示を行うことができます。では、JavaScriptのスクリプト内から表示・非表示を行うに
はどのようにすればいいのでしょうか。

　　これは、「**collapse**」というメソッドを利用します。

■コラプスを初期化する（実行後、表示される）

```
$( コラプスDOM ).collapse();
```

■コラプスを表示する

```
$( コラプスDOM ).collapse('show');
```

■コラプスを非表示にする

```
$( コラプスDOM ).collapse('hide');
```

■コラプスをON/OFFする

```
$( コラプスDOM ).collapse('toggle');
```

　　単純に、collapseを引数なしで呼び出せば、コラプスを初期化し、表示させることが
できます。既に用意されているコラプスの表示を操作するには、**'show'**や**'hide'**の引数
を付けて呼び出します。また、**'toggle'**を引数に指定すると、実行する度に表示・非表
示を繰り返します。

　　では、実際の利用例を見てみましょう。

リスト10-4

```
<body>
<div class="container">
    <div class="row">
        <div class="col-12">
            <h1 class="h4 mb-4">Script</h1>
        </div>
    </div>
    <div class="row">
        <div class="col-12">
            <button class="btn btn-primary" type="button" onclick="doAction();">
                Click
            </button>
            <div class="collapse" id="collapse1">
                <div class="card card-body">
```

366

```
                    <p class="lead">This is sample Collapse content.
                        This is sample Collapse content.</p>
                </div>
            </div>
        </div>
    </div>
</div>
</body>
<script>
function doAction(){
    $('#collapse1').collapse('toggle');
}
</script>
```

図10-4：ボタンをクリックするとコラプスが表示される。再度クリックすると消える。

　ボタンをクリックすると、コラプスが現れます。再度クリックすると消えます。コラプスの基本的な動作ですね。ここでは、コラプス操作のボタンとして、以下のように動作します。

```
<button class="btn btn-primary" type="button" onclick="doAction();">
```

　classとtype、onclickといった属性があるだけで、コラプス関係の属性はありません。onclickで呼び出しているdoActionでは、以下のように実行をしています。

```
$('#collapse1').collapse('toggle');
```

Chapter 10 スクリプトによる操作②

これを呼び出すだけで、コラプスを表示したり隠したりできるのです。単に表示を操作するだけなら実に簡単ですね。

コラプスを生成する

コラプスは、あらかじめHTMLのコードとして記述しておくのが基本です。が、比較的シンプルなコンポーネントですから、必要に応じてダイナミックに生成したりできるともっと便利ですね。

コラプスは、コラプスのためのタグさえ用意できれば、自動的にコラプスとして機能するようになります。つまり、スクリプトを使って必要なDOMオブジェクトを生成して組み込めば、それだけでちゃんと動くコラプスを作れるのです。では、やってみましょう。

リスト10-5

```
<body>
<div class="container">
    <div class="row">
        <div class="col-12">
            <h1 class="h4 mb-4">Script</h1>
        </div>
    </div>
    <div class="row">
        <div class="col-12">
            <div id="buttons"></div>
            <div id="contents"></div>
        </div>
    </div>
</div>
</body>
<script>
(function(){
    addNewCollapse(1, 'This is First Collapse!');
    addNewCollapse(2, 'This is second Collapse.');
    addNewCollapse(3, 'This is Last Collapse?');
})();

function addNewCollapse(num, msg){
    $('#buttons').append(createCollapseButton('collapse' + num));
    $('#contents').append(createCollapseContent('collapse' + num, msg));
}

function createCollapseButton(id){
    return $('<button>').addClass('btn btn-primary m-1')
        .attr({
            'type':'button',
```

```
            'data-toggle':'collapse',
            'data-target':'#' + id
        }).text(id);
}

function createCollapseContent(id, msg){
    return $('<div>').addClass('collapse m-1').attr('id', id).append(
        $('<div>').addClass('card card-body').append(
            $('<p>').addClass('lead').text(msg)
        )
    );
}
</script>
```

図10-5：アクセスすると、3つのボタンが表示される。これらをクリックすると、それぞれのコラプスが展開表示される。

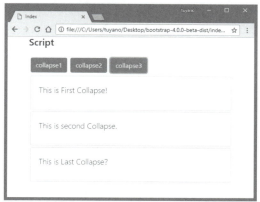

　アクセスすると、3つのプッシュボタンが表示されます。これらをクリックすると、それぞれのボタンに関連付けられたコラプスが表示されます。

　ここでは、初期状態ではコラプス関係のタグはまったくありません。ただ、**<div id="buttons">**と**<div id="contents">**という中身が空のタグがあるだけです。この2つのタグは、それぞれコラプスのボタンとコンテンツを配置する場所として用意してあります。

　スクリプトでは、3つの関数を用意してあります。**createCollapseButton**と**createCollapseContent**は、それぞれコラプス用のボタンとコラプスのコンテンツ部分を作成して返します。**addNewCollapse**は、これらを呼び出して、あらかじめ用意しておいた<div>タグに組み込みます。

Chapter **10** スクリプトによる操作②

コラプスのタグの構造さえわかっていれば、このように新たにタグを生成して組み込んでいくことでダイナミックにコラプスを作成できることがわかります。

Note コラプスのイベントについて。

コラプスを展開したり閉じたりしたときのイベントについては、この後の「NavBar」（**10-2節**）で説明をします。

ジャンボトロン

大きな画面で表示させるようなインパクトのあるコンテンツを作るのが、ジャンボトロンです。これ自体はただ表示するだけのものですが、最初から常時表示されているのはちょっと邪魔な場合もあります。また、必要に応じて普通の表示に戻せるようにしたい、ということもあるでしょう。

ジャンボトロンは、普通のタグを使ったコンテンツに専用のクラスを割り当てているだけです。ということは、ジャンボトロンのクラスを操作すれば、ジャンボトロンにしたり、そうでなくしたりすることは、簡単に行えるはずですね。やってみましょう。

リスト10-6

```
<body>
<div class="container">
    <div class="row">
        <div class="col-12">
            <h1 class="h4 mb-4">Script</h1>
        </div>
    </div>
    <div class="row">
        <div class="col-12">
            <div id="jumbo">
                <div>
                    <h3>Fluid jumbotron</h3>
                    <p>This is a jumbotron context.
                        This is a jumbotron context.</p>
                </div>
            </div>
            <div>
                <button type="button" class="btn btn-primary"
                    onclick="doAction();">
                Click
                </button>
            </div>
        </div>
    </div>
</div>
```

370

```
        </div>
    </body>
<script>
var flg = false;
function doAction(){
    flg = !flg;
    if (flg){
        $('#jumbo').addClass('jumbotron jumbotron-fluid');
        $('#jumbo div').addClass('container');
        $('#jumbo div h3').addClass('display-3');
        $('#jumbo div p').addClass('lead');
    } else {
        $('#jumbo').removeClass('jumbotron jumbotron-fluid');
        $('#jumbo div').removeClass('container');
        $('#jumbo div h3').removeClass('display-3');
        $('#jumbo div p').removeClass('lead');
    }
}
</script>
```

図10-6：ボタンをクリックすると、コンテンツがジャンボトロンに変わる。再度クリックすると元に戻る。

Chapter **10** スクリプトによる操作②

アクセスすると、テキストのコンテンツとプッシュボタンが表示されます。ボタンをクリックすると、その上にあったテキストコンテンツがジャンボトロンに変わります。再度ボタンをクリックすると元の状態に戻ります。

ここではボタンのonclickにdoAction関数が割り当てられています。この関数では、**flg**という真偽値の変数を用意しておき、この値に応じてクラスを追加・削除しています。

クラスを追加する部分を見てみみると、このようになっていますね。

```
$('#jumbo').addClass('jumbotron jumbotron-fluid');
$('#jumbo div').addClass('container');
$('#jumbo div h3').addClass('display-3');
$('#jumbo div p').addClass('lead');
```

id="jumbo"タグと、その中にある**<div>**、**<h3>**、**<p>**タグそれぞれにクラスを追加しています。これでジャンボトロンの表示が用意されます。元に戻すときは、反対にこれら追加したクラスをremoveClassで削除していけばいいのです。意外と簡単にジャンボトロンは作成できるのです。

リストグループの項目追加

多数の項目をひとまとめに表示するリストグループでは、項目のクリックなどは一般的な<a>タグや<button>タグの処理と同じですから特に悩むところはありません。それよりも、**項目の操作**(新たな項目の追加や削除など)がスクリプトで必要とするもっとも重要な処理といえるでしょう。

こうした項目の操作に関する機能は、Bootstrapに標準では用意されていません。リストグループは、**list-group**クラスを設定されたタグ内に表示用のタグを追加して作られています。ということは、list-groupのタグ内に新しいタグをスクリプトで追加すれば、新しい項目が表示されるようになります。では、簡単なサンプルを考えてみましょう。

リスト10-7

```
<body>
<div class="container">
    <div class="row">
        <div class="col-12">
            <h1 class="h4 mb-4">Script</h1>
        </div>
    </div>
    <div class="row">
        <div class="col-12">
            <div>
                <ul id="listgroup1" class="list-group">
                    <li class="list-group-item">Windows</li>
                    <li class="list-group-item">macOS</li>
                    <li class="list-group-item">Linux</li>
                </ul>
```

372

```
            </div>
            <div class="mt-5">
                <form class="form-inline" onsubmit="false">
                    <input type="text" id="input1"
                        class="form-control mr-2">
                    <button class="btn btn-primary"
                        onclick="doAction(event);">Add Item</button>
                </form>
            </div>
        </div>
    </div>
</div>
</body>
<script>
function doAction(e){
    if ($('#input1').val() == ''){ return; }
    $('#listgroup1').append(
        $('<li>').addClass('list-group-item')
            .text($('#input1').val())
    );
    e.preventDefault();
    $('#input1').val('');
}
</script>
```

図10-7：テキストを記入してボタンを押すと、その項目がリストグループに追加される。

リストの下に、入力フィールドとプッシュボタンが表示されます。フィールドにテキストを記入し、ボタンをクリックすると、そのテキストがリストの一番下に追加されます。

list-groupは<ul>タグに設定されており、その中に記述されている<li>タグが、リストグループのリストとして表示されています。したがって新しく項目を追加するには、<ul>タグ内に<li>タグを追加すればいいのです。

$('#listgroup1').append($('<li>'))として、id="listgroup1"のタグ内に<li>タグを追加しています。更にaddClassとtextメソッドを呼び出して属性や表示テキストも設定してあります。

ここでは<li>タグを追加していますが、リストグループによっては<div>タグや<a>タグをリストの項目として使っているものもあるでしょう。こうしたものは、それら用意されている項目と同じタグを同じ形式で組み込む必要があります。

また、append後に、e.preventDefault();を実行していますが、これは重要です。これはイベントの伝達を中断するためのもので、これを行わないと再度リスト生成がやり直され、追加した項目が消えてしまうので注意して下さい。

リストグループの項目の並び順操作

では、既に組み込まれている項目を操作するにはどうすればいいのでしょうか。これにはいくつかやり方が考えられますが、一番わかりやすいのは「**項目を配列として取り出し、並び順を操作してから再びappendで組み込む**」というやり方でしょう。

利用例として、項目を逆順にするサンプルを挙げておきましょう。**リスト10-7**の、doActionメソッドを以下のように書き換えてみましょう。

リスト10-8

```
<script>
function doAction(){
    $('#listgroup1').append(
        $('#listgroup1 li').toArray().reverse()
    );
    e.preventDefault();
}
</script>
```

図10-8：ボタンをクリックするとリストの項目が逆順になる。なお入力フィールドは不要なので削除してある。

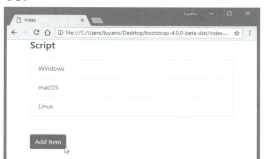

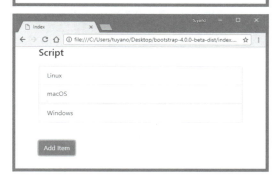

ボタンをクリックすると、リストの項目が逆順に変わります。再度クリックすると、また元に戻ります。

ここでは、id="listgroup1"の中の<li>タグを「**toArray**」メソッドで配列として取り出しています。そして「**reverse**」で逆順にしたものを、appendでまた追加しています。このように、「**リストグループ内の項目をtoArrayで配列として取り出し、操作し、結果をappendで入れ直す**」という手順で、リストグループの項目を自由に操作できます。

このやり方は、リストグループに限らず、普通のリストやそのほかの多数の項目を持ったコンポーネントでも使えるテクニックです。けっこうさまざまなところで使えるものなので、ここで覚えておきましょう。

Chapter **10** スクリプトによる操作②

10-2 Navs、NavBar、スクロールスパイ

　Nav、NavBar、スクロールスパイといったコンテンツの移動に関するコンポーネントについて、スクリプトによる利用の基本を説明しましょう。

Navのタブ表示を切り替える

　ナビゲーション関係の基本といえば、**Nav**コンポーネントでしょう。これは単純なリンクだけでなく、**タブ表示**や**ピル型ボタン**などを使い、コンテンツを切り替えることができました。応用として、同一ページ内に複数のコンテンツを用意し、これをタブやボタンなどで切り替えることもできました。

　このNavをスクリプトから操作することを考えた場合、もっとも必要となるのは「**スクリプトでアクティブなコンテンツを切り替える**」という作業でしょう。タブ表示やピル型ボタンでは、特にスクリプトなどを使わずタグにクラスを設定するだけでコンテンツの切り替えができるようになります。が、スクリプト内からこの切替処理を呼び出せるようになれば、いろいろと応用ができます。

　タブ表示の切り替えは、「**tab**」メソッドで行えます。これは、**class="nav nav-tabs"**が設定されたタグ内に用意されている切り替え用の**\<a>**タグ（class="nav-link"が設定されているもの）のDOMオブジェクトから呼び出します。

■指定のタグを表示させる

```
《DOMオブジェクト》.tab('show');
```

　このように、引数に**'show'**を指定して呼び出すことで、そのタブが選択されます。注意すべきは、「**タブのコンポーネントではなく、コンテンツでもなく、リンクのDOMからtabを実行する**」という点です。
　では、実例を見てみましょう。

リスト10-9

```
<body>
<div class="container">
    <div class="row">
        <div class="col-12">
            <h1 class="h4 mb-4">Script</h1>
        </div>
    </div>
    <div class="row">
        <div class="col-12">
            <div class="row m-3">
```

376

```
                        <div class="col-12">
                            <div class="nav nav-tabs" role="tablist" id="tab1">
                                <a class="nav-link active" id="link-windows"
                                    data-toggle="tab" href="#list-content-windows"
                                        role="tab">Windows</a>
                                <a class="nav-link"  id="link-mac"
                                    data-toggle="tab" href="#list-content-mac"
                                        role="tab">macOS</a>
                                <a class="nav-link"  id="link-linux"
                                    data-toggle="tab" href="#list-content-linux"
                                        role="tab">Linux</a>
                            </div>
                            <div class="tab-content">
                                <div class="tab-pane fade show active"
                                    id="list-content-windows"
                                    role="tabpanel">
                                        This is content for Windows. This is content
                                            for Windows.
                                        This is content for Windows. This is content
                                            for Windows.
                                </div>
                                <div class="tab-pane fade" id="list-content-mac"
                                    role="tabpanel">
                                        This is content for macOS. This is content
                                            for macOS.
                                        This is content for macOS. This is content
                                            for macOS.
                                </div>
                                <div class="tab-pane fade" id="list-content-linux"
                                    role="tabpanel">
                                        This is content for Linux. This is content
                                            for Linux.
                                        This is content for Linux. This is content
                                            for Linux.
                                </div>
                            </div>
                            <hr>
                            <button class="btn btn-primary" onclick="doAction();">
                                default tab</button>
                        </div>
                    </div>
                </div>
            </div>
        </div>
```

```
</body>
<script>
function doAction(){
    $('#link-windows').tab('show');
}
</script>
```

図10-9：プッシュボタンをクリックすると、一番左側にある「Windows」タブが選択される。

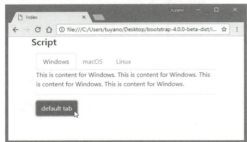

　ここでは3つのタブとプッシュボタンを用意してあります。タブは、クリックするとコンテンツが切り替わるようになっています。適当に表示を切り替えたところでプッシュボタンをクリックしてみましょう。すると、左側の「**Windows**」タブに切り替わります。
　ボタンのonclickで呼び出されるdoAction関数で、以下のように実行をしています。

```
$('#link-windows').tab('show');
```

　これにより、id="link-windows"が設定されている<a>タグのタブ（左側の「**Windows**」タブ）が選択されます。同時に、このタブでリンクされているコンテンツが表示されます。

タブの切替イベント

　タブには、切り替えに関する独自のイベントが全部で4種類用意されています。

show.bs.tab	タブが選択された
shown.bs.tab	タブが選択された状態に切り替わった
hide.bs.tab	タブが非選択になった
hidden.bs.tab	タブが非選択状態に切り替わった

表示と非表示それぞれに2種類ずつ用意されています。タブの表示切り替わりは、アニメーションが使われることもあって多少の時間がかかります。そこで、切り替わりの開始時点と完了時点でそれぞれイベントが発生するようになっています。

では、これらのイベントの利用例を挙げておきましょう。**リスト10-9**のサンプルの<script>タグの部分を以下のように修正して下さい。

リスト10-10

```
<script>
(function(){
    $('#tab1 a').addClass('bg-info text-dark');
    $('#tab1 a.active').removeClass('bg-info text-dark')
        .addClass('bg-primary text-white');

    $('#tab1 a').on('show.bs.tab', function(event){
        $(event.target).addClass('bg-primary text-white');
        $(event.target).removeClass('bg-info text-dark');
    });
    $('#tab1 a').on('hide.bs.tab', function(event){
        $(event.target).addClass('bg-info text-dark');
        $(event.target).removeClass('bg-primary text-white');
    });
})();
</script>
```

図10-10：選択されたタブにprimary、そうでないタブにinfoの背景色がつけられる。

Chapter 10 スクリプトによる操作②

アクセスすると、選択されたタブがprimary、そうでないタブがinfoの背景色で表示されるようになります。クリックして切り替えても色は瞬時に変わります。

ここでは、**show.bs.tab** と **hide.bs.tab** のそれぞれのイベントで、addClassとremoveClassによるクラスの入れ替えを行っています。**event.target**でイベント発生のDOMオブジェクトが得られるので、そのクラスを操作することで表示色を変更しているのですね。

NavBarの項目追加

「**NavBar**」は、いくつものナビゲーション用リンクをまとめて扱うために用意されています。**ナビゲーションバー**作成のためのコンポーネントであり、たくさんのリンクを綺麗に整理するのに用いられます。

これも、やはり「**項目の追加や削除**」などをスクリプト内から行えるようになると、いろいろ応用ができるようになりますね。

NavBarでは、さまざまな形でナビゲーションの項目を用意しますが、ここでは**<ul><li>タグを使って<a>タグを整理する**やり方で考えてみることにしましょう。まずはサンプルを見て下さい。

リスト10-11

```
<body>
<div class="container">
    <div class="row">
        <div class="col-sm-12">
            <h1>GUI Sample</h1>
        </div>
    </div>
    <div class="row m-3">
        <div class="col-12">
            <nav class="navbar navbar-expand-md navbar-light bg-light"
                id="navbar">
                <a class="navbar-brand" href="#">Menu</a>
                <button class="navbar-toggler" type="button"
                    data-toggle="collapse"
                    data-target="#navbarNav">
                    <span class="navbar-toggler-icon"></span>
                </button>
                <div class="collapse navbar-collapse" id="navbarNav">
                    <ul class="navbar-nav" id="nav-list"></ul>
                </div>
            </nav>
        <hr>
        <form class="form-inline">
            <input type="text" class="form-control" id="input1">
```

380

```
            <button class="btn btn-primary" onclick="doAction(event);">
                Add Item</button>
        </form>
    </div>
</div>
</div>
</body>
<script>
var count = 1;

function doAction(e){
    $('#nav-list').append(
        $('<li>').addClass('nav-item').append(
            $('<a>').addClass('nav-link').text('item ' + count++)
                .attr('target', '_blank')
                .attr('href', 'http://' + $('#input1').val())
        )
    );
    $('#input1').val('');
    e.preventDefault();
}
</script>
```

図10-11：サイトのドメインを記入してボタンをクリックすると、「item 1」「item 2」……というようにリンクが追加されていく。

　「**Menu**」というリンクだけのナビゲーションバーと、入力フィールドとプッシュボタンのフォームが表示されます。フィールドにサイトのドメインを記入し、ボタンを押すと、「**item 1**」というように、ナビゲーションバーにリンクが追加されます。これをクリックすると、入力したドメインが開かれます。

スクリプトの処理をチェックする

　ここでは、**<nav class="navbar">** タグ内に項目を展開表示するための**<div class="collapse navbar-collapse">** タグを置き、更にこの中に**<ul class="navbar-**

nav">タグを用意しています。この<ul>タグ内に<li>タグと<a>タグを追加すれば、リンクが追加される、というわけです。

doAction関数で<li>と<a>タグを<ul>タグ内に追加しています。ここで行っている処理を整理すると、次のように実行していることがわかります。

```
$('#nav-list').append(
    $('<li>').append(
        $('<a>')))
```

id="nav-list"内にappendで<li>タグを追加し、その<li>内にappendで<a>タグを追加しています。これでナビゲーションバーのリンクのためのタグが組み込まれます。

後は、作成したタグにaddClassでクラスを追加し、attrで必要な属性を設定すればタグは完成です。それぞれ、以下のようにメソッドを呼び出しています。

■<li>タグ

```
addClass('nav-item')
```

■<a>タグ

```
addClass('nav-link')
text('item ' + count++)
attr('target', '_blank')
attr('href', 'http://' + $('#input1').val())
```

<li>タグは簡単ですね。nav-itemクラスを追加しているだけです。わかりにくいのが<a>タグです。これはnav-linkクラスを追加し、href、target属性と表示するテキストを設定しています。

このようにして追加したリンクは、ウインドウサイズを小さくして折りたたまれた場合もちゃんと展開して表示されます。タグさえ組み込まれれば、表示の変化への対応などはすべてBootstrap側でやってくれるのです。

図10-12：「≡」ボタンをクリックすると、追加した項目が展開表示される。もちろん、クリックすればリンク先が開かれる。

10-2 Navs、NavBar、スクロールスパイ

NavBarでのコラプスの項目展開イベント

ナビゲーションバーでは、**class="collapse navbar-collapse"**を指定したタグを用意することで、幅が一定の値より狭くなるとリンクを折りたたんで表示することができます。折りたたんだ項目は、ボタンやリンクをクリックすることで展開表示することができます。

この折りたたんだ項目を展開したり閉じたりしたときのイベントは、どのようになっているのでしょうか。

折りたたみ表示をする項目は、class="collapse navbar-collapse"を指定したタグの中にあります。そう、この折りたたみ部分は、**コラプス**（collapse）として作成されているのです。したがって、コラプスのイベントがそのまま使えるのです。

コラプスには、展開したり閉じたりしたときのイベントが用意されています。

show.bs.collapse	コラプスの展開を開始した
shown.bs.collapse	展開表示を完了した
hide.bs.collapse	コラプスの折りたたみを開始した
hidden.bs.collapse	コラプスの折りたたみが完了した

ここでも、例によって「**動作開始時と終了時**」の2つのイベントが用意されています。展開表示を開始したときと表示が完了したとき、そして折りたたみの開始時と完了時です。

では、これらのイベントの利用例を挙げておきましょう。**リスト10-11**のサンプルにあった<script>タグに、以下のスクリプトを追加して下さい。

リスト10-12

```
(function(){
    $('#navbarNav').on('show.bs.collapse', function(event){
        $('#navbar').addClass('bg-info').removeClass('bg-light');
    });
    $('#navbarNav').on('hidden.bs.collapse', function(event){
        $('#navbar').removeClass('bg-info').addClass('bg-light');
    });
})();
```

383

図10-13：展開するとナビゲーションバーの背景がinfoカラーに変わる。閉じるともとに戻る。

ナビゲーションバーの「≡」ボタンをクリックして展開すると、背景がinfoカラーに変わります。再度ボタンをクリックして折りたたむと、元の色に戻ります。

ここでは、**$('#navbarNav').on**メソッドを使い、**show.bs.collapse**と**hidden.bs.collapse**イベントに処理を割り当てています。これらのイベントで、bg-infoとbg-lightのクラスを入れ替えることで、ナビゲーションバーの色を変更していたのですね。

スクロールスパイの項目追加

スクロールスパイは、**スクロール表示とナビゲーションリンクがセットになったコンポーネント**です。これも、必要に応じて項目を追加したり削除したりできれば、いろいろと応用ができそうですね。

スクロールスパイは、**ナビゲーション部分**と**コンテンツ部分**からなります。したがって、コンテンツを追加したりする場合は、両方の部分にタグを追加しなければなりません。また、リンク先とコンテンツ側のIDの整合性をとることも忘れてはいけません。

これも実例を見ながら説明をしましょう。

リスト10-13

```
<body>
<div class="container">
    <div class="row">
        <div class="col-sm-12">
            <h1 class="h4 mb-4">Script</h1>
            <p id="msg"></p>
        </div>
    </div>
    <div class="row">
        <div class="col-12">
            <nav id="navbar-1" class="navbar navbar-light bg-light">
                <ul class="nav nav-pills" id="nav-list">
                    <li class="nav-item">
                        <a class="nav-link active" href="#start">Start</a>
```

```
                    </li>
                </ul>
            </nav>
            <div data-spy="scroll" data-target="#navbar-1" data-offset="0"
                class="scrollspy-frame" id="spy-content1">
                <h4 id="start" class="display-4">Start Title</h4>
                ……適当にコンテンツを用意……
            </div>
            <hr>
            <input type="text" class="form-control" id="title">
            <textarea class="form-control" id="content"></textarea>
            <button class="btn btn-primary mt-2" onclick="doAction();">Click
                </button>
        </div>
    </div>
</div>
</body>
<script>
function doAction(){
    var title = $('#title').val();
    var content = $('#content').val();
    $('#nav-list').append(
        $('<li>').addClass('nav-item').append(
            $('<a>').addClass('nav-link').attr('href','#' + title).text(title)
        )
    );
    $('#spy-content1').append(
        $('<h4>').attr('id', title).addClass('display-4').text(title)
    );
    for(var i = 0;i<7;i++){ // 同じコンテンツを7回追加
        $('#spy-content1').append(
            $('<p>').text(content)
        );
    }
}
</script>
```

図10-14：タイトルとコンテンツをフィールドとテキストエリアに記入し、ボタンをクリックすると、ナビゲーションバーとコンテンツのエリアにリンクとコンテンツが追加される。

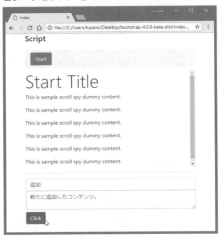

　ここにはスクロールスパイのコンテンツと、その下に入力フィールド・テキストエリア・プッシュボタンが用意されています。フィールドにタイトル、テキストエリアにコンテンツを記述してボタンを押すと、ナビゲーションバーにタイトル名のリンクが追加され、コンテンツ部分にはタイトルとコンテンツが追加されます。コンテンツは、スクロールがよくわかるように7回同じものを追加するようにしてあります。

タグの追加処理

　ここでは、ナビゲーションバー部分とコンテンツ部分でそれぞれタグの追加をしています。
　まず、ナビゲーションバーの部分です。ナビゲーションバーは、ここでは**\<ul>**タグを使っています。**\<ul class="nav nav-pills" id="nav-list">**のタグ内に\<li>タグを追加し、更にその中に\<a>タグでリンクを用意すればいいわけですね。これは以下のようになります。

```
$('#nav-list').append(
    $('<li>').append(
        $('<a>')))
```

　こうして、id="nav-list"の\<ul>タグに\<li>タグが追加され、更にその中に\<a>タグが追加されます。
　\<li>タグでは、**addClass('nav-item')**でnav-itemクラスを追加しておきます。
　また、**\<a>**タグでは、クラス、属性、表示テキストを以下のようなメソッドでそれぞれ設定しています。

```
addClass('nav-link')
attr('href','#' + title)
text(title)
```

特に重要なのは、**attr('href','#' + title)**です。ここでは、href属性に、変数titleの値をリンク先として設定しています。これでコンテンツ側にtitleのIDのタグを追加すれば、そのタグにリンクされるはずですね。

では、コンテンツ側を見てみましょう。コンテンツ側では、**$('#spy-content1').append**でタイトルとコンテンツを追加します。

タイトルは、<h4>タグとして作成し、追加しています。この部分ですね。

```
$('<h4>').attr('id', title).addClass('display-4').text(title)
```

ここでは、**attr**メソッドでID属性を設定しています。これが、先ほどナビゲーション側に追加した<a>タグのhrefでリンク先として設定したものになります。そして、表示用のクラスとテキストを設定しておきます。

続いて、コンテンツを追加します。これは<p>タグとして追加をしています。

```
$('<p>').text(content)
```

これは単に表示テキストを設定しているだけですので、説明するまでもないでしょう。

スクロールのイベント

スクロールスパイでは、スクロールして特定の項目がアクティブになった（ナビゲーションのボタンが選択状態に変わる）ときにイベントが発生します。

```
activate.bs.scrollspy
```

このイベントを利用することで、選択項目が切り替わる際に処理を実行させることができます。では、利用例を挙げておきましょう。

リスト10-13のサンプルの<script>タグに、以下のスクリプトを追記して下さい。

リスト10-14
```
(function(){
    $('#spy-content1').on('activate.bs.scrollspy', function (event) {
        var obj = $('#navbar-1').find("ul li a.active");
        $('#msg').text('今、' + obj.text() + ' を読んでいます。');
    })
})();
```

図10-15：スクロールしていくと、現在、どの部分まで読んだかが上部に表示される。

これは、ページを読み込むときに**activate.bs.scrollspy**イベントの処理を追加します。実際にコンテンツをスクロールしていくと、現在読んでいるコンテンツ部分が、上部に表示されるようになります。

ここでは、**$('#spy-content1').on**を使ってイベント処理を設定しています。サンプルでは、現在アクティブになっているコンテンツ部分がどこかを調べています。これは、Bootstrapには機能として用意されていないのでjQueryのテクニックが必要です。

アクティブになっている部分というのは、ナビゲーション部分のリンクがアクティブになっている、すなわちタグにactiveクラスが設定されている部分、ということになります。そこで、**find**メソッドを使い、<ul>内の<li>内の<a>タグでactiveクラスが追加されているものを探し出し、そのテキストを取り出しています。

```
var obj = $('#navbar-1').find("ul li a.active");
```

この部分ですね。jQueryは、findメソッドを使い、特定のタグやクラスの状態になっているものを調べて取り出すことができます。Bootstrapでは、非常に込み入ったタグを書くので、その中から必要なものを探し出すのにfindメソッドは非常に有効です。ぜひ使い方を覚えておきましょう。

Appendix

スタイルの
カスタマイズについて

Bootstrapは、クラスが命です。ここでは、クラスの仕組
みを理解し、独自のクラスを定義するための考え方や手順に
ついて説明しておきましょう。

CSS フレームワーク　Bootstrap 入門

SCSSによるBootstrapクラスのカスタマイズ

Bootstrapは、膨大なスタイルシートクラスの集合体といえます。用意されているクラスをclass属性に追加していくことでさまざまなコンポーネントを簡単に作成することができます。

が、ある程度Bootstrapを使い込んでいくと、「**用意されているクラスを修正したい**」と思うこともあるでしょう。が、Bootstrapのどこにどんな形でクラスが記述されているのかわからず、諦めてしまっている人も多いはずです。

bootstrap.min.cssは100KB以上あり、圧縮されているため中を見ても何が書かれているのかわかりません。bootstrap.cssには無圧縮なコードが書かれていますが、非常に多くのクラスが組み合わせられているため、簡単に修正することはできないでしょう。

Bootstrapでは、スタイルシートは、CSSではなく**SCSS**を使って作成されています。このSCSSには「**Mixin**」と呼ばれる機能が用意されています。あらかじめ定義したコードをさまざまなところに挿入していくもので、多量のクラスに必要な設定を挿入するような作業を軽減してくれます。

このSCSSのコードの仕組みがわかれば、それを自分なりに書き換えたり追記したりすることでBootstrapのクラスをカスタマイズしていくことができるようになります。ここでは、SCSSによるカスタマイズの基本的な手順について説明しましょう。

SCSSファイルの用意

Bootstrapのクラスをカスタマイズするには、ベースとなるSCSSファイルが必要です。これは、フルセットのBootstrapならば、「**scss**」というフォルダにまとめられています。が、サブセット版やCDN利用などの場合にはSCSSファイルは用意されないため、あらかじめファイルをダウンロードして用意しておく必要があるでしょう。

ではBootstrapサイトのダウンロードページにアクセスして下さい。

https://getbootstrap.com/docs/4.0/getting-started/download/

図A-1：ダウンロードページ。「Source files」をダウンロードする。

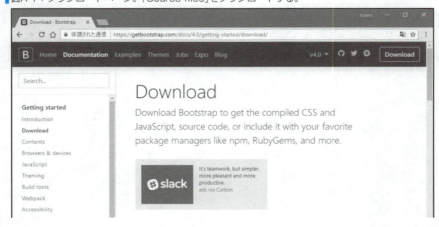

アクセスすると、Bootstrapのダウンロードボタンがいくつか表示されます。一番上にある「**Compiled CSS and JS**」は、コンパイル済みの完成版で、ファイル数もファイルサイズも最小限にまとめられています。ただBootstrapを利用するだけならばこれが一番シンプルでわかりやすいのですが、これにはSCSSファイルは用意されていません。

カスタマイズする場合は、その下にある「**Source files**」というところのボタンをクリックしてください。これが、Bootstrapのフルセット版です。ダウンロードした圧縮ファイルを展開すると、その中に「**scss**」というフォルダが保存されています。これがSCSSファイルです。

このフォルダを、開発中のアプリケーションのフォルダにコピーしましょう。ここまで使ってきたサンプルでは、アプリケーションのフォルダの中に「**css**」や「**js**」といったフォルダがありました。これらと並んで、「**scss**」フォルダを配置します。

図A-2：展開したBootstrapフォルダの中に「scss」フォルダがある。これをアプリケーションのフォルダにコピーする。

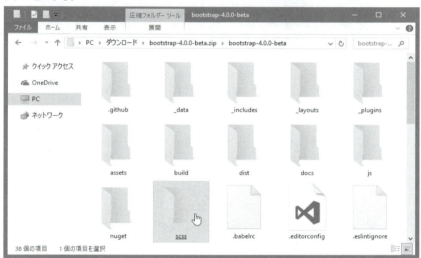

style.scssからBootstrapをインポートする

では、Bootstrapをカスタマイズする準備を整えましょう。サンプルアプリケーションでは、「**css**」フォルダの中に「**style.scss**」ファイルを配置してありました。このファイルを開いて下さい。そして、以下のように記述をしましょう。

リストA-1
```
@import "../scss/bootstrap-reboot.scss";
```

これで、「**scss**」フォルダ内のbootstrap-reboot.scssがインポートされます。これにより、「**scss**」フォルダ内にあるBootstrapの主要なSCSSファイル、および「**Mixin**」と呼ばれるSCSSファイル類（Mixinについては後述します）にアクセスできるようになります。

Appendix　スタイルのカスタマイズについて

style.scss をコンパイルする

　では、style.scssをコンパイルしましょう。コマンドプロンプトまたはターミナルを起動し、cdコマンドでアプリケーションフォルダ内の「**css**」フォルダの中に移動して下さい。そして、以下のようにコマンドを実行します。

```
sass style.scss:style.css
```

図A-3：sassコマンドでstyle.scssをコンパイルする。

　これで、style.scssファイルがコンパイルされ、**style.css**ファイルに出力されます。style.cssを開いてみると、驚くはずです。膨大な量のスタイルシートが書き出されているからです。

　これは、@importにより、bootstrap.scssを読み込み、そこから更にそのほかのSCSSファイルを読み込み……という具合に、すべてのSCSSファイルを読み込んで、それらすべてをコンパイルし、styls.cssに書き出しているためです。つまり、このstyle.cssの中に、Bootstrapのすべてのスタイルシートが書き出されているのです。

　したがって、HTMLファイルでは、このstyle.cssだけ読み込めば、Bootstrapのすべてのスタイルが使えるようになります。bootstrap.min.cssも必要なくなります。

Mixinを利用する

　では、実際にカスタマイズを行ってみましょう。カスタマイズには、大きく2つの修正方法があります。

　1つは、自身のSCSSファイルなどに独自のクラスを定義して利用する方法。もう1つは「**Mixin**」を利用する方法です。

Mixin について

　一般的なSCSSファイルを利用する前に、耳慣れない「**Mixin**」というものについて説明しておきましょう。

　Mixinというのは、汎用的な設定などを作成しておくのに使うもので、Mixinで定義したものをほかのクラスの中から読み込むことで、その内容を再利用できるようにする仕組みです。Mixinを使うことで、汎用的な機能や設定などをまとめておき、さまざまなクラスから再利用できるようになります。

Mixinは、「**scss**」フォルダ内の「**mixins**」フォルダの中にまとめられています。これらは、「**scss**」フォルダ内にあるSCSSファイルで作成されているクラス類で利用される、もっとも基本的な機能と考えてよいでしょう。

Mixin関係のファイルの中身を修正したり追記したりすることで、独自の設定や機能などを増やしていくことができるのです。ただし、既にあるコードを書き換えてしまうと、思わぬところでBootstrapの機能がうまく動かなくなったりすることもあります。Mixinのコードはさまざまなところで利用されている、という点を忘れないで下さい。

当面は、既にあるコードを書き換えたりせず、独自のコードを追加して利用するなどして、Mixinの働きをつかむようにしましょう。

_border-radius.scssを変更する

では、サンプルとして、「**mixins**」フォルダ内にある「**_border-radius.scss**」ファイルを開いてみることにしましょう。これは、border-radius（ボーダーの四隅の丸み）に関する処理が記述されています。

ファイルを開くと、こんな内容が書かれていることがわかるでしょう。

リストA-2

```
@mixin border-radius($radius: $border-radius) {
    @if $enable-rounded {
        border-radius: $radius;
    }
}
```

これは、border-radiusというMixinを定義します。Mixinは、このような形で定義されています。

```
@mixin 名前 ( 引数 ){
    ……設定内容……
}
```

まるでJavaScriptなどのプログラミング言語のコードのようですね。この辺りは、SCSSについての知識がないとよくわからないかもしれません。今は内容については深く考えず、「**こうやってborder-radiusというMixinが定義されているんだ**」という程度に理解しておきましょう。

独自Mixinを定義する

では、ここに独自のMixinを記述してみることにしましょう。_border-radius.scssの末尾に、以下のように追記して下さい。

リストA-3

```
@mixin border-tl-radius($radius) {
    @if $enable-rounded {
```

393

```scss
        border-top-left-radius: $radius;
    }
}
@mixin border-tr-radius($radius) {
    @if $enable-rounded {
        border-top-right-radius: $radius;
    }
}
@mixin border-bl-radius($radius) {
    @if $enable-rounded {
        border-bottom-left-radius: $radius;
    }
}
@mixin border-br-radius($radius) {
    @if $enable-rounded {
        border-bottom-right-radius: $radius;
    }
}
```

　ここでは、「**border-tl-radius**」「**border-tr-radius**」「**border-bl-radius**」「**border-br-radius**」という4つのMixinを定義しています。

　Bootstrapには、**rounded**という、コーナーに丸みを付けるためのクラスがあります。が、これは上下左右の2角ずつ設定するもので、1つ1つの角に丸みを設定するクラスがありません。

　そこで、四隅のそれぞれに丸みを付けるためのMixinを用意し、これを利用したクラスをstyle.scssに作成して利用できるようにしてみよう、というわけです。上記のリストが、四隅に丸みを付けるMixinです。

独自Mixin利用のクラスを定義する

　では、作成したMixinを利用してみましょう。style.scssファイルを開き、ここに先ほどのMixinを利用したクラスを定義してみます。ファイルの末尾に、以下のコードを記述して下さい。

リストA-4

```scss
.rounded-tl {
    @include border-tl-radius(10px);
}
.rounded-tr {
    @include border-tr-radius(10px);
}
.rounded-bl {
    @include border-bl-radius(10px);
}
.rounded-br {
```

```
        @include border-br-radius(10px);
}
```

ここでは、クラスの中に「**@include**」を記述していますね。これで、指定したMixinを組み込みます。

例えば、最初のrounded-tlクラスを見てみましょう。ここにある**@include border-tl-radius(10px);**は、**border-tl-radius**というMixinを、引数に10pxという値を設定して、このクラスに組み込みます。このborder-tl-radiusには、

```
border-top-left-radius: $radius;
```

という文が記述されていました。@includeする(また引数に10pxを指定する)ことで、このrounded-tlクラスにborder-top-left-radius:10px;とスタイルが追加されることになるのです。

このように、@includeでMixinを組み込むことで、そのMixinのスタイルが、利用するクラスに追加されるようになります。

コンパイルで生成されるクラス

では、sassコマンドでSCSSファイルを再コンパイルして下さい。そしてコンパイルされたstyle.cssファイルを開いて、style.scssに記述したクラスがどのように変換されているか確認してみましょう。ファイルの最後に以下のようなコードが追加されていることがわかります。

リストA-5
```
.rounded-tl {
  border-top-left-radius: 10px; }

.rounded-tr {
  border-top-right-radius: 10px; }

.rounded-bl {
  border-bottom-left-radius: 10px; }

.rounded-br {
  border-bottom-right-radius: 10px; }
```

それぞれのクラスの中に、@includeしたMixinのスタイルが組み込まれていることがわかります。Mixinは、このように「**たくさんのクラスで同じようなスタイルを記述する**」という場合に、記述を簡略化することができるのです。

作成したクラスを利用する

では、作成したクラスを実際に使ってみることにしましょう。ここでは、簡単な表示を行うHTMLコードを挙げておきます。

395

Appendix スタイルのカスタマイズについて

リストA-6

```html
<body>
<div class="container">
    <div class="row">
        <div class="col-sm-12">
            <h1 class="h4 mb-4">SCSS</h1>
        </div>
    </div>
    <div class="row">
        <div class="col-6">
            <div class="border border-dark rounded-tl p-3 m-2">
                TOPLEFT</div>
        </div>
        <div class="col-6">
            <div class="border border-dark rounded-tr p-3 m-2">
                TOPRIGHT</div>
        </div>
    </div>
    <div class="row">
        <div class="col-6">
        <div class="border border-dark rounded-bl p-3 m-2">
            BOTTOMLEFT</div>
        </div>
        <div class="col-6">
            <div class="border border-dark rounded-br p-3 m-2">
                BOTTOMRIGHT</div>
        </div>
        </div>
    </div>
</div>
</body>
```

図A-4：作成したクラスが適用され、四隅の一つがそれぞれ丸くなったボーダーが表示される。

アクセスすると、ボーダーの四隅のうち、1つだけが丸くなっているボーダーが4つ表示されます。作成したクラスがきちんと機能していることがわかりますね。

独自クラス定義によるカスタマイズ

Mixinを利用せず、直接Bootstrapのクラスを読み込んで独自クラスを定義することも、もちろん可能です。この場合は、普通のCSSと同じように、表示したいスタイルをクラスにまとめて利用するだけです。

が、Bootstrapでは、ほぼすべての表示が何らかの形でBootstrapのクラスの影響を受けています。したがって、クラスを定義する際にも、「**どういうコンポーネントに影響を与えるようなクラスを作るのか**」を考え、ベースとなっているBootstrapのクラスでどのようにスタイルが処理されているかを確認しながら作成する必要があるでしょう。

では、どうやってBootstrapのクラスを利用してスタイルをカスタマイズしていけばいいのか、その基本的な考え方を整理していきましょう。

▌カスタマイズ対象の SCSS ファイルを特定する

最初に行うのは、「**カスタマイズしたいクラスがどのSCSSファイルに記述されているか**」を調べる作業です。

「**SCSS**」フォルダの中には、多数のファイルが用意されています。これらは、Bootstrapに用意されているコンポーネントやユーティリティなどの種類ごとに整理されているのです。

一例として、「**ボタン**」のコンポーネントを利用した独自クラスを定義すること考えてみましょう。ボタン関係は、「**_buttons.scss**」というファイルに記述されています。このファイルを開いてみて下さい。ボタン関係のスタイルに関する、けっこう長いコードが記述されているのがわかります。

これらは、もちろんSCSSの基本文法などをしっかり理解していないとよくわからないでしょう。が、既にあるコードから必要な部分をコピーし、少しだけ書き換えて再利用するぐらいなら、ある程度スタイルシートとJavaScriptなどのプログラミング言語の基礎知識があれば行えるはずです。

ボタンのカラー関係のクラスを作成している処理部分を探しましょう。これは以下の部分になります。

リストA-7

```
@each $color, $value in $theme-colors {
    .btn-#{$color} {
        @include button-variant($value, $value);
    }
}


@each $color, $value in $theme-colors {
```

Appendix スタイルのカスタマイズについて

```
    .btn-outline-#{$color} {
        @include button-outline-variant($value, #fff);
    }
}
```

@eachを使い、繰り返し処理を行っています。.btn-#{$color}は、繰り返しを使って順に渡される色名の値を利用してクラス名を設定しているのですね。例えば、$colorにprimaryという値が入っていたなら、.btn-primaryというクラスが定義されるわけです。

そしてクラスの中では、@include button-variantと記述し、@includeを使ってbutton-variantというMixinを組み込んでいることがわかります。これは、「mixins」フォルダ内の「_buttons.scss」というファイルの中に記述されているもので、ボタンの基本的なスタイル設定が用意されています。

▌独自コンポーネントの作り方

button-variantは、かなりの長さと複雑さになるので省略しますが、要は「button-variantを組み込めば、ボタンの基本的なスタイルは準備できる」ということなのです。

ということは、①ボタンの独自クラスを定義し、②そこにbutton-variantを組み込み、③更にオリジナルのスタイルを追加すれば、ボタンの独自コンポーネントクラスが作れる、ということになります。

独自のボタンコンポーネントクラスを作る

では、実際に簡単なボタンコンポーネントのクラスを作ってみましょう。style.scssファイルに以下のように追記して下さい。

リストA-8

```
@mixin mySharpBtn {
    border-radius: 0%/0%;
    border-color: black;
    border-width: 2px;
}
@mixin myOvalBtn {
    border-radius: 50%/50%;
    border-color: black;
    border-width: 2px;
}


@each $color, $value in $theme-colors {
    .btn-sharp-#{$color} {
        @include button-variant($value, $value);
```

398

```
        @include mySharpBtn;
    }
    .btn-oval-#{$color} {
        @include button-variant($value, $value);
        @include myOvalBtn;
    }
}
```

　ここでは、mySharpBtnとmyOvalBtnという2つの独自Mixinを用意し、これを利用してボタンのカラー関係のクラスを作成しています。

　コード前半の2つある@mixinでカスタマイズする基本的なスタイルを用意しておき、後半の@each部分で色名クラスを作成しているのです。

▌独自コンポーネントの作り方の確認

　@eachの部分は、先ほど_buttons.scssから探し出した、色名クラス生成の@eachの部分をコピー＆ペーストし、書き換えたものです。**.btn-sharp-#{$color}**と**.btn-oval-#{$color}**というクラスが作られていることがわかるでしょう。

　そしてそのクラス内では、**button-variant**と、上にあるmySharpBtnまたはmyOvalBtnを**@include**しているのがわかります。これにより、それぞれのMixinに記述されたスタイルがクラス内に組み込まれるのです。

▌生成された style.css の内容

　記述したら、sassコマンドでSCSSを再コンパイルしておいて下さい。style.cssには、かなりの長さがある複雑なクラスが生成されていることがわかるでしょう。一例として、btn-sharp-primaryクラスだけを見てみると、以下の内容が出力されています。

リストA-9

```
.btn-sharp-primary {
  color: #fff;
  background-color: #007bff;
  border-color: #007bff;
  border-radius: 0%/0%;
  border-color: black;
  border-width: 2px; }
  .btn-sharp-primary:hover {
    color: #fff;
    background-color: #0069d9;
    border-color: #0062cc; }
  .btn-sharp-primary:focus, .btn-sharp-primary.focus {
    box-shadow: 0 0 0 0.2rem rgba(0, 123, 255, 0.5); }
  .btn-sharp-primary.disabled, .btn-sharp-primary:disabled {
    background-color: #007bff;
    border-color: #007bff; }
```

Appendix　スタイルのカスタマイズについて

```
.btn-sharp-primary:not([disabled]):not(.disabled):active,
.btn-sharp-primary:not([disabled]):not(.disabled).active, .show >
.btn-sharp-primary.dropdown-toggle {
color: #fff;
background-color: #0062cc;
border-color: #005cbf; }
.btn-sharp-primary:not([disabled]):not(.disabled):active:focus,
.btn-sharp-primary:not([disabled]):not(.disabled).active:focus,
.show > .btn-sharp-primary.dropdown-toggle:focus { box-shadow:
0 0 0 0.2rem rgba(0, 123, 255, 0.5); }
```

かなり細かなスタイルが用意されていることがわかりますね。こうしたクラスが、すべての色名について生成されています。これらをすべて手書きして作ろうとなったら、相当な努力が必要となることは容易に想像がつくでしょう。Mixinを利用することで、大幅に作業が軽減できたのです。

オリジナルクラスを使う

では、実際にクラスを使ってみることにしましょう。HTML内のcolタグ部分を以下に掲載しておきます。

リストA-10

```
<div class="col-12">
    <div>
        <button class="btn btn-primary m-2">primary button</button>
        <button class="btn btn-sharp-primary m-2">primary button</button>
        <button class="btn btn-oval-primary m-2">primary button</button>
    </div>
    <div>
        <button class="btn btn-warning m-2">warning button</button>
        <button class="btn btn-sharp-warning m-2">warning button</button>
        <button class="btn btn-oval-warning m-2">warning button</button>
    </div>
    <div>
        <button class="btn btn-light m-2">light button</button>
        <button class="btn btn-sharp-light m-2">light button</button>
        <button class="btn btn-oval-light m-2">light button</button>
    </div>
    </div>
</div>
```

図A-5：3×3個のプッシュボタンを表示する。それぞれ一番左側がBootstrap標準のボタン、中央が
btn-sharpクラス、右側がbtn-ovalクラスを設定している。

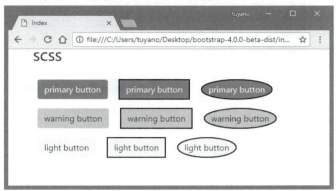

　アクセスすると、**primary**、**warning**、**light**の各色のボタンが3つずつ表示されます。
左側がBootstrapの標準カラークラスを指定したもので、中央が「**btn-sharp-色名**」という
クラス、右側が「**btn-oval-色名**」というクラスをそれぞれ指定したものです。
　これらは単に表示だけでなく、マウスポインタを上に移動すると色が変わったり、ク
リックするとボーダーが表示され、選択されていることを示すなど、ボタンとしての基
本的な機能も全て備えていることがわかります。

　ごく簡単ですが、Bootstrapのクラスを利用した独自クラスの作成がどのようなものか、
感じられたのではないでしょうか。カスタマイズには、まず「**利用したいコンポーネン
トで利用しているMixinの内容を調べる**」ことが重要です。そのためには、SCSSの基本的
な文法も学ぶ必要があるでしょう。
　が、そうした基礎的な知識が身につけば、Bootstrapのカスタマイズは決して「**難しく
て手が出せない**」といったものではないことがわかるはずです。BootstrapとSCSSに興味
を持っている人は、ぜひ一度、自分だけのオリジナルコンポーネントクラス作りに挑戦
してみて下さい。

401

さくいん

記号

<b>	77
<code>	77
<dd>	80
<del>	77
<div>	76
<dl>	80
<dt>	80
@each	398
<em>	77
<figcaption>	200
<figure>	200
<h1>	74
<i>	77
<img>	91
@include	395
<input>	125
<ins>	77
<li>	78
<mark>	77
@mixin	393
<ol>	78, 233
<p>	76
<pre>	76
<progress>	179
<s>	77
<select>	127
<small>	77
<strong>	77
<table>	81
<tbody>	81
<td>	81
<textarea>	127
<th>	81
<thead>	81
<tr>	81
<u>	77
<ul>	78, 233

A

Accesible Rich Internet Applications	163
activate.bs.scrollspy	387
active	162
addClass	326, 346
alert	294
alert('close')	347
alert-heading	296
alert-link	296
align-items-bottom	150
align-items-center	150
align-items-top	150
align-self-	68
align-self-center	236
align-self-end	236
align-self-start	236
append	328
aria-describedby	124
aria-expanded	173
aria-haspopup	173
aria-hidden	242
aria-labelledby	173
aria-pressed	163
aria-valuemax	179
aria-valuemin	179
aria-valuenow	179
attr	328
auto	60

B

b	114
backdrop	356
badge	183
badge-pill	164, 185
bg-	96

bootstrap.min.js 27	checkValidity 334
border 102	clearfix 110
border- 104	close 297
breadcrumb 273	col 40
breadcrumb-item 274	collapse 366
btn 122, 125	container 40
btn-block 141	container-fruid 55
btn-group 167	Content Delivery Network 20
btn-group-vertical 171	CSS拡張メタ言語 33
btn-lg 132	custom-checkbox 152
btn-link 161	custom-control 152
btn-outline- 158	custom-control-input 152
btn-sm 132	custom-control-label 152
	custom-radio 152

C

card 204	custom-select 152
card-body 204	

D

card-columns 220	danger 94
card-deck 218	dark 94
card-footer 209	data-content 311
card-group 216	data-dismiss="alert" 297
card-header 209	data-dismiss="modal" 301
card-img-bottom 209	data-interval 241
card-img-overlay 214	data-offset 287
card-img-top 209	data-placement 308, 311
card-link 207	data-ride 242
card-subtitle 207	data-ride="carousel" 358
card-text 205	data-slide 242
card-title 206	data-slide-to 244
carousel 239, 358	data-spy 287
carousel-caption 246	data-target 244
carousel-control-next 242	data-toggle 165
carousel-control-next-icon 242	data-toggle="button" 165
carousel-control-prev 242	data-toggle="buttons" 171
carousel-control-prev-icon 242	data-toggle="collapse" 263, 313
carousel-indicators 244	data-toggle="dropdown" 173
carousel-inner 239	data-toggle="list" 197
carousel-item 239	data-toggle="modal" 301
carousel('next') 362	data-toggle="popover" 311
carousel('prev') 362	data-toggle="tooltip" 308

さくいん

data-trigger="focus"	312
d-block	107, 247
Definition List	80
d-flex	111
d-inline	107
d-inline-block	107
d-inline-flex	111
direction	363
disabled	133, 162
display-	224
d-none	247
dropdown	172
dropdown-divider	175
dropdown-header	175
dropdown-item	173
dropdown-menu	173
dropdown-toggle	173
dropdown-toggle-split	177

F

fade	303
figure	200
find	388
fixed-bottom	268
fixed-top	268
flex-column	112, 253
flex-column-reverse	112
flex-row	112
flex-row-reverse	112
float-	108
focus	356
font-italic	224
font-weight-bold	224
font-weight-normal	224
form-check	128, 129, 143
form-check-inline	144
form-check-input	128, 129
form-check-label	128, 129
form-control	122, 125
form-control-lg	130

form-control-sm	130
form-group	124
form-inline	143, 266
form-row	139
from	363

G

gem	33
gem install sass	34

H

h	116
hidden.bs.collapse	383
hidden.bs.modal	353
hidden.bs.tab	379
hide.bs.collapse	383
hide.bs.modal	353
hide.bs.tab	379
'html':true	344

I

img-fluid	91, 92
img-thumbnail	93
indeterminate	336
info	94
input-group	150
input-group-prepend	150
input-group-text	150
integrity	22
interval	358
invalid-feedback	334

J

jQuery	28
jquery.min.js	29
jumbotron	223
jumbotron-fluid	226
justify-content-between	268
justify-content-center	67
justify-content-end	67

さくいん

justify-content-start..................... 67

K

keyboard 356, 358

L

l................................. 114
ld................................ 45
lead............................. 224
light 94
list-group....................... 187
list-group-item 187, 194
list-group-item-action 189
list-unstyled....................... 235

M

m................................ 114
md................................ 45
media 229
media-body....................... 229
Mixin 392
ml 64
modal...................... 301, 352
modal-body....................... 299
modal-content..................... 299
modal-dialog..................... 299
modal-footer 299
modal-header 299
mr 64

N

nav 250
navbar 262
navbar-collapse 264
navbar-dark...................... 272
navbar-light...................... 272
navbar-nav....................... 264
navbar-toggler 264
navbar-toggler-icon................ 272
nav-fil............................ 258

nav-item.......................... 252
nav-link 250
nav-pills 257
nav-tabs 255
Navコンポーネント 250
Node.js 22
no-gutters 70
novalidate 333
npm 22
npm init.......................... 24
npm install bootstrap --save.............. 25
npm install jquery --save 29
npm install popper.js@1.0.0 --save........ 31

O

on 365
onclick 325
order-............................ 71

P

p 114
package.json...................... 24
page-item......................... 277
page-link 277
pagination........................ 277
pagination-lg...................... 280
pagination-sm..................... 280
pause 358
placeholder 124
popover 228
popover-body..................... 228
popover-header 228
Popper.js 30
popper.min.js 30
preventDefault 334
primary 94
progress.......................... 179
progress-bar 179
progress-bar-animated 181
progress-bar-striped 181

405

さくいん

prop	334

R

r	114
relatedTarget	363
removeClass	326
required	331
reverse	375
ride	358
role="alert"	295
role="button"	161
role="document"	299
role="group"	167
role="progressbar"	179
role="tab"	197
role="tablist"	197, 318
role="tabpanel"	197
rounded	105, 164
rounded-0	164
rounded-circle	164
row	40

S

sass	35
Sass	33
scrollspy-frame	287
secondary	94
show	356
show.bs.collapse	383
show.bs.modal	353
show.bs.tab	379
shown.bs.collapse	383
shown.bs.modal	353
shown.bs.tab	379
slid.bs.carousel	363
slide	239
slide.bs.carousel	363
sm	45
stopPropagation	334
success	94

Syntactically Awesome StyleSheets	33

T

t	114
tab	376
tab-content	197
table	83
table-	98
table-borderd	84
table-dark	84
table-hover	88
table-responsive	90
table-sm	89
table-striped	87
tab-pane	197
text-	95
text-capitalize	224
text-center	117
text-justify	117
text-left	117
text-lowercase	224
text-right	117
text-uppercase	224
thead-dark	85
thead-light	85
title	308
to	363
tooltip()	308
trigger: 'focus'	343

W

w	116
warning	94
was-validated	334
wrap	358
w-整数	62

X

x	114
xl	45

Y

y 114

あ行

アコーディオン 318
アラート 294
イメージオーバーレイ 214
インジケーター 243
インプットグループ 148
インライン 106, 142
エクスターナルコンテンツ 270

か行

カード 204
カードグループ 216
カードコラム 220
カードデッキ 218
カードフッター 209
カードヘッダー 209
可変コンテナ 54
カルーセル 238
行(row) 39
クリアフィクス 110
グリッドレイアウト 16, 38
固定コンテナ 54
コンテナ 40
コンテンツリストグループ 194

さ行

サムネイル 93
ジャンボトロン 223
スクロールスパイ 283
スタイル・ユーティリティ 94
スタティックポップオーバー 227
スプリットボタン 177

た行

タブリスト 198
ツールチップ 307
定義リスト 80

トグルボタン 165
ドロップダウンメニュー 172

は行

バッジ 183
バリデーション 330
パンくずリスト 273
ヒーローユニット 223
ピル型ボタン 257
ピルバッジ 185
フィギュア 200
プレースホルダ 123
フレックス 111
フロート 108
プログレスバー 179
ブロック 106
ページネーション 276
ボタングループ 167
ポップオーバー 227

ま行

メディアオブジェクト 229
モーダルダイアログ 298

ら行

リストグループ 187
レスポンシブデザイン 13
列(col) 39

著者紹介

掌田 津耶乃（しょうだ つやの）

　　日本初のMac専門月刊誌「Mac＋」の頃から主にMac系雑誌に寄稿する。ハイパーカードの登場により「ビギナーのためのプログラミング」に開眼。以後、Mac、Windows、Web、Android、iPhoneとあらゆるプラットフォームのプログラミングビギナーに向けた書籍を執筆し続ける。

■最近の著作
『Spring Boot 2プログラミング入門』（秀和システム）
『見てわかるUnity 2017 C#スクリプト超入門』（秀和システム）
『Spring Framework 5プログラミング入門』（秀和システム）
『PHPフレームワークLaravel入門』（秀和システム）
『Node.js超入門』（秀和システム）
『親子で学ぶはじめてのプログラミング』（マイナビ）
『Unityネットワークゲーム開発実践入門』（共著、ソシム）

●プロフィールページ
https://plus.google.com/+TuyanoSYODA/

●著書一覧
http://www.amazon.co.jp/-/e/B004L5AED8/

●筆者運営のWebサイト
http://www.tuyano.com
http://blog.tuyano.com
http://libro.tuyano.com
http://card.tuyano.com
https://weaving-tool.appspot.com/

●連絡先
syoda@tuyano.com

　　　　カバーデザイン　　高橋　サトコ

CSSフレームワーク
Bootstrap入門
（シーエスエス）（ブートストラップにゅうもん）

発行日	2018年 2月22日　　第1版第1刷

著　者　　掌田　津耶乃（しょうだ　つやの）

発行者　　斉藤　和邦
発行所　　株式会社　秀和システム
　　　　〒104-0045
　　　　東京都中央区築地2丁目1-17　陽光築地ビル4階
　　　　Tel 03-6264-3105（販売）　Fax 03-6264-3094
印刷所　　図書印刷株式会社

©2018 SYODA Tuyano　　　　　　　　　　　Printed in Japan
ISBN978-4-7980-5405-6 C3055

定価はカバーに表示してあります。
乱丁本・落丁本はお取りかえいたします。
本書に関するご質問については、ご質問の内容と住所、氏名、
電話番号を明記のうえ、当社編集部宛FAXまたは書面にてお
送りください。お電話によるご質問は受け付けておりませんの
であらかじめご了承ください。